SISTEMAS DE CARGA Y ARRANQUE

J. M. Alonso

SISTEMAS DE CARGA Y ARRANQUE

J. M. Alonso

TRANSPORTE Y MANTENIMIENTO DE VEHÍCULOS

ELECTROMECÁNICA DE VEHÍCULOS

Paraninfo

Paraninfo

Sistemas de carga y arranque

© José Manuel Alonso Pérez

Gerente Editorial
María José López Raso

Equipo Técnico Editorial
Alicia Cerviño González
Paola Paz Otero

Editora de Adquisiciones
Carmen Lara Carmona

Producción
Nacho Cabal

Diseño de cubierta
Ediciones Nobel

Preimpresión
Ediciones Nobel
José Manuel Alonso Pérez

1.ª edición, 2013

Av. Filipinas 50, Bajo A / 28003 Madrid, ESPAÑA
Teléfono: 902 995 240 / Fax: 914 456 218
clientes@paraninfo.es / www.paraninfo.es

ISBN: 978-84-283-9561-8
Depósito legal: M-23269-2013

(11199)

Impreso en España /Printed in Spain

Impulso

Índice

Prólogo

El perfil profesional del título de Técnico en Electromecánica de Vehículos Automóviles establecido en el Real Decreto 453/2010, de 16 de abril, señala una evolución hacia la utilización de nuevos materiales que constituirán los motores y otros elementos del área de electromecánica, así como la utilización de nuevos elementos electrónicos e informáticos que gobernarán los sistemas de los vehículos y en muchos casos sustituirán a elementos mecánicos.

La competencia general de este título consiste en realizar operaciones de mantenimiento, montaje de accesorios y transformaciones en el área de mecánica, hidráulica, neumática y electricidad en el sector de automoción, ajustándose a procedimientos y tiempos establecidos, cumpliendo con las especificaciones de calidad, seguridad y protección ambiental.

La aplicación de las nuevas tecnologías a los automóviles actuales en sus diversos sistemas, ha favorecido notablemente la evolución de los mismos mejorando diversos aspectos como el consumo de combustible y los niveles de contaminación que emiten a la atmósfera, la estabilidad de marcha, el confort, etc. Todo ello obliga a los profesionales del sector y a los alumnos de Formación Profesional, a actualizar sus conocimientos de manera permanente. En este sentido, la reforma de las enseñanzas de Formación Profesional está orientada a proporcionar al alumno la debida competencia y cualificación profesional.

En este libro se presentan de modo breve y conciso los fundamentos de electricidad, electrónica e informática aplicada al automóvil y se describen los sistemas de carga y arranque, explicando detalladamente el funcionamiento y características de cada uno de sus componentes, los procesos de montaje y desmontaje, verificación y control, de manera que pueda ser localizada fácilmente una posible avería y reparada sin dificultad.

En su elaboración se han tenido presentes los programas establecidos por el Ministerio de Educación para el Ciclo Formativo de Grado Medio de Electromecánica de Vehículos Automóviles, adaptando a ellos los contenidos con un enfoque eminentemente práctico.

Circuitos eléctricos. Magnitudes fundamentales

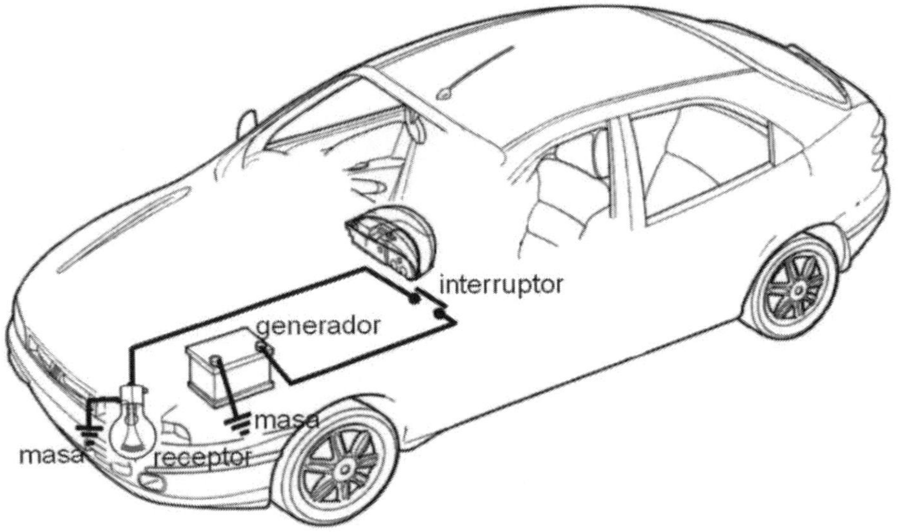

Contenidos

1

Objetivos

- *Analizar la estructura del sistema eléctrico de un automóvil.*
- *Conocer las características de los cuerpos conductores y aislantes.*
- *Estudiar las características y efectos de la corriente eléctrica.*
- *Estudiar la estructura y características de los circuitos eléctricos.*
- *Conocer las magnitudes fundamentales y leyes que rigen el funcionamiento de los circuitos eléctricos.*

Introducción

El automóvil dispone de una serie de componentes eléctricos agrupados en circuitos, e interconexionados por medio de una instalación eléctrica. Los circuitos eléctricos transforman la energía eléctrica en otras clases de energía (mecánica calorífica, química, etc.), según las necesidades requeridas.

El funcionamiento de los circuitos eléctricos está regido por una serie de leyes fundamentales que es preciso conocer para asimilar después con facilidad el funcionamiento de los diversos componentes eléctricos utilizados en los automóviles y las transformaciones de energía que en ellos se producen.

Son muchos los componentes eléctricos de un automóvil y múltiples las funciones que realizan en el vehículo, desde la generación de energía eléctrica hasta su transformación para realizar funciones diversas como iluminación, calefacción, control de sistemas, etc.

1.1 Equipo eléctrico del automóvil

Los automóviles actuales están equipados con numerosos mecanismos cuyo funcionamiento se produce gracias a la transformación de la energía eléctrica en otra clase de energía (mecánica, calorífica, química, etc.), empleándose componentes y dispositivos de los más variados tipos, que realizan las funciones más diversas, en beneficio de una mayor seguridad en los vehículos y mejores condiciones de confortabilidad para los pasajeros.

El conjunto de todos los mecanismos que funcionan utilizando la energía eléctrica, forman el llamado *equipo eléctrico del automóvil*, que para su estudio se divide en partes denominadas circuitos. Una división de las muchas que podrían hacerse establece los siguientes circuitos: *arranque, carga, alumbrado, maniobras y accesorios*. De ellos, los dos primeros están íntimamente ligados al funcionamiento del motor.

Cada uno de los circuitos enumerados tiene una misión concreta que realizar y para ello dispone de un determinado número de elementos, situados en los más diversos lugares del vehículo y a los que es preciso hacer llegar la energía eléctrica, para lo cual, se interconectan por medio de una *instalación eléctrica*, en la que los órganos de mando van situados en su mayor parte en el habitáculo y al alcance del conductor para su gobierno.

El circuito de arranque comprende todos los mecanismos que harán ponerse en marcha el motor del coche. El de carga tiene la misión de proporcionar la energía eléctrica suficiente para abastecer a todos los demás circuitos. El de alumbrado se utiliza para iluminar la calzada por la que circula el vehículo de noche y señalizarlo en ella. El de maniobras gobierna los sistemas de señalización que utiliza el vehículo en la marcha. El de accesorios comprende los distintos aparatos que hacen más cómoda la conducción del vehículo.

La Figura 1.1 muestra la implantación en vehículo de diversos componentes del equipo eléctrico del automóvil, interconexionados entre sí por medio de la instalación eléctrica, que fijada a la carrocería, se extiende por todo el vehículo. Quedan así formados diferentes circuitos eléctricos, cuyo funcionamiento se rige por leyes eléctricas fundamentales cuyo estudio vamos a abordar a continuación.

Figura 1.1

1.2 Cuerpos conductores y aislantes

El origen de la electricidad y los efectos que produce está íntimamente ligado a la estructura atómica de la materia, la cual está constituida como se sabe por agrupaciones de moléculas, cada una de las cuales está formada por varios átomos, que son las partículas más pequeñas en que puede descomponerse un cuerpo y cuyas características peculiares definen el elemento o compuesto en cuanto a sus propiedades físicas y químicas, como resistencia mecánica, deformabilidad, conductibilidad térmica y eléctrica, dureza, propiedades magnéticas, etc.

Los átomos de cualquier trozo de materia están constituidos por una parte central llamada núcleo (Figura 1.2), que aloja una serie de partículas muy pequeñas denominadas protones, aglomeradas con otras llamadas neutrones. El núcleo está rodeado por una nube de minúsculas partículas llamadas electrones (en número igual al de protones), que giran a su alrededor siguiendo diferentes órbitas circulares y elípticas. La configuración que toma esta capa externa y la del núcleo es específica de cada material en cuanto al número de electrones y protones, lo que confiere al átomo de cada material sus propiedades químicas y eléctricas.

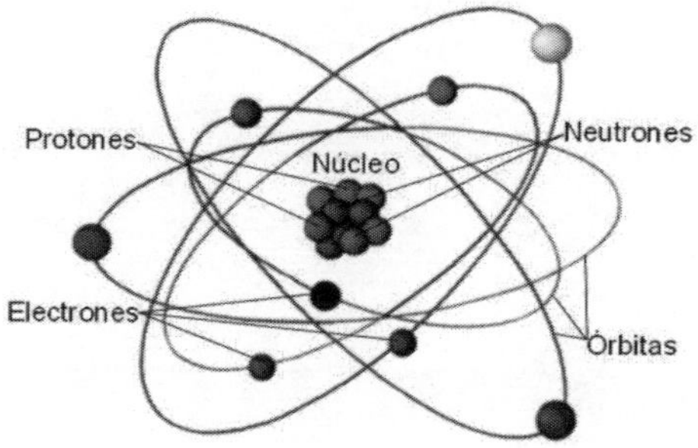

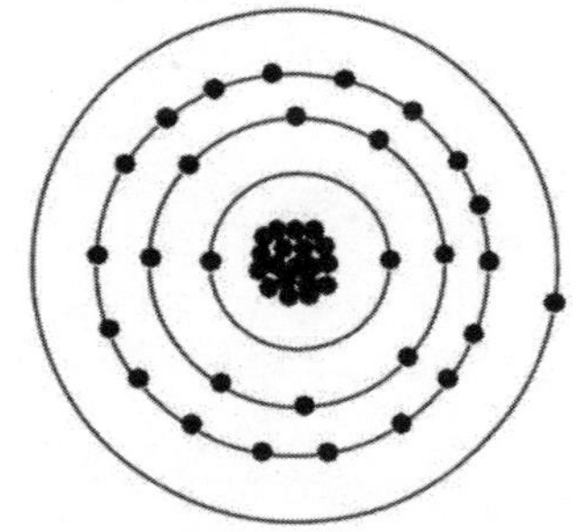

Figura 1.2

Tanto los protones como los electrones están dotados de una carga eléctrica, que en los primeros es de signo positivo, mientras que en los electrones se considera negativa. Los neutrones no poseen carga eléctrica alguna. Como el número de protones de un átomo es igual al de electrones, resulta que el átomo, de cara al exterior, es eléctricamente neutro. El electrón constituye la partícula más importante del átomo, ya que es la que tiene carga y movilidad para poder desplazarse en los materiales.

En la derecha de la Figura se ha representado esquemáticamente un átomo de cobre, cuyo núcleo contiene 29 protones y 35 neutrones. Alrededor del núcleo hay, por tanto, 29 electrones en diferentes órbitas, la última de las cuales contiene un solo electrón, que en este caso está muy débilmente ligado al núcleo, lo que le confiere una gran movilidad, cusa ésta que determina una excelente conductibilidad eléctrica del material cobre. Todo lo contrario ocurre en los elementos que tienen la última capa completa de electrones, o le faltan uno o dos para completarla, en cuyo caso éstos están fuertemente ligados al núcleo y, por ello, su movilidad es prácticamente nula, lo que determina su escasa conductibilidad eléctrica.

Así pues, atendiendo a la configuración que presentan sus átomos, los cuerpos pueden ser conductores o aislantes de la corriente eléctrica. Los primeros están formados por átomos cuya última capa (no completa) está ocupada por pocos electrones, como ocurre con los metales. Los cuerpos conductores permiten el movimiento de los electrones a través de ellos y, si les aplicamos una fuerza de origen eléctrico, podemos conseguir un flujo de electrones llamado *corriente eléctrica*. De entre los metales destacan como buenos conductores, la plata, el cobre y el aluminio.

En los cuerpos formados por átomos que tienen completa su última capa, o le faltan uno o dos electrones, éstos están fuertemente ligados al núcleo y, por ello son aislantes para la corriente eléctrica, es decir, no permiten el flujo de electrones. Son aislantes la porcelana, el vidrio, el caucho, los plásticos, etc.

Hay sustancias que tienen propiedades intermedias entre las dos clases mencionadas; en ellas, la cantidad de electrones libres depende de determinados factores, como calor, luz, composición química, etc. Estas sustancias son semiconductores y resultan conductoras en unas determinadas condiciones y aislantes en otras. Son semiconductores el germanio, el silicio, el selenio, etc.

1.3 Corriente eléctrica

En un material conductor como el cobre o el aluminio, en condiciones normales de reposo los electrones libres de cada uno de sus átomos se mueven en todas direcciones, saltando desde sus órbitas a otras próximas de los átomos cercanos, como se muestra en la izquierda de la Figura 1.3. Si ahora se aplica una fuerza eléctrica a este material (derecha en la Figura), se obtiene un movimiento ordenado o flujo de electrones en una determinada dirección.

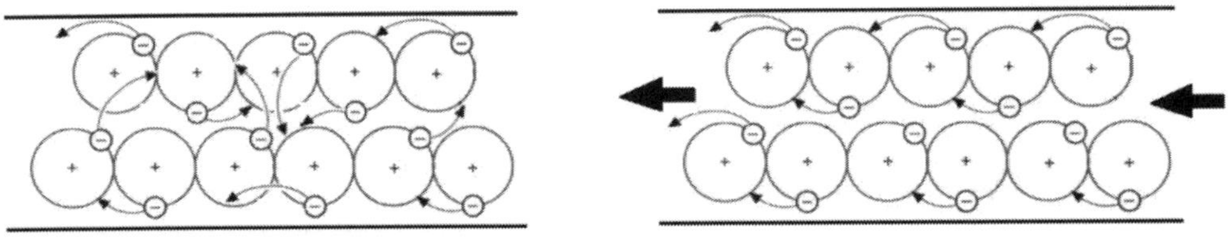

Figura 1.3

Como los electrones son cargas eléctricas de signo negativo, al aplicarles una fuerza eléctrica se mueven hacia el polo positivo, saltando de unas órbitas a otras de los átomos próximos. Dado que antiguamente se suponía que la carga eléctrica de los electrones era de signo positivo, se asignó el sentido de positivo a negativo a la corriente eléctrica, que sigue manteniéndose en la actualidad, diciéndose que el sentido técnico de la corriente eléctrica es de positivo a negativo, mientras que el real (movimiento electrónico) es el contrario.

Así pues, la corriente eléctrica es el movimiento ordenado que siguen los electrones desplazándose en un circuito. Con este movimiento se produce un transporte de energía eléctrica, que es transformada en el receptor del circuito en otra forma de energía, como la calorífica, luminosa, química, mecánica de movimiento, etc. Como el circuito eléctrico es cerrado, los electrones no salen de él, solamente se desplazan, de manera que cuando un electrón abandona su correspondiente átomo, su puesto es ocupado inmediatamente por otro electrón, y así sucesivamente.

Cuando la fuerza eléctrica está aplicada al conductor de una manera constante y siempre en el mismo sentido, la corriente obtenida en él se llama continua, pues los electrones circulan ininterrumpidamente y de manera continua por el conductor. Cuando la fuerza eléctrica cambia constantemente de sentido de aplicación, el efecto obtenido es una corriente alterna. Los electrones son empujados en un sentido unas veces y otras en el contrario, debido al cambio de sentido de la fuerza aplicada.

La Figura 1.4 muestra la representación gráfica de una corriente continua y otra alterna. La primera de ellas (izquierda) muestra una línea horizontal, a determinada altura, que corresponde al tiempo que está establecida la corriente en el circuito. Cuando se corta dicha corriente, la línea horizontal coincide con el origen. La gráfica de la corriente alterna (derecha) muestra una evolución de los valores de la misma en el tiempo, creciente en principio hasta alcanzar el máximo valor, para decrecer luego hasta anularse y volver a crecer, pero cambiando de sentido, para decrecer de nuevo hasta el origen. El cambio de sentido de la corriente está determinado en el gráfico por el corte del eje horizontal. Una evolución completa como la representada en la figura se denomina ciclo y el número de ellos que se producen en un segundo es la frecuencia de la corriente.

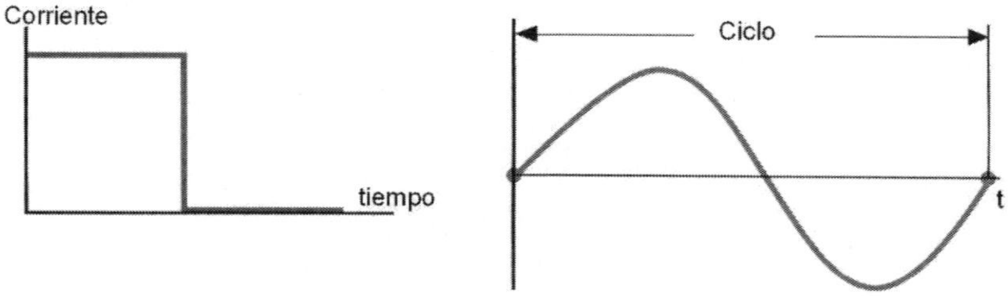

Figura 1.4

1.4 Circuito eléctrico

Se llama circuito eléctrico al conjunto de elementos necesarios para que se establezca una corriente eléctrica, mediante la cual se transporta la energía eléctrica, que será transformada en el receptor en otra clase de energía. Un circuito eléctrico tiene mucha similitud con uno de agua. Veamos un ejemplo:

Supongamos dos recipientes con agua (Figura 1.5) unidos por sus partes inferiores y que se encuentran a distinto nivel. Entre ellos hay una diferencia de nivel, gracias a la cual, cuando se abre la llave de paso, el agua pasa del depósito 1 al 2, hasta que los niveles de ambos sean iguales, es decir, hasta que no exista diferencia de nivel.

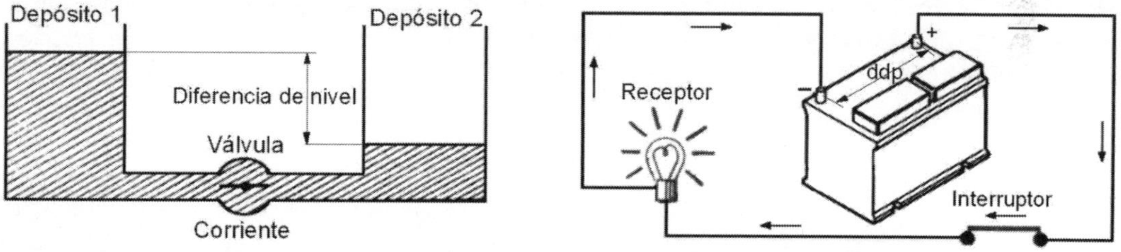

Figura 1.5

Esto mismo ocurre en un circuito eléctrico (derecha en la Figura), que dispone de un generador, en el que existe una *diferencia de potencial* eléctrico (ddp) entre sus bornes y que está unido a un receptor (en este caso una lámpara) mediante hilos conductores. Al cerrar el interruptor se establece una corriente eléctrica en el circuito y los electrones, empujados por la fuerza eléctrica del generador, se moverán a través del circuito, circulando por él de manera continuada. En el momento en que se abra el interruptor, el movimiento de los electrones queda interrumpido, pues no pueden saltar por el aire, que es aislante.

En los automóviles, el circuito eléctrico no se dispone exactamente como se ha explicado; aquí el camino de vuelta es la parte metálica del coche, llamada *masa*, a la que se conecta por un lado el borne negativo del generador, y por otro, uno de los bornes del receptor. Con esta disposición queda configurado el circuito como muestra la Figura 1.6, que presenta la ventaja particular de ahorrar el cable que constituye el camino de vuelta.

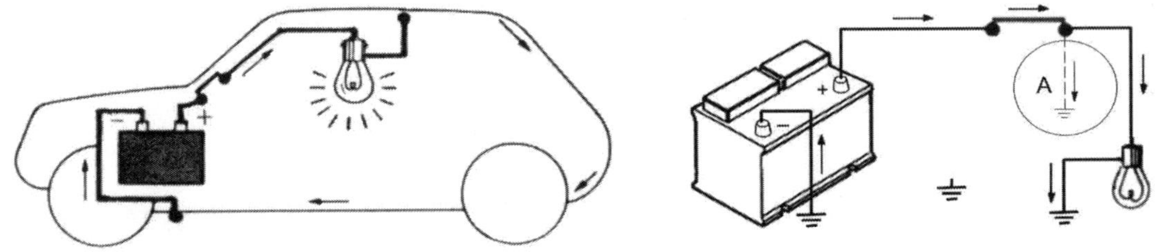

Figura 1.6

En este tipo de circuito, cuando se realiza un contacto indebido de un conductor (de ida) con la parte metálica de la carrocería (conductor de vuelta), se dice que se ha producido un *cortocircuito*, siendo sus efectos muy perjudiciales, como se verá más adelante. El detalle A de la derecha en la Figura muestra gráficamente un cortocircuito. Los electrones en este caso son desviados a masa desde la salida del interruptor, circulando de un borne del generador al otro, sin pasar por el receptor (circuito más corto), lo cual produce efectos muy perjudiciales, como el calentamiento del hilo conductor y el deterioro del generador.

1.5 Magnitudes fundamentales

Las leyes que rigen el funcionamiento de los circuitos eléctricos están ligadas por una serie de magnitudes fundamentales, de las que destacaremos las siguientes:

Intensidad de corriente

En un circuito eléctrico puede haber mucha o poca corriente eléctrica, según que pasen por él muchos o pocos electrones por segundo. Se llama intensidad a la cantidad de corriente eléctrica que circula por un conductor en la unidad de tiempo. Su unidad de medida es el amperio (A). Como submúltiplos del amperio se utilizan el miliamperio (1 mA = 0,001 A) y el microamperio ($1 \mu A = 10^{-6}$ A).

La intensidad de la corriente eléctrica corresponde en el circuito hidráulico de la Figura 1.5, a la cantidad de agua que pasa de un depósito a otro en un tiempo unidad, es decir, el caudal.

El aparato capaz de medir la intensidad de una corriente eléctrica se llama *amperímetro* y se conecta en el circuito en serie (Figura 1.7), es decir, de manera que la corriente eléctrica pase en su totalidad por él.

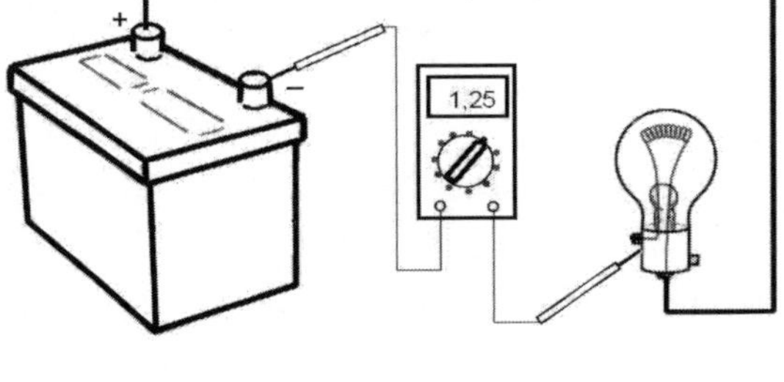

Figura 1.7

Tomando como referencia un punto cualquiera de un circuito eléctrico, la cantidad de electricidad Q (carga eléctrica) que pasa por este punto es: $Q = I \cdot t$, siendo I la intensidad de corriente y t el tiempo en segundos. Al producto $I \cdot t$ se le llama cantidad de electricidad y se mide en culombios. Cuando se establece una corriente de un amperio, la cantidad de electricidad que pasa por el circuito en cada segundo es de un culombio (lo que supone que han pasado por el conductor 63×10^7 electrones en cada segundo), de lo que puede deducirse que la corriente de un amperio hace pasar por un conductor un culombio en un segundo ($I = Q/t$).

El amperio-hora es un múltiplo del culombio y expresa la cantidad de electricidad que pasa por un conductor recorrido por la corriente de un amperio durante una hora. Un amperio-hora equivale a 3.600 culombios.

Tensión

Hemos visto que para hacer circular a los electrones a través de un circuito, es necesaria una fuerza eléctrica (fuerza electromotriz) que los empuje. A esta fuerza se la llama tensión o diferencia de potencial y, también, en el lenguaje de taller, voltaje.

Considerando el circuito hidráulico de la Figura 1.8, la diferencia de nivel (h) entre los depósitos A y B origina diferentes presiones del agua encerrada en ellos, de manera que al abrir la llave de paso, la mayor presión existente en el depósito A obliga a pasar el agua hacia el depósito B, hasta tanto se igualen las presiones (cuando no exista diferencia de nivel). Si se quiere obtener una circulación constante del agua, es necesario mantener la diferencia de nivel entre los depósitos, lo cual puede conseguirse bombeando el agua que llega al depósito B, para hacerla regresar por otro camino (de vuelta) al depósito A. La bomba en este caso realiza un trabajo manteniendo la diferencia de nivel.

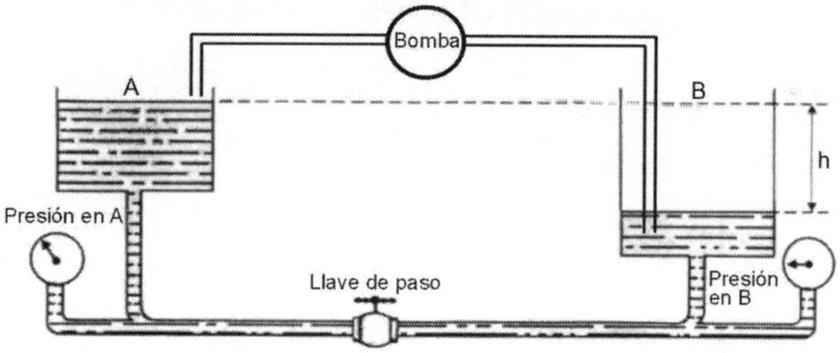

Figura 1.8

De manera semejante, en un circuito eléctrico es necesario mantener la diferencia de potencial aplicada al circuito (por medio del generador) para conseguir que siga circulando la corriente eléctrica, pues en el momento en que no exista diferencia de potencial, cesa la corriente. El trabajo necesario para mantener la d.d.p. lo realiza el generador, que produce una fuerza electromotriz, gracias a la cual aparece la d.d.p. entre sus bornes y, debido a ello, los electrones del circuito son empujados por el borne de mayor potencial y atraídos por el otro, produciéndose el movimiento de los mismos a través del circuito, desde el punto de mayor potencial al de menor.

La unidad de medida del potencial eléctrico o tensión es el voltio, el cual representa la fuerza eléctrica o tensión que hay que aplicar a un conductor de resistencia unidad, para que se produzca la corriente de un amperio. Como múltiplos y submúltiplos se usan: el megavoltio (1MV = 1.000.000 V), el kilovoltio (1KV = 1.000 V), el milivoltio (1mV = 0,001 V) y el microvoltio

(1μV = 0,000001 V). El aparato capaz de medir la tensión se llama voltímetro y se monta en derivación con el circuito cuya d.d.p. aplicada se quiere conocer (Figura 1.9). Dicho de otra forma, los bornes del voltímetro deben conectarse a los dos puntos entre los que existe la d.d.p. y, para realizar la medición, el circuito debe estar funcionando.

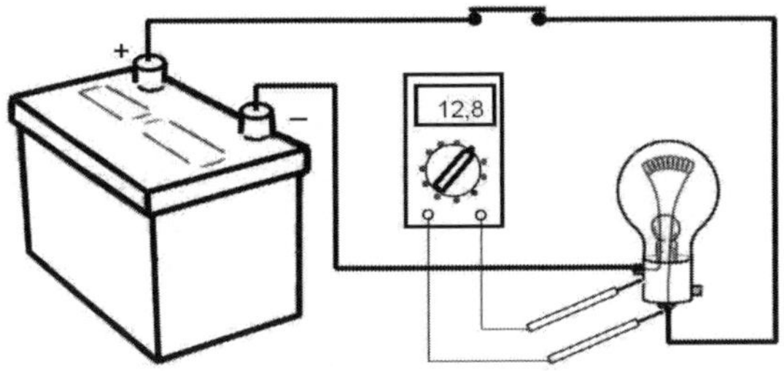

Figura 1.9

Resistencia

El paso de la corriente eléctrica no se realiza en todos los conductores con la misma facilidad pues, como ya se ha visto, la estructura atómica de los cuerpos influye grandemente en la dificultad de desplazamiento de los electrones, así como otras causas que pasamos a considerar a continuación.

Se llama resistencia eléctrica, a la oposición que presenta un cuerpo al paso de la corriente eléctrica, es decir, la dificultad que encuentran los electrones para desplazarse en el seno del conductor. Su unidad de medida es el Ohmio (Ω). Como múltiplos se emplean el kilohmio (KΩ) y el megaohmio (MΩ) y como submúltiplo el microhmio (μΩ). La resistencia eléctrica puede ser medida por medio de un ohmímetro u óhmetro, conectado al receptor o circuito que se desea medir de manera que esté desconectado del generador, tal como muestra la Figura 1.10.

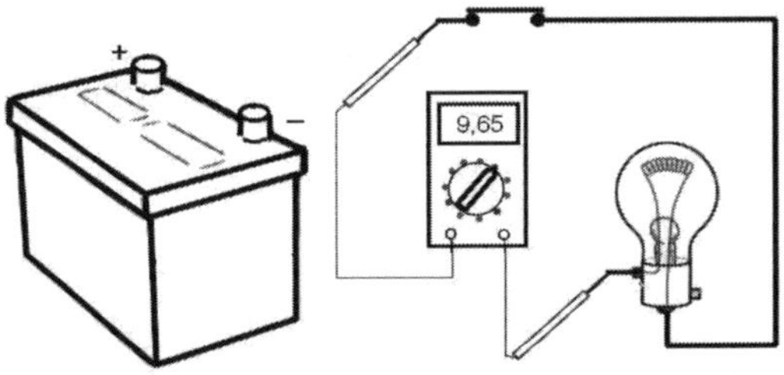

Figura 1.10

La resistencia de un conductor es tanto mayor cuanta más longitud tenga y menor sea su sección. También es evidente que cuanto mayor sea el número de electrones libres de una sustancia, menor es su resistencia eléctrica, puesto que los electrones pueden desplazarse con mayor facilidad por ella, luego la resistencia depende también del tipo de material de que está fabricado el conductor. Dicho de otra forma, la resistencia eléctrica de un conductor es directamente proporcional a su longitud, e inversamente proporcional a su sección, dependiendo también de un factor (ρ) llamado resistividad del conductor, que expresa de alguna manera el número de electrones libres que posee, es decir, su estructura atómica, o lo que es igual, la clase de sustancia de que está hecho este conductor.

La expresión matemática es la siguiente: $R = \frac{\rho \cdot l}{s}$, donde R es la resistencia en ohmios; l, la longitud en metros; s, la sección en milímetros cuadrados; y ρ, la resistencia específica o coeficiente de resistividad del material conductor.

La resistividad del cobre empleado en las instalaciones eléctricas de los automóviles es de 0,018 Ω m/mm^2, mientras que la del aluminio es 0,029.

Ejemplo: Calcular la resistencia eléctrica de un carrete de hilo de cobre de 2.000 m de longitud y 0,8 mm de diámetro.

La sección del hilo es:

$$s = \frac{\pi D^2}{4} = \frac{3{,}14\left(0{,}8mm^2\right)}{4} = 0{,}5mm^2$$

La resistencia eléctrica es:

$$R = \frac{\rho \cdot l}{s} = \frac{0{,}018 \cdot 2000}{0{,}5} = 72\Omega$$

1.6 Ley de Ohm

El físico alemán Ohm comprobó experimentalmente que cuando se aplica a un circuito eléctrico determinado, una diferencia de potencial doble o triple, se obtiene una intensidad de corriente doble o triple también. El cociente obtenido al dividir la tensión aplicada al circuito, por la intensidad de corriente obtenida, es una constante R y expresa una característica del circuito, que es precisamente su resistencia.

$$\frac{V}{I} = \frac{2V}{2I} = \frac{3V}{3I} = ...R$$

Estas experiencias se plasmaron en la Ley de Ohm que dice: "La intensidad de corriente eléctrica obtenida en un circuito es directamente proporcional a la tensión aplicada, e inversamente proporcional a la resistencia eléctrica del mismo": $I = V/R$, siendo I, la intensidad de corriente en amperios; V, la tensión aplicada en voltios; y R, la resistencia en ohmios. De esta expresión deducimos: $V = I \cdot R$ y $R = V/I$.

Como aplicación inmediata de esta ley, puede calcularse la resistencia eléctrica de un circuito, conociendo la tensión aplicada y la intensidad de corriente obtenida. Por ejemplo, puede calcularse la resistencia del filamento de una lámpara, para lo cual, disponemos un circuito eléctrico como muestra la Figura 1.11, en el que se conectan un voltímetro y un amperímetro de la forma señalada. Si estos aparatos indican 12 V y 2 A, respectivamente, la resistencia es:

$$R = V/I = 12/2 = 6\Omega$$

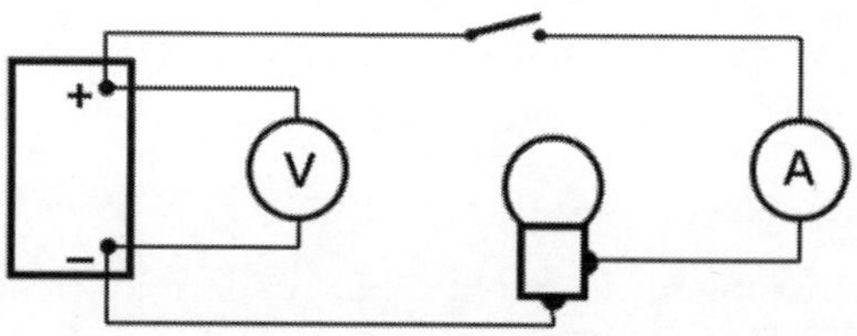

Figura 1.11

El valor de resistencia así calculado está referido a las condiciones en las que se han medido la tensión y la intensidad, es decir, con el circuito funcionando y el filamento de la lámpara incandescente. Si se midiera directamente la resistencia de la lámpara por medio de un óhmetro, sin que pase corriente por ella, se obtendría un valor notablemente más bajo.

1.7 Trabajo y potencia eléctricos

Cuando se pone en funcionamiento un circuito eléctrico, una cierta cantidad de cargas eléctricas son transportadas a través del mismo, y ello supone que se ha realizado un trabajo eléctrico. Al igual que ocurre en la mecánica, donde el trabajo es el producto de una fuerza aplicada por la distancia recorrida, el trabajo eléctrico es también el producto de la fuerza eléctrica aplicada por la cantidad de electricidad desplazada, es decir : $Te = V \cdot Q$.

El trabajo eléctrico se expresa en julios cuando las otras unidades son, respectivamente, voltios y culombios. Puede decirse entonces que cuando se desplaza una cantidad de electricidad de un culombio entre dos puntos de un circuito entre los que existe una diferencia de potencial de un voltio, el trabajo eléctrico que se ha desarrollado es de un julio. Así pues, el trabajo eléctrico equivale a la energía eléctrica consumida.

Haciendo uso de esta definición puede calcularse la energía eléctrica consumida por un receptor cualquiera. Por ejemplo, un motor eléctrico alimentado a 12 V por el que circula una corriente de 3 A y que está funcionando 20 minutos, ha consumido una energía de:

3 A = 3 Q/s; por tanto, en 20 minutos pasan por el circuito: $3 \cdot 20 \cdot 60 = 3.600$ culombios.

$$Te = V \cdot Q = 12 \cdot 3.600 = 43.200 \text{ julios.}$$

El trabajo eléctrico desarrollado en la unidad de tiempo se llama potencia eléctrica. Como el trabajo eléctrico desarrollado por una corriente se mide en julios, la potencia eléctrica viene expresada en julios/segundo, que también se llama vatio (W). Un vatio es la potencia de una máquina que absorbe o proporciona una energía de un julio en un segundo. Como múltiplo del vatio se emplea el kilovatio (Kw) que equivale a 1.000 W. Un CV es igual a 736 W.

Así pues, la potencia eléctrica W es el cociente del trabajo desarrollado por el tiempo invertido en realizarlo, es decir: $W = T/t$ y, como $T = V \cdot Q$, tenemos: $W = T/t = V \cdot Q/t$ y como Q/t es la intensidad de corriente, puede concluirse que $W = V \cdot I$.

Esta nueva expresión matemática nos permite calcular con facilidad la potencia eléctrica desarrollada o gastada por un consumidor, conociendo la tensión que se le ha aplicado y la intensidad de la corriente que ha circulado por él. Por ejemplo, un motor al que se le aplican 12 V y por el que pasa una corriente eléctrica de 3 A, desarrolla una potencia eléctrica de: $W = V \cdot I = 12 \cdot 3 = 36$ *W.* Si este motor estuviese funcionando una hora, su consumo de energía eléctrica sería de 36 W/h.

Haciendo la potencia igual a un vatio y el tiempo a un segundo, resulta como unidad de energía el *vatio por segundo*. Comercialmente se utiliza el *kilovatio-hora*, que es la energía consumida en una hora a razón de un kilovatio cada segundo.

$$1 \text{ Kw-h} = 1.000 \text{ W} \cdot 3.600 \text{ s} = 3.600.000 \text{ julios}$$

Un kilovatio-hora es la cantidad de trabajo que realizaría una máquina cuya potencia fuese de un kilovatio, que estuviera funcionando durante una hora.

Cuestiones

1.1. Cita los circuitos fundamentales que forman la instalación eléctrica de un vehículo.

1.2. Describe la estructura del átomo.

1.3. Define los conceptos de cuerpo conductor y cuerpo aislante.

1.4. ¿Qué es un cortocircuito?

1.5. ¿Qué es la corriente eléctrica?

1.6. Define los términos: intensidad de corriente y tensión eléctrica.

1.7. ¿Qué es la resistividad de un material?

1.8. Define la Ley de Ohm.

1.9. Explica los conceptos de trabajo y potencia eléctricos.

Actividades propuestas

1.1. Localizar en un vehículo diferentes componentes eléctricos y observar los conexionados de la instalación eléctrica a los mismos.

1.2. Realizar un circuito eléctrico como el representado en la Figura 1.11 y analizar los efectos que produce la corriente eléctrica.

1.3. Conocida la potencia nominal de la lámpara utilizada en el circuito anterior (por ejemplo, 21 W) y la tensión aplicada al circuito, calcular la intensidad de corriente que debe establecerse y, posteriormente, la resistencia eléctrica del circuito.

1.4. Calcular la potencia eléctrica consumida en el circuito anterior si se deja funcionando 30 minutos.

Circuitos eléctricos. Conexionados

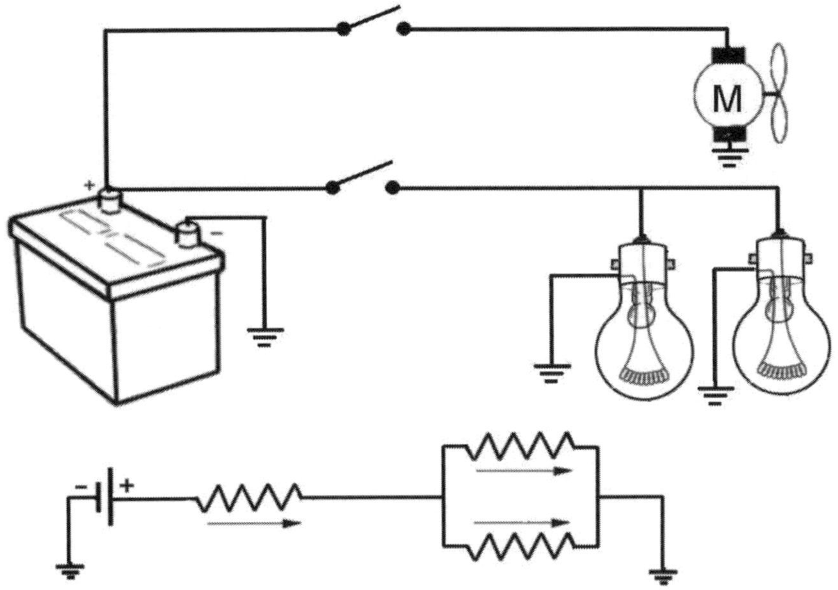

Contenidos

2

Objetivos

- *Conocer los diferentes modos de conexionar los circuitos eléctricos.*
- *Analizar los efectos que se producen en los circuitos con el paso de la corriente eléctrica.*
- *Estudiar los efectos de la caída de tensión en un circuito eléctrico.*
- *Analizar las consecuencias y aplicación del Efecto Joule.*
- *Conocer los aparatos de medida utilizados en automoción.*
- *Analizar la estructura y conexionado de las instalaciones eléctricas.*
- *Conocer las normas de seguridad y medioambientales relativas al taller eléctrico.*

Introducción

El paso de la corriente eléctrica por un conductor o por los diferentes tipos de aparatos receptores produce los más diversos efectos, como lo son la obtención de movimiento, generación de calor, emisión de luz, etc. Los principios que rigen las transformaciones de la energía eléctrica en otros tipos de energía deben ser conocidos con suficiente profundidad como para entender después el funcionamiento de los diversos receptores eléctricos.

Los efectos que produce una caída de tensión, o el calor desprendido por el paso de una corriente eléctrica, son algunas de las consecuencias del paso de los electrones por los circuitos eléctricos. Cuando no son provocadas para compensar el buen funcionamiento del circuito eléctrico resultan perjudiciales y deben ser corregidas.

La medida de las magnitudes eléctricas se realiza en los circuitos en muchas ocasiones, fundamentalmente para comprobar si su funcionamiento es correcto. Se emplean para ello los correspondientes aparatos eléctricos de medida, de los cuales, el más común es el polímetro, mediante el cual puede medirse la tensión, la intensidad y la resistencia de un circuito o un receptor, además de otras magnitudes.

El trabajo en un taller eléctrico conlleva riesgos para la salud y el medio ambiente, que deben ser conocidos para tratar de evitarlos poniendo los medios personales y materiales que sean necesarios.

2.1 Conexionados eléctricos

Se dice que varios componentes de un circuito eléctrico están conectados en serie, cuando la totalidad de la corriente establecida en el circuito pasa por cada uno de ellos necesariamente. Los elementos del circuito se disponen unos a continuación de otros, tal como muestra la Figura 2.1, en la que los receptores son en este caso tres lámparas. En las agrupaciones de varios receptores conectados en serie, la intensidad de la corriente es la misma en cualquier punto del circuito, pues los electrones sólo tienen un camino (como puede verse en la Figura) y, por ello, están obligados a pasar en igual cantidad por todos los receptores.

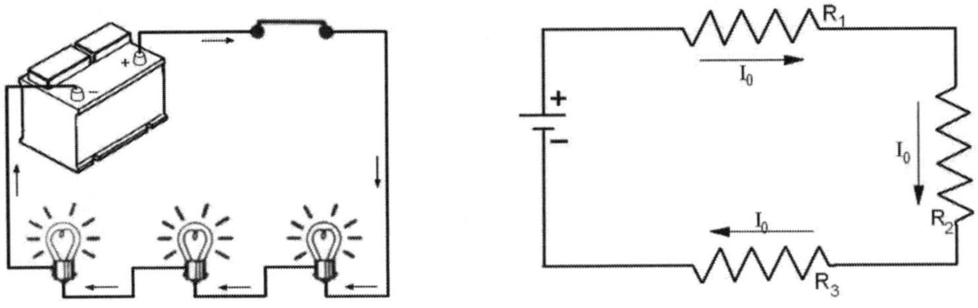

Figura 2.1

En la derecha de la misma Figura puede verse un circuito eléctrico constituido por tres receptores conectados en serie, que en este caso se han representado con el símbolo eléctrico de las resistencias. La denominación de resistencia no implica necesariamente la idea de un accesorio llamado resistencia, instalado con el fin de oponerse al paso de la corriente eléctrica, sino que designa todo aparato receptor montado en el circuito, como pueden ser: lámparas, motores eléctricos, o cualquier otro componente consumidor de energía. En este mismo circuito, se ha representado el generador con su símbolo.

En el circuito representado, la intensidad de la corriente que lo recorre I_0 es el cociente de dividir la tensión aplicada al circuito por la resistencia total del mismo, es decir: $I_0 = V_0/R_0$, siendo $R_0 = R_1 + R_2 + R_3$.

En los circuitos conexionados en serie se cumple que la resistencia total es igual a la suma de las resistencias parciales de cada componente. Igualmente, la tensión total aplicada a un circuito por varios generadores conectados en serie, es igual a la suma de las tensiones parciales de los generadores conectados.

Ejemplo: En la Figura 2.2 se han representado tres resistencias y tres generadores conectados en serie. En este ejemplo, la tensión total aplicada al circuito es:

$$V_0 = V_1 + V_2 + V_3 = 6 + 8 + 4 = 18\ V$$

De igual forma, la resistencia total es:

$$R_0 = R_1 + R_2 + R_3 = 2 + 1 + 6 = 9\ \Omega$$

La intensidad de la corriente en el circuito es: $I_0 = \dfrac{V_0}{R_0} = \dfrac{18}{9} = 2A$

Nótese que los generadores se han conectado de manera que sus fuerzas electromotrices sean del mismo sentido, para lo cual, debemos cuidar de unirlos eléctricamente con la polaridad adecuada, de tal forma que sus bornes vayan conectados: positivo del primero con negativo del segundo, positivo de éste con negativo del siguiente y así sucesivamente. En el caso de las resistencias no es necesario guardar ningún criterio de polaridad.

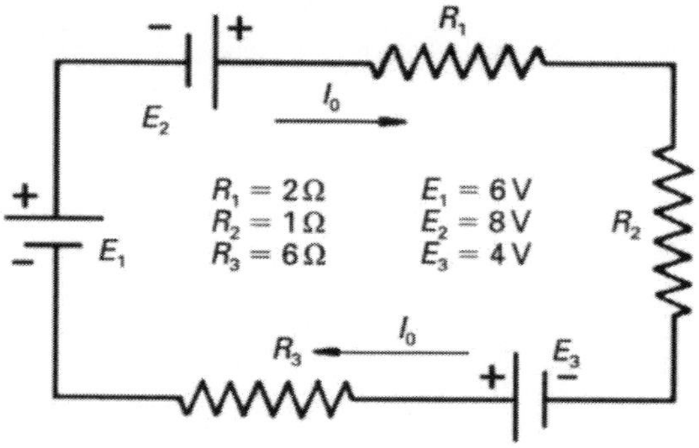

Figura 2.2

Se dice que varios componentes de un circuito eléctrico están conectados en paralelo, cuando la corriente se bifurca al llegar a ellos, pasando una parte de la misma por cada componente. En la Figura 2.3 se ha representado un circuito con tres lámparas conectadas en paralelo, donde puede verse que la corriente se bifurca en cada una de ellas. En la derecha se han representado los receptores con el símbolo de las resistencias.

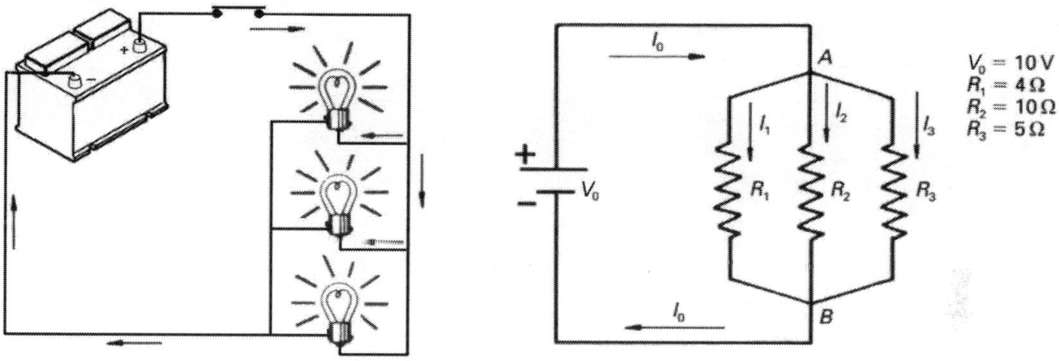

Figura 2.3

Observando la Figura vemos que la corriente I_0 que parte del generador y llega hasta el punto A, se subdivide en I_1, I_2 e I_3, resultando así que:

$$I_0 = I_1 + I_2 + I_3$$

En el punto B se vuelven a juntar I_1, I_2 e I_3 y el resultado es I_0, que llega hasta el generador.

La resistencia total del circuito es equivalente a la suma de las tres dadas, es decir, aquella que puede sustituir a las tres, de tal forma, que con la misma tensión V_0 aplicada se obtenga una intensidad I_0 igual a la del circuito formado en la Figura, es decir: $I_0 = V_0 / R_0$.

Así resulta que la resistencia equivalente a otras varias conectadas en paralelo es tal, que su inversa es igual a la suma de las inversas de las resistencias que forman la agrupación.

En la Figura puede observarse que en una agrupación de resistencias conectadas en paralelo, la tensión aplicada a cada una de ellas es la misma, pues los dos extremos de cada una de las resistencias están conectados directamente a los bornes del generador.

Ejemplo: En la Figura 2.3, las intensidades de las corrientes I_1, I_2 e I_3 son:

$$I_1 = \frac{V_0}{R_1} = \frac{10}{4} = 2{,}5A; \qquad I_2 = \frac{V_0}{R_2} = \frac{10}{10} = 1A; \qquad I_3 = \frac{V_0}{R_3} = \frac{10}{5} = 2A$$

por tanto, $I_0 = I_1 + I_2 + I_3 = 2{,}5 + 1 + 2 = 5{,}5\ A$

La resistencia total del circuito podemos calcularla aplicando la ley de Ohm y tenemos:

$$R_0 = \frac{V_0}{I_0} = \frac{10}{5{,}5} = 1{,}82\Omega$$

También podemos calcular la resistencia total del circuito así:

$$\frac{1}{R_0} = \frac{1}{R_1} + \frac{1}{R_2} + \frac{1}{R_3} = \frac{1}{4} + \frac{1}{10} + \frac{1}{5} = \frac{11}{20} \Rightarrow R_0 = \frac{20}{11} = 1{,}82\Omega$$

La intensidad de corriente I_0 es, por tanto, $I_0 = V_0/R_0 = 10/1{,}82 = 5{,}5\ A$, que son los mismos resultados obtenidos con el anterior procedimiento.

En el caso de los generadores, para conseguir una agrupación en paralelo de varios de ellos, deben unirse todos los bornes positivos entre sí y hacer lo mismo con los negativos, tal como se ha representado en la Figura 2.4. En estas agrupaciones, todos los generadores deben tener la misma f.e.m., pues en caso contrario, los de menor tensión harían el papel de receptores. La tensión resultante y, por tanto, la aplicada al circuito, es la de cualquiera de los generadores, es decir: $V_0 = V_1 = V_2 = V_3$.

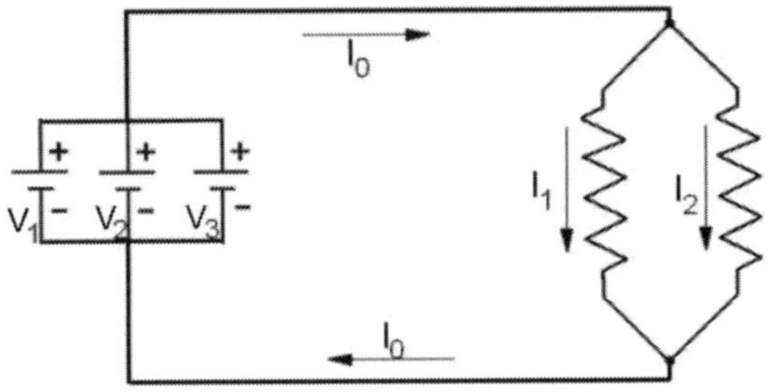

Figura 2.4

Las combinaciones formadas al conectar varios elementos en serie y otros en paralelo reciben el nombre de conexionados o circuitos mixtos. La Figura 2.5 muestra un circuito mixto, es decir, serie-paralelo, a cuyos elementos se han dado los siguientes valores: $R_1 = R_2 = 2\ \Omega$ y $R_3 = 3\ \Omega$; $V_0 = 20$ V.

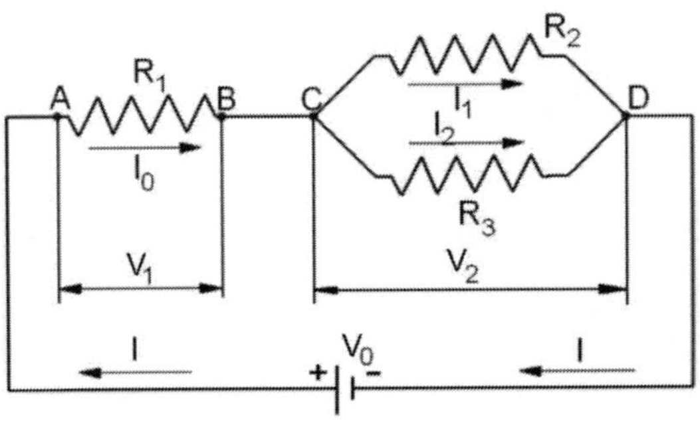

Figura 2.5

La resistencia total de este circuito es la suma de las resistencias comprendidas entre los tramos AB y CD, puesto que ambos tramos están en serie. La del tramo AB es: $R_1 = 2\ \Omega$ y la del tramo CD es:

$$\frac{1}{R_{CD}} = \frac{1}{2} + \frac{1}{3} = \frac{5}{6} \Rightarrow R_{CD} = \frac{6}{5} = 1{,}2\Omega$$

por tanto, $R_0 = R_{AB} + R_{CD} = 2 + 1{,}2 = 3{,}2\ \Omega$

La intensidad de corriente total en el circuito es: $I_0 = \frac{V_0}{R_0} = \frac{20}{3{,}2} = 6{,}25A$

Esta corriente parte del generador y pasa toda ella a través de la resistencia R_1, llegando hasta C, donde se subdivide en I_1 e I_2, cumpliéndose que: $I_0 = I_1 + I_2$.

La tensión aplicada a la resistencia R_1 es: $V_1 = R_1 \cdot I_0 = 2 \cdot 6{,}25 = 12{,}5\ V$

La tensión aplicada al grupo formado por las resistencias R_2 y R_3, es el producto del valor de estas resistencias por la corriente que pasa por este grupo, que como sabemos es I_0, pues hasta C llega la corriente total I_0 y por D sale también el total; por tanto,

$$V_2 = R_{CD} \cdot I_0 = 1{,}2 \cdot 6{,}25 = 7{,}5\ V$$

Vemos que se cumple, por tanto, que $V_0 = V_1 + V_2 = 12{,}5 + 7{,}5 = 20\ V$

Las intensidades I_1 e I_2 son respectivamente:

$$I_1 = \frac{V_2}{R_2} = \frac{7{,}5}{2} = 3{,}75A; \qquad I_2 = \frac{V_2}{R_3} = \frac{7{,}5}{3} = 2{,}5A$$

donde se cumple también que $I_0 - I_1 + I_2 = 3{,}75 + 2{,}5 = 6{,}25\ A$

2.2 Aplicación práctica de la Ley de Ohm

En el circuito representado en la Figura 2.6, al cerrar el interruptor B se establece una corriente I_0. Si la f.e.m. del generador es de 12 V, el valor de la intensidad de corriente es:

$$I_0 = \frac{V}{R} = \frac{12V}{6\Omega} = 2A$$

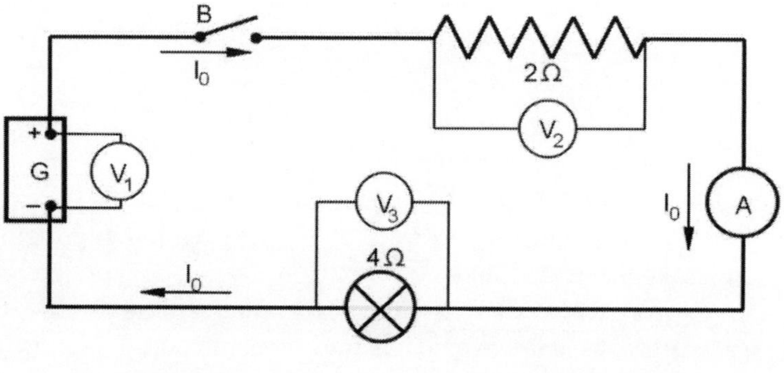

Figura 2.6

Esta corriente pasa en su totalidad por la lámpara y por la resistencia (están conectadas en serie) y es acusada por el amperímetro.

La tensión aplicada a la lámpara y medida por el voltímetro V_3 es: $V = R \cdot I = 4 \cdot 2 = 8\ V$, lo que indica que a ella no se aplica toda la tensión del generador, sino una parte. El resto se ha perdido en la resistencia, es decir, el paso de la corriente por la resistencia ha provocado en ella una caída de tensión, que es igual al producto $R \cdot I$.

Efectivamente, la tensión aplicada a la resistencia y marcada por el voltímetro V_2 es: $V = R \cdot I = 2 \cdot 2 = 4\ V$, que sumados a los 8 V aplicados a la lámpara, dan los 12 V producidos por el generador.

La caída de tensión es, por tanto, directamente proporcional a la intensidad de corriente que recorre la resistencia y al valor óhmico de ésta.

El generador G de la Figura presenta también cierta resistencia al paso de la corriente eléctrica, y cuando se cierra el interruptor B, el paso de corriente por todo el circuito y, por tanto, a través del propio generador, provoca en éste una caída de tensión, lo cual supone que al circuito no estén aplicados los 12 V, sino 12 V – $R_i \cdot I_0$, siendo R_i la resistencia interna del generador.

En la práctica, la tensión marcada por el voltímetro V_1 no es la misma estando el interruptor B abierto o cerrado. Si la lectura se efectúa a interruptor abierto, estamos midiendo la f.e.m. del generador. Si se realiza a circuito cerrado, medimos la tensión aplicada al circuito. El generador provoca, por tanto, una caída de tensión debida a su resistencia interna.

Supongamos que la resistencia interna es de 1 Ω; en este caso, al cerrar el interruptor, la corriente que circula por el circuito no es de 2 A como habíamos calculado, sino de:

$$I = \frac{V}{R + R_i} = \frac{12}{6+1} = 1{,}7A$$

Esta corriente, a su paso por el generador produce una caída de tensión de: $V = R \cdot I = 1 \cdot 1{,}7 = 1{,}7\ V$, lo que significa que el voltímetro V_1 marca $12 - 1{,}7 = 10{,}3\ V$ cuando se cierra el interruptor, lo que implica que la corriente en el circuito es:

$$I = \frac{V}{R} = \frac{10{,}3}{6} = 1{,}7A$$

como habíamos calculado con anterioridad.

La resistencia interna de un generador es difícil de medir pero fácil de calcular; para ello conectaremos un voltímetro V_1 y un amperímetro como indica la Figura y realizamos lecturas del voltímetro a circuito abierto y cerrado. La resistencia interna del generador es:

$$R_i = \frac{V - U}{I_0}$$

es decir, es el cociente de dividir la diferencia de tensiones a circuito abierto (V) y cerrado (U) por la intensidad de corriente obtenida al cerrar el interruptor. También podemos decir que en el circuito exterior, para conseguir una corriente de 1,7 A es necesario aplicar una tensión de: $V = I \cdot R = 1{,}7 \cdot 6 = 10{,}2\ V$, que es precisamente la tensión aplicada al circuito (salvando el error cometido al tomar un solo decimal), o lo que es igual, la caída de tensión habida en el circuito.

Basándonos en todo lo anterior, podemos definir la caída de tensión entre dos puntos de un circuito, como la d.d.p. que debe existir entre dichos puntos para hacer circular la corriente por la porción de circuito considerado. También podemos decir que la suma de las caídas de tensión a lo largo de un circuito es igual a la f.e.m. del generador.

Como la corriente I obtenida en un circuito depende de la resistencia exterior del mismo, la caída de tensión que se produce en el interior de un generador no es una cantidad fija, sino que será tanto mayor cuanta más corriente tengamos en el circuito exterior, o lo que es igual, cuanto menor sea su resistencia.

En los circuitos eléctricos, cuando existe un contacto defectuoso entre los conductores y los receptores, en su conexionado, se genera una resistencia adicional que ocasiona una caída de tensión no deseada que conlleva una notable pérdida de rendimiento.

La Figura 2.7 muestra un ejemplo de esta anomalía, provocada por el contacto defectuoso del hilo conductor en el borne de entrada a la lámpara y en el de unión a masa de la misma (representadas por sendas resistencias de 1 Ω.). En esta situación, la corriente obtenida en el circuito es $I = V / R = 12 / 4 = 3\ A$. La caída de tensión en cada uno de los puntos de falso contacto es: $V = R \cdot I = 1 \cdot 3 = 3\ V$, con lo cual, la tensión aplicada a la lámpara es de solamente 6 V, como puede calcularse, y como indica el voltímetro conectado a ella, lo que implica que su potencia luminosa decaiga considerablemente.

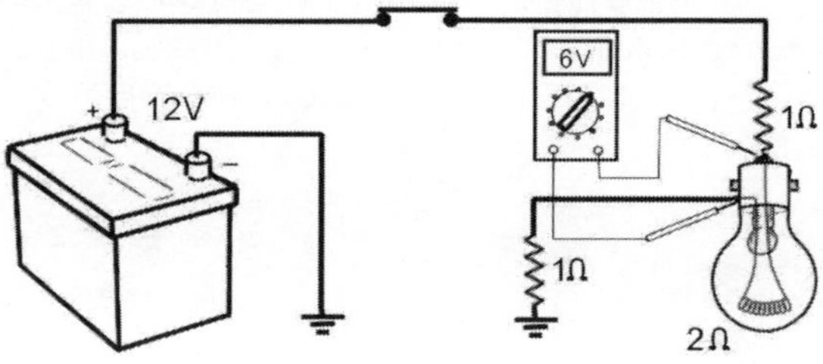

Figura 2.7

En los conductores de los circuitos eléctricos también se producen caídas de tensión, puesto que presentan cierta resistencia al paso de la corriente eléctrica. Como la caída de tensión es proporcional a la resistencia y a la intensidad de corriente que circule, en los circuitos deberán utilizarse conductores de poca resistencia, para evitar en lo posible las caídas de tensión, que en este caso son perjudiciales.

Sabemos que la resistencia eléctrica de un conductor es directamente proporcional a su longitud y resistividad, e inversamente proporcional a su sección; por tanto, deberán emplearse conductores lo más cortos posible y de materiales apropiados (como el cobre) para que su resistividad sea baja; asimismo, la sección debe ser suficiente.

Se considera que la máxima caída de tensión admisible en los conductores debe ser inferior al 2,5% de la tensión aplicada al circuito, y para lograrlo, como la longitud del cable no podemos acortarla a voluntad (depende del lugar donde deba emplazarse el receptor), hay que utilizar cable de sección suficiente. Para calcularla veamos el ejemplo siguiente:

Ejemplo: Calcular la sección necesaria del cable para instalar una lámpara por la que han de pasar 2 A al aplicarle una tensión de 12 V, siendo 4 m la longitud total del conductor empleado.

Caída de tensión máxima admisible: 2,5% de 12 V = 0,3 V.

La resistencia del conductor debe ser: $R = V/I = 0{,}3/2 = 0{,}15\ \Omega$.

Si utilizamos cable de cobre de resistividad 0,0175 Ωm/mm^2, la sección del mismo debe ser:

$$R = \frac{\rho \times l}{s} \Rightarrow s = \frac{\rho \times l}{R} = \frac{0{,}0175 \times 4}{0{,}15} = 0{,}46 mm^2$$

El diámetro es:

$$D = \sqrt{\frac{4s}{\pi}} = \sqrt{\frac{4 \times 0{,}46}{3{,}14}} = 0{,}76 mm\phi$$

En el automóvil se utilizan cables de diferentes secciones en relación con la intensidad de la corriente que ha de circular por ellos. Se admite generalmente una *densidad de corriente* de tres a cuatro amperios por milímetro cuadrado de sección del conductor de cobre, llamándose densidad de corriente a la cantidad de electricidad en culombios que atraviesa una sección unidad del conductor en un segundo. Se mide en:

$$\frac{culombios}{seg \cdot cm^2} = \frac{amperios}{cm^2} \quad \text{o bien} \quad \frac{amperios}{mm^2}$$

En la industria se fabrican cables de diferentes materiales y secciones atendiendo a las necesidades de los automóviles. La plata es la mejor sustancia a emplear por su alta conductividad, pero debido a su alto precio, es muy poco utilizada (solo en casos en que se requiera una gran precisión). El cobre es el más empleado, no solo por su alta conductividad y buen precio, sino también porque es muy maleable y resistente a la corrosión y a la tracción. Por razones similares es empleado también el aluminio.

2.3 Efecto Joule

Es conocido que el establecimiento de la corriente eléctrica en un circuito conlleva la transformación de la energía eléctrica en otra clase de energía, dependiente del tipo de consumidor instalado; pero en cualquier caso, los electrones en movimiento por todo el circuito, con su correspondiente carga eléctrica, están chocando entre sí y ello genera calor, perceptible al tocar los conductores o los consumidores cuando el circuito eléctrico está en funcionamiento.

En un conductor puramente óhmico, como es una resistencia, toda la energía disponible se transforma en calor por *efecto Joule*. Es fácil suponer los electrones chocando unos con otros en su movimiento, debido a la dificultad que presenta la resistencia óhmica a su paso. Cada colisión supone un desprendimiento de calor y, como son muchas las colisiones, el resultado de ellas es la obtención de una determinada cantidad de calor.

Teniendo en cuenta la ley de Ohm y aplicándola a la expresión del trabajo eléctrico, tenemos:

$$T = Q \cdot V = I \cdot t \cdot V = I \cdot t \cdot R \cdot I = R \cdot I^2 \cdot t$$

La expresión $T = RI^2t$ define la ley de Joule que dice: "La cantidad de calor desprendido en un conductor por unidad de tiempo, es proporcional a su resistencia y al cuadrado de la intensidad de corriente que lo recorre".

La energía calorífica disipada por una resistencia es, por tanto: $Ec = RI^2t$ *julios*

Esta energía viene expresada en julios cuando las otras unidades son: ohmios, amperios y segundos, respectivamente, siendo Ec la energía calorífica. Teniendo en cuenta que un julio equivale a 0,24 calorías, puede ponerse también: $Ec = 0{,}24\ RI^2t$ *calorías*.

Ejemplo: Calcular la cantidad de calor desprendido en una resistencia a la que se aplican 12 V, obteniéndose una corriente de 40 A, si dicha corriente se mantiene durante 10 minutos.

$$E_c = 0{,}24RI^2t = 0{,}24R \cdot 40^2 \cdot 10 \cdot 60 = 0{,}24\frac{12}{40}40^2 \cdot 10 \cdot 60 = 69120cal = 69{,}12kcal$$

Siempre que no se busca el desprendimiento de calor en un receptor, el efecto Joule es perjudicial. Las pérdidas de energía eléctrica por efecto Joule disminuyen el rendimiento de los receptores y ocasionan un calentamiento de los mismos, al igual que ocurre en cualquier conductor. Si este calentamiento fuese excesivo, podrían llegar a quemarse.

La necesidad en que nos encontramos de tener en los conductores un calentamiento limitado, impone no sobrepasar en ellos una cierta densidad de corriente, que en términos generales se establece en valores de 4 A/mm^2.

El calor desprendido por efecto Joule tiene múltiples aplicaciones, de las que pasamos a enumerar algunas:

a) **Calentadores eléctricos**: Están formados por resistencias generalmente de ferroníquel o nicrom, arrollando el hilo en forma de hélice y ésta a su vez alrededor de un cilindro de material aislante y refractario al calor. Como la resistencia del hilo es grande, se consigue que el producto RI^2 sea alto y, con ello, obtenemos una cantidad de calor importante.

b) **Soldadores eléctricos**: Están basados en el mismo principio anterior, pero ahora la resistencia se arrolla (debidamente aislada) alrededor de una barra de cobre, a la que se transmite el calor de la resistencia y, con la cual se procede a la operación de soldar con estaño.

c) **Encendedor de cigarrillos**: Basado en el mismo principio, el paso de la corriente pone incandescente una resistencia que se aprovecha para encender los cigarrillos.

d) **Lámparas de incandescencia**: El paso de la corriente eléctrica por un hilo de tungsteno, eleva la temperatura de éste hasta unos 2.800ºC, que corresponden al rojo blanco y el filamento despide luz.

e) **Fusibles**: Cuando la intensidad de corriente que pasa por un hilo conductor es grande, la temperatura obtenida también lo es y, si el hilo es de plomo o aleación de éste, puede sobrepasarse su temperatura de fusión, en cuyo caso se dice que el hilo se ha fundido. Esta propiedad se utiliza para interrumpir la corriente de manera automática en los circuitos, para lo cual, se colocan en ellos los fusibles, que se fabrican con hilo de plomo o similar y cortan el circuito eléctrico cuando la corriente sobrepasa un determinado valor.

El efecto Joule es perjudicial en otros casos. Cuando dos puntos que se encuentran a potenciales diferentes, se unen por un conductor cuya resistencia es despreciable, la corriente que se origina es muy intensa y el desprendimiento de calor que se produce es muy grande, poniendo incandescente el hilo conductor, con peligro de inflamar los materiales combustibles que tenga a su lado. De esta manera es como se producen los incendios debidos a cortocircuitos.

Cuando existe un mal contacto entre dos puntos que deban estar conectados en un circuito eléctrico, la resistencia entre estos puntos (resistencia de contacto), se hace grande, con lo que el calentamiento debido al efecto Joule aumenta y deteriora poco a poco el receptor. Tal es el caso de los interruptores que no hacen buen contacto eléctrico en sus bornes.

El cortocircuito en un generador provoca una descarga muy intensa y, por tanto, un enorme desprendimiento de calor, que deteriora dicho generador.

Para evitar estos inconvenientes, todos los circuitos deben estar protegidos por fusibles, para que en caso de cortocircuitos o resistencias de contacto, sea él quien se queme y salte interrumpiendo el circuito. Por esta causa se fabrican los fusibles de aleación de plomo y estaño, materiales éstos que tienen un punto de fusión muy bajo.

2.4 Aparatos eléctricos de medida

Las magnitudes eléctricas presentes en los circuitos pueden ser cuantificadas utilizando los correspondientes aparatos de medida. En automoción se utilizan fundamentalmente los polímetros y los osciloscopios, mediante los cuales pueden medirse la tensión, intensidad, resistencia y otras magnitudes menos convencionales como la frecuencia o el régimen de giro. En muchos polímetros, pueden efectuarse comprobaciones de funcionamiento de diodos, transistores, condensadores y circuitos integrados, así como medidas de señales eléctricas. Igualmente, al polímetro pueden acoplarse adaptadores que permiten la medida de frecuencias, dwell, o revoluciones por minuto

Los polímetros pueden ser de tipo digital o analógico, como los representados en la Figura 2.8. En los primeros (izquierda de la Figura), una aguja se desplaza por una escala graduada para indicar la cuantía de la medida efectuada, mientras que en los segundos (derecha de la Figura), la magnitud de la medida se obtiene con cifras en una pantalla de cristal líquido.

Los polímetros analógicos son poco utilizados en la actualidad dado que son poco precisos en la lectura de los valores medidos, pues el desvío de la aguja puede ser observado desde diferentes ángulos y se presta a una interpretación errónea. Comparativamente, los polímetros digitales adolecen de este inconveniente.

Figura 2.8

En cualquiera de los casos, el polímetro está provisto de un mando rotativo que permite seleccionar las diferentes funciones, para medida de tensiones continuas o alternas, resistencias, intensidades pequeñas en corriente continua, e intensidades mayores en continua y en alterna. Las puntas de prueba se conectan en estos aparatos una al borne común (COM) y la otra a los bornes cuyos símbolos correspondan, según vayan a medirse tensiones, resistencias o intensidades. Seguidamente se selecciona con el mando rotativo el rango de la medida, comenzando con la escala más alta si no se conoce cual va a ser el valor de medida aproximado.

Los polímetros digitales como el representado en la Figura disponen, en general, de dos bornes para realizar la medida de diversas intensidades de corriente, debidamente señalizados. Uno de ellos permite realizar mediciones de hasta 2 A, mientras que utilizando el otro pueden medirse hasta 10 A. Para ello deben conectarse las puntas de prueba adecuadamente, entre el borne común y el señalizado max. 2 A o bien 10 A. En otros casos pueden utilizarse complementos como la pinza amperimétrica, con la que pueden medirse intensidades de corriente de más de 200 A.

La Figura 2.9 muestra este accesorio y su conexión al polímetro en dos de sus bornes. Para realizar la medida de la intensidad de corriente que pasa por un conductor debe rodearse éste con la pinza sin tocar el cable, y posicionando la pinza en el sentido de paso de la corriente, para lo cual la pinza lleva grabada una flecha. En el ejemplo de la Figura se está midiendo la intensidad de la corriente de carga generada por el alternador y que pasa a la batería.

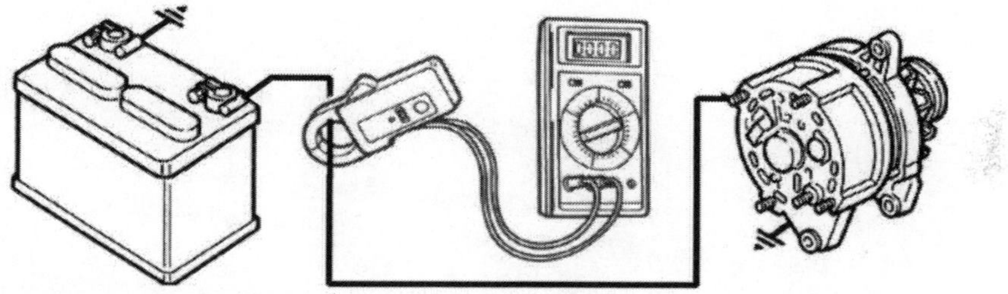

Figura 2.9

Una peculiaridad importante de los polímetros digitales es que en la escala de medida de resistencias disponen una posición para la comprobación de continuidad de los circuitos o cableados, en la cual se produce un pitido cuando hay continuidad. La Figura 2.10 muestra un ejemplo de medición donde se está comprobando la continuidad de un hilo conductor entre dos regletas de conexión. Cuando no hay continuidad (conductor cortado), la pantalla muestra la indicación 1., o en otros casos OL. Esta misma indicación aparece también en otros casos cuando se efectúan medidas de resistencia y la escala seleccionada es inadecuada. Recuérdese que para efectuar medidas de resistencia de componentes de un circuito, debe estar cortada la alimentación del mismo, pues en caso contrario se corre el riesgo de deteriorar el polímetro.

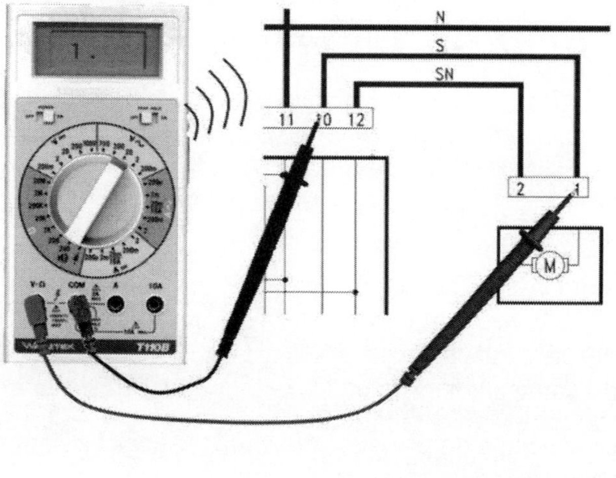

Figura 2.10

Otro de los aparatos de medida utilizados actualmente es el osciloscopio, de los que existen gran cantidad de modelos para aplicaciones automovilísticas. Fundamentalmente se emplea para la medición de señales eléctricas provenientes de sensores utilizados en los sistemas de inyección electrónica, control de tracción, ABS, etc., que resultan difíciles de medir con los polímetros convencionales y que mediante los osciloscopios pueden visualizarse en la pantalla de que disponen.

La Figura 2.11 muestra un osciloscopio en cuya pantalla pueden visualizarse las señales emitidas por dos sensores a la vez, lo que permite que puedan compararse. Cada una de ellas toma la forma de una traza, cuyos valores de tensión varían en el tiempo y pueden ser medidos en la escala graduada en cuadrículas de la pantalla. Así pues, el osciloscopio permite ver lo que se está midiendo y esta una de sus ventajas esenciales.

El osciloscopio dispone de una serie de mandos que permiten ajustar las señales en la pantalla, desplazarlas vertical u horizontalmente, amplificarlas o reducirlas, fijarlas, guardarlas y después visualizarlas en pantalla, etc.

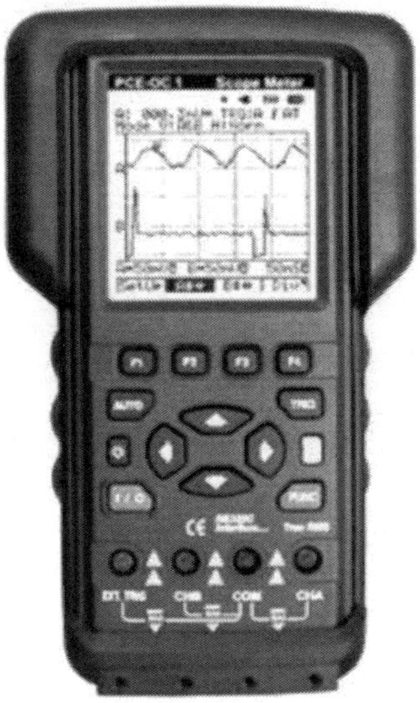

Figura 2.11

2.5 Medida y cálculo de las magnitudes fundamentales

La comprobación del correcto funcionamiento de un circuito eléctrico se realiza midiendo las magnitudes fundamentales que operan en el mismo, es decir, la tensión, resistencia e intensidad de la corriente que circula por este circuito. Los valores encontrados en estas mediciones son comparados con los teóricos (que pueden ser calculados) para así determinar si el funcionamiento del circuito es el adecuado.

Tomando como ejemplo el circuito de la Figura 2.12, si se quiere medir la intensidad de corriente que circula por él se conectará el amperímetro como se muestra en la posición 1, mientras que si se quiere conocer la intensidad de corriente que pasa por cada una de las lámparas, se conectará el amperímetro como se muestra en los detalles 2 y 3. En cualquiera de estos casos, es preciso soltar el cable de su conexión al interruptor o a cada una de las lámparas. Así se obtienen los valores indicados en el esquema.

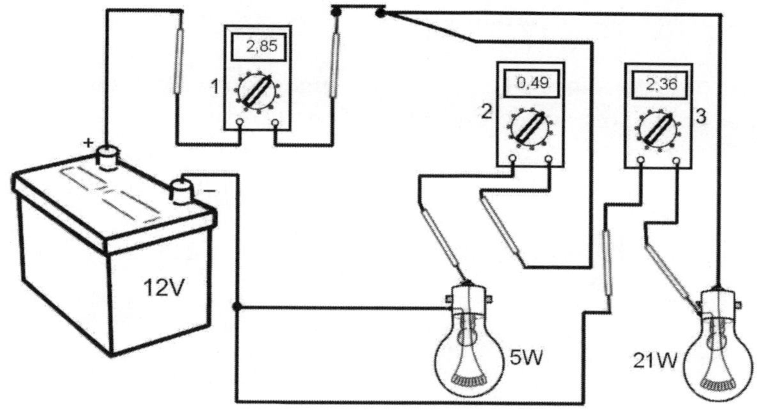

Figura 2.12

Estos valores son comparados posteriormente con los obtenidos por cálculo. Si no coinciden es debido a que existen anomalías en el circuito.

La intensidad teórica de la corriente que pasa por cada lámpara puede calcularse a partir de los valores de potencia de las mismas y tensión aplicada (la de la batería): $I = W / V$. Así tenemos que por la lámpara de 5 W, han de pasar: $I = 5 / 12 = 0,42\ A$ y por la de 21 W, $I = 21 / 12 = 1,75\ A$.

En este ejemplo se ve que los valores obtenidos por cálculo son inferiores a los reales y ello es debido a que la tensión de la batería y la potencia de las lámparas no coinciden con la teórica.

El modo más eficaz de comprobar un circuito eléctrico es midiendo las caídas de tensión en el mismo (como muestra la Figura 2.13), que indican defectos de conexionado o elementos defectuosos en el circuito. El valor de tensión real medido en cada lámpara (conectado el voltímetro como muestra el esquema) debe coincidir con el obtenido en los bornes del generador, pues en caso contrario hay una caída de tensión indebida en el circuito. La forma más directa de medir la caída de tensión total en un circuito es conectando el voltímetro entre el borne positivo del generador y el de llegada al consumidor, para el caso de la lámpara de 5W. La tensión medida debe ser cero. Cualquier otro valor indica una caída de tensión en el cable, el interruptor, o las conexiones.

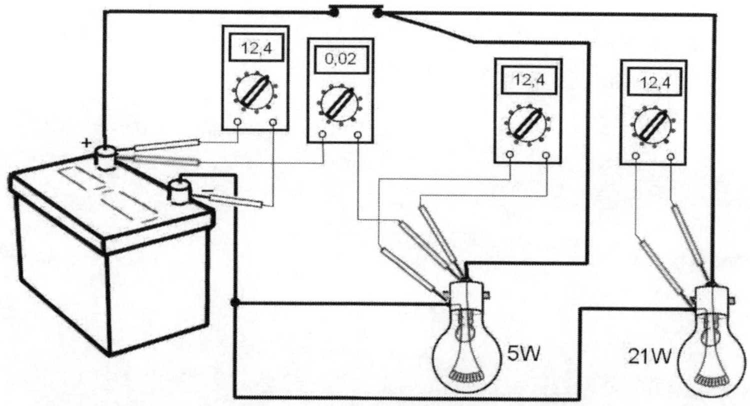

Figura 2.13

2.6 Instalaciones eléctricas

Debido al incremento de dispositivos eléctricos empleados en los automóviles modernos, la instalación eléctrica de los mismos se ha hecho cada vez más compleja. En la Figura 2.14 se representan algunos de los componentes del equipo eléctrico de un automóvil y la instalación eléctrica que los conexiona. Los cables conductores están reunidos entre sí y rodeados de cinta plástica, formando "mazos" que reciben el nombre de cableados. Cada uno de los conductores se distingue por el color de su funda aislante, lo que permite identificarlos en la entrada y salida del mazo correspondiente.

Figura 2.14

El cableado sigue el recorrido más conveniente a lo largo y ancho de la carrocería, a la cual se fija por medio de grapas de plástico o abrazaderas. Este recorrido está condicionado a la situación de los componentes eléctricos que han de conexionarse, de manera que fuera del mazo de cables quede la menor longitud posible de conductor.

Para facilitar las reparaciones que eventualmente puedan producirse en los automóviles y el desmontaje de componentes, la instalación eléctrica se divide en partes, cuyos cableados se conexionan entre sí por medio de conectores adecuados, que también son empleados en las conexiones de la instalación a los distintos aparatos eléctricos (Figura 2.15). Estos conectores adquieren distintas formas y número de vías, en función de la conexión a realizar.

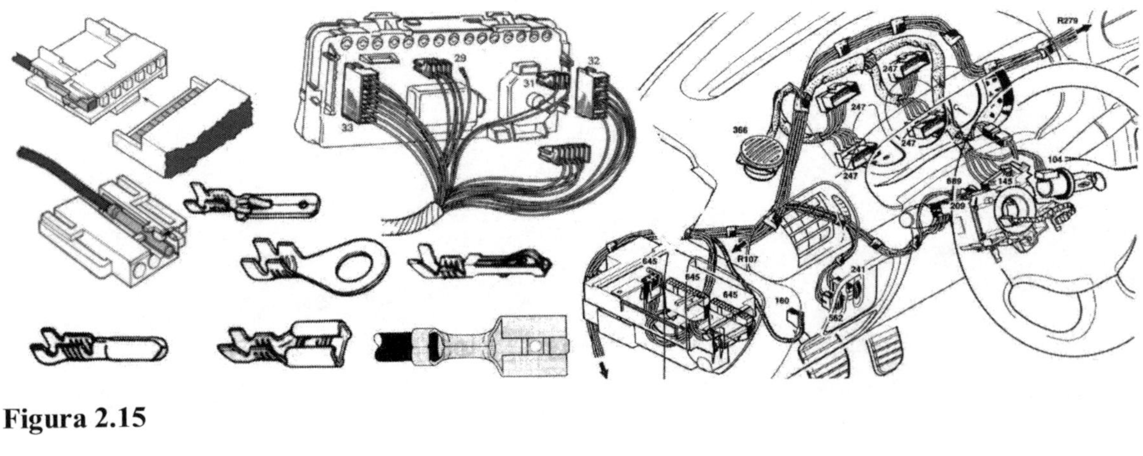

Figura 2.15

Los conectores son cajetines de plástico que forman celdas individuales, en cada una de las cuales se alojan los correspondientes terminales, que realizan la conexión eléctrica entre los cables, y están provistos de lengüetas de retención que los mantienen inmovilizados en la respectiva celda del conector, de manera que una vez introducido el terminal quede allí retenido. A su vez, el conector dispone también de lengüetas flexibles de plástico para su fijación al cajeado del aparato receptor o al conector del cableado al que se une. Los terminales adquieren diferentes formas según el aparato receptor al que se conectan, siendo los más utilizados los de lengüeta (faston), los cilíndricos y los de anilla redonda, como los mostrados en la Figura.

El cable se fija al terminal por engatillado en las lengüetas del mismo, que al cerrarse lo aprisionan al tiempo que realizan el contacto eléctrico adecuado. Las lengüetas más próximas al extremo del terminal se clavan sobre la funda del cable, de manera que la unión soporte los esfuerzos de tracción, mientras que las anteriores a éstas se fijan sobre el cable.

Para su fácil identificación, los conectores suelen marcarse con un determinado color y cada una de las vías del mismo está numerada. A estos colores y numeración de las vías se hace referencia en los esquemas eléctricos de conexiones, para que resulte sencillo seguir el circuito eléctrico y relacionarlo en el vehículo. Los manuales específicos de cada vehículo incluyen esquemas de ubicación de componentes eléctricos, cableados, recorridos, conectores y tomas de masa para su fácil localización, estando debidamente codificados, tanto los componentes individuales, como los conectores y cableados.

Dada la complejidad de las instalaciones eléctricas de los vehículos actuales, se hace imprescindible la utilización de esquemas eléctricos en la tarea de localizar una avería, pues los hilos que enlazan los distintos componentes eléctricos de un circuito se integran en el mazo de cables de la instalación y no es fácil localizar un cable concreto. Con la ayuda de estos esquemas puede seguirse el recorrido de cualquier conductor, identificándolo en sus conexiones. En estos esquemas se emplea una simbología para designar los diferentes elementos eléctricos (receptores, conectores, regletas, etc.), que no difiere mucho de unos fabricantes a otros. En el cuadro de la Figura 2.16 se muestran algunos símbolos eléctricos de tipo general, y en la Figura 2.17 otros específicos de algunos fabricantes de automóviles.

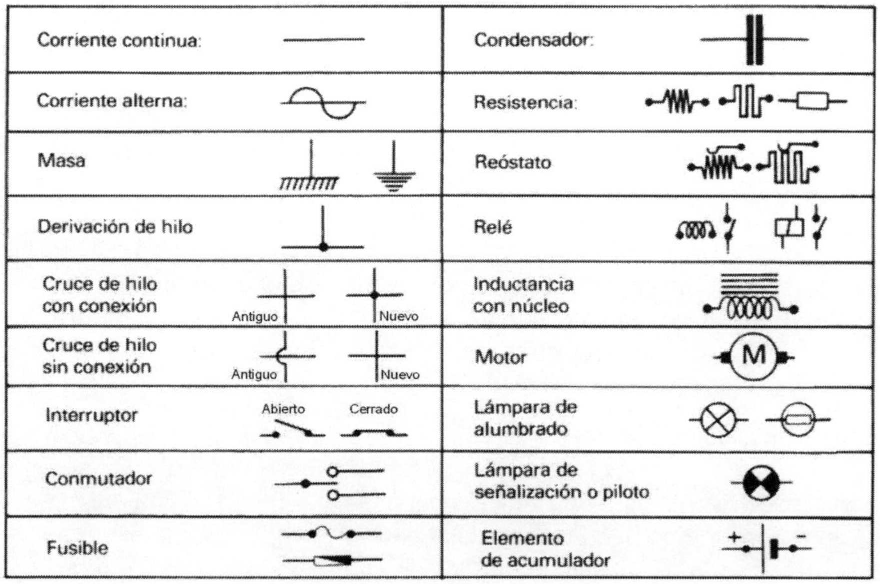

Figura 2.16

Figura 2.17

En cualquier caso, los manuales de reparaciones de los vehículos incluyen en sus contenidos la simbología eléctrica utilizada por la marca del vehículo concreto, así como un conjunto de normas para el seguimiento de esquemas e identificación de cableados de la instalación eléctrica. También se identifican los conectores, como ya se ha descrito, así como la ubicación de los mismos en el vehículo.

La representación esquemática de los circuitos eléctricos suele darse en su conjunto para cada vehículo determinado, aunque actualmente es más frecuente parcializarla por circuitos, cada uno de los cuales hace referencia a una función concreta. La Figura 2.18 muestra el diseño convencional de un esquema eléctrico, en este caso para el mando del motor D del ventilador de calefacción de un vehículo, alimentado a través del conmutador de encendido A y gobernado por un conmutador de mando B capaz de seleccionar las distintas velocidades de funcionamiento, en cada una de las cuales intercala en el circuito un determinado número de resistencias C, según la posición adoptada por el conmutador.

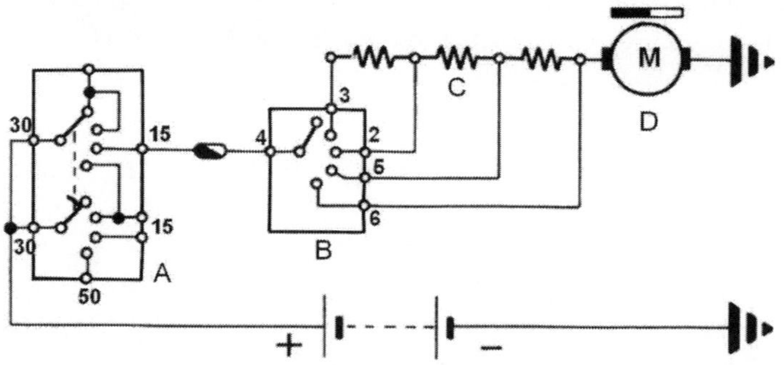

Figura 2.18

En los esquemas eléctricos generales pueden diferenciarse dos tipos: los funcionales y los de cableado. En los primeros se representa el esquema interno de los distintos componentes eléctricos, de manera que, a través de él, puede deducirse el funcionamiento del circuito, mientras en los segundos se representa el cableado junto con los conectores y los componentes eléctricos pero sin sus circuitos internos. La Figura 2.19 muestra un ejemplo del primer caso. Aquí puede verse que cada uno de los componentes eléctricos está identificado con un número y cada conector puede ser identificado por su color y número de vías.

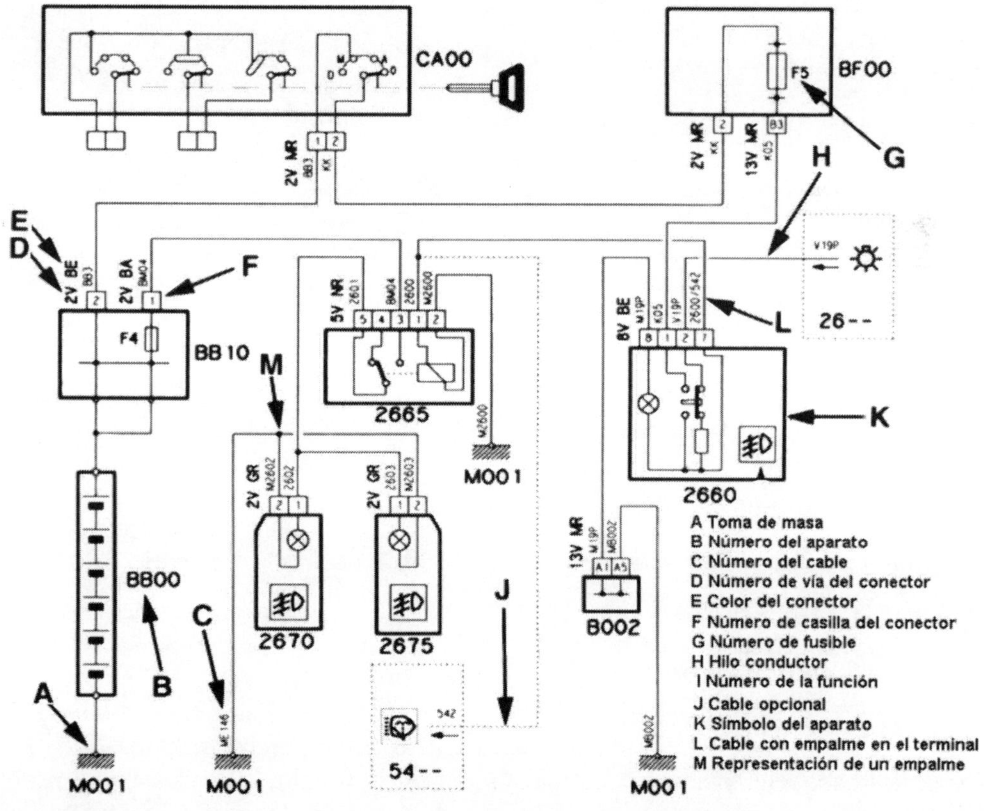

Figura 2.19

2.7 Seguridad en el taller eléctrico

En el manejo de aparatos eléctricos y en cualquier intervención que se realice en un circuito eléctrico, es preciso respetar ciertas normas de seguridad específicas, además de las comunes aplicables a toda intervención de tipo mecánico o a la mera presencia en los espacios de trabajo del taller de electromecánica.

El riesgo eléctrico más común es el de sufrir una descarga eléctrica, que en los automóviles convencionales es especialmente peligrosa la del sistema de encendido del motor, que puede sufrirse cuando se manipulan los cables y conexiones de este sistema. Soltar un cable de bujía, por ejemplo, conlleva el riesgo de sufrir una descarga eléctrica de alto voltaje y lo mismo puede ocurrir cuando se manipula un faro con lámpara de xenón. Las intervenciones en estos sistemas deben efectuarse utilizando las pinzas aislantes adecuadas.

La utilización de equipos conectados a la red de alumbrado del taller también supone riesgo, sobre todo cuando los enchufes o los cables de conexión se encuentran deteriorados o cuando están tirados por el suelo o están mojados.

Los efectos de una descarga eléctrica son diversos pero en general puede producir quemaduras, agarrotamiento muscular o paro cardíaco en los casos más graves. En caso de accidentes existen protocolos a seguir que están indicados con carácter general en el taller. Como norma general, la primera actuación debe ser al de desconectar la fuente de tensión causante de la descarga eléctrica lo más rápido posible y seguidamente atender al accidentado lavando la quemadura con agua abundante y paños húmedos, cubriendo luego la zona con compresas esterilizadas y evacuando al accidentado rápidamente.

Otro de los riesgos eléctricos frecuentes es el de quemadura por tocar un cable conductor cuando hay un cortocircuito, pues el cable se calienta en exceso llegando a fundir la funda aislante de plástico. En otras ocasiones, al tocar el cable caliente se puede producir una reacción instintiva de retirar la mano, pudiendo golpearse con alguna superficie próxima que pueda causar contusión o corte.

Medidas de seguridad en el taller

- Limpiar y recoger periódicamente los aceites, grasas, líquidos de freno, refrigerantes, etc.
- Mantener el entorno del puesto de trabajo limpio y ordenado con el espacio necesario para realizar las tareas propias y las ventilaciones, desagües y sistemas de evacuación en buenas condiciones de funcionamiento.
- Mantener y utilizar las herramientas y máquinas de forma correcta.
- Realizar un mantenimiento periódico y revisiones de los equipos de trabajo.
- Comprobar la estabilidad y anclaje de los gatos y demás soportes antes de iniciar trabajos de reparación de automóviles.
- Sustituir las herramientas, máquinas o piezas antes que presenten deterioro por otras nuevas y adecuadas, por lo que es necesaria una revisión previa a su uso.
- Las instalaciones eléctricas tienen que estar en perfecto estado de uso y cumplir las normas de seguridad.
- El taller estará siempre provisto de los medios contra incendios que precise.

• Se hará un mantenimiento periódico de los extintores y demás equipos contra incendios.

• La señalización tanto de áreas de trabajo como la de seguridad, de prohibición, obligación, advertencia y socorro han de estar en buen estado y colocadas de forma correcta para ser vistas con claridad.

• Las áreas de trabajo tienen que estar debidamente protegidas (elevadores hidráulicos, fosos de reparaciones, puestos de soldadura, cabinas de pintura, etc.).

• Utilizar equipos de protección individual con el marcado CE.

Equipos de protección individual «EPI»

El EPI ha de estar siempre en perfecto estado, cuidado y revisado periódicamente. El equipo se compone básicamente por el mono de trabajo y el calzado de protección. Además según el trabajo a realizar por el operario, el equipo será completado con:

• Guantes de protección mecánica y química para evitar el contacto de las manos con productos nocivos para la piel como son grasas, detergentes, ácidos, disolventes, pinturas, etc.

• Guantes de protección térmica para el calor.

• Protección auditiva contra el ruido.

• Gafas o pantallas protectoras contra proyección de partículas.

• Manguitos, mandil y polainas para las labores de soldadura.

• Máscara o mascarilla autofiltrante para preservarse de la exposición a contaminantes químicos, como son los humos de motores, vapores orgánicos de pinturas, disolventes, etc.

Almacenamiento de residuos

Los residuos del taller se deben depositar en espacios y recipientes homologados para su recogida por un gestor de residuos autorizado y su posterior reciclaje.

Las baterías, las piezas sustituidas, aceite y papel sucio son los principales residuos que se generan en el taller de electricidad.

Las baterías se deben depositar en un espacio que no se encuentre expuesto a temperaturas excesivas, los restos de piezas en un contenedor metálico y el papel u otros productos de limpieza en un recipiente para reciclar, debidamente identificado.

Señalización y seguridad en el taller

La señalización del taller debe informar, avisar y prever de los posibles riesgos que puedan existir en el taller. La señalización de seguridad ayuda a evitar accidentes. Las señales empleadas tienen distinta forma, composición y color, según el tipo de indicación. La señalización más empleada es la siguiente:

Señales de prohibición: Se emplean para prohibir actuaciones que tienen riesgo o peligro importante. Son redondas con un borde y la banda transversal de color rojo, el fondo de la señal es blanco y el símbolo de la prohibición o pictograma de color negro.

Señales de obligación: Se colocan en zonas donde es obligatorio un comportamiento o indumentaria, por ejemplo, emplear guantes, cascos, etc. Tienen forma redonda, el fondo es de color azul oscuro y el pictograma es de color blanco.

Señales de advertencia: Se emplean para advertir o informar de posibles riesgos o peligros, por ejemplo, en un cuadro eléctrico de 230-400 V se coloca en el panel y de forma visible la señal de riesgo eléctrico. Las señales de advertencia tienen forma triangular con el borde y pictograma de color negro, el fondo es de color amarillo. La señal de materias nocivas e irritantes tiene el fondo anaranjado.

Señales de salvamento o socorro: Informan del lugar donde se encuentran las salidas al exterior o de emergencias, los equipos de primeros auxilios y de la dirección o camino para evacuar el taller.

Señales contra incendios: Las señales contra incendios informan del lugar donde se encuentran los equipos de extinción (mangueras y extintores) y del camino para llegar al equipo. Las señales tienen forma cuadrada con fondo rojo, el pictograma indicativo es de color blanco.

Cuestiones

2.1. Dibuja los esquemas eléctricos correspondientes a dos lámparas conectadas en serie y en paralelo.

2.2. Define el concepto de caída de tensión en un circuito.

2.3. ¿Qué es una resistencia de contacto?

2.4. ¿Qué es el efecto Joule?

2.5. Cita algunas aplicaciones del efecto Joule.

2.6. Cita las funciones de un polímetro.

2.7. ¿Qué ventajas tiene el empleo de un osciloscopio?

2.8. Cita algunas medidas de prevención en el taller eléctrico.

Actividades propuestas

2.1. Realizar el conexionado de diferentes receptores en serie y en paralelo. Analizar su funcionamiento.

2.2. Construir un circuito eléctrico sencillo y realizar las medidas de tensión, intensidad y resistencia.

2.3. Sobre un automóvil, efectuar la medida de la intensidad de corriente que llega a uno de los faros y la tensión aplicada al mismo. Deducir si el circuito funciona correctamente.

2.4. Efectuar la medida de las caídas de tensión en cada uno de los componentes de un circuito eléctrico y en el generador.

2.5. Efectuar una revisión completa del puesto de trabajo y del equipo y herramientas empleado.

Efectos de la corriente eléctrica

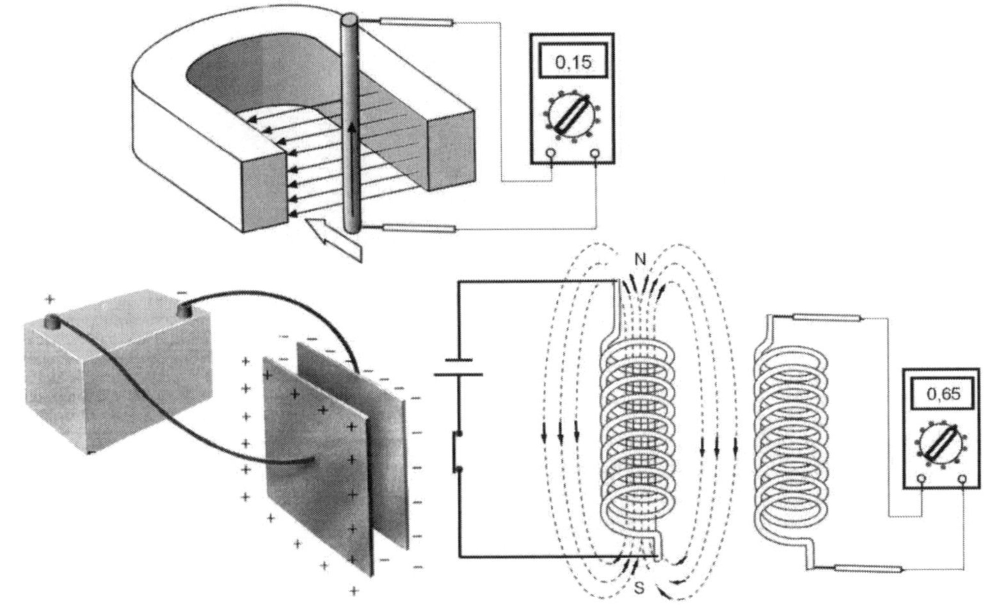

Contenidos

3

Objetivos

- *Conocer los diferentes modos de producción de electricidad.*
- *Estudiar los campos eléctricos y sus efectos.*
- *Conocer las propiedades magnéticas de los materiales.*
- *Estudiar los efectos de los campos magnéticos.*
- *Estudiar los efectos de la inducción electromagnética.*
- *Conocer la estructura y funcionamiento de las máquinas eléctricas.*

Introducción

Existen diversos medios para producir electricidad, unos en pequeñas cantidades y otros de una manera importante. En cualquier caso, resulta necesario conocer los principios básicos de estos procesos. La más antigua de las formas de electricidad conocidas es la llamada electricidad estática, que se produce por el roce entre cuerpos de naturaleza diferente y es causa de descargas desagradables a través del cuerpo humano.

Mediante algunos procedimientos pueden generarse corrientes eléctricas de pequeña magnitud que pueden ser recogidas como señales de funcionamiento de algún elemento mecánico. Con otros procesos se logra generar corrientes eléctricas importantes que pueden ser utilizadas en los diversos sistemas y circuitos eléctricos del automóvil.

Otro tipo de electricidad es la que podemos denominar dinámica, que venimos tratando en este libro, y que es la de aplicación masiva en todas sus formas. De entre los muchos efectos y transformaciones que se producen en un circuito eléctrico, pueden destacarse los de tipo magnético. La corriente eléctrica puede generar campos magnéticos y, a la inversa, por medio de la activación de campos magnéticos pueden conseguirse corrientes eléctricas. Estas propiedades son de gran aplicación en automoción en los diversos sistemas del equipo eléctrico, como los motores, generadores, sensores, etc.

3.1 Procedimientos de producción de electricidad

Existen diversos procedimientos para producir energía eléctrica, que posteriormente puede ser aprovechada y transformada en otra clase de energía al establecer un circuito eléctrico. De entre todos estos procedimientos destacaremos por su importancia los siguientes:

Producción de electricidad por frotamiento

Este es el proceso más antiguo de los conocidos y se logra al frotar una barra de vidrio contra un paño de lana (Figura 3.1). Con esta acción, los electrones de las últimas capas del vidrio abandonan el material para pasar al paño de lana, con lo cual, éste queda cargado de electrones adquiriendo una polaridad negativa, mientras que el vidrio se polariza positivamente al ceder algunos de sus electrones. La carga eléctrica conseguida por este método permanece en el material y se denomina carga estática. Esta clase de electrización es conocida popularmente, ya que es frecuente ver y oír el chisporroteo debido a la electricidad estática, causante de las descargas que se experimentan al tocar las partes metálicas de un vehículo en algunas ocasiones.

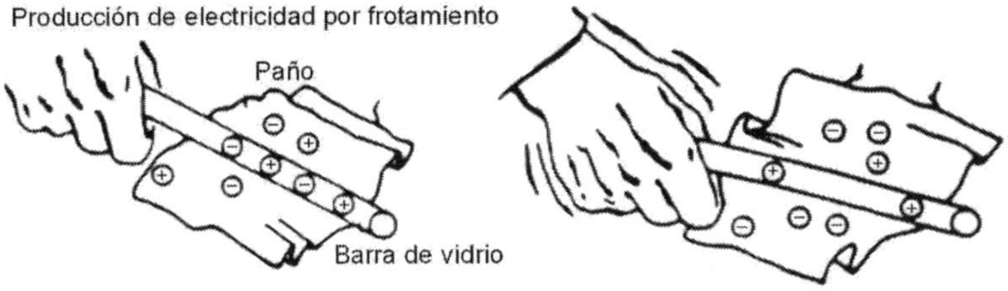

Figura 3.1

Producción de electricidad por presión (procedimiento piezoeléctrico)

Algunos materiales como el cristal de cuarzo tienen la propiedad de que al ser sometidos a una presión, aplicada entre dos de sus caras opuestas, generan una tensión eléctrica, es decir, aparece entre estas dos caras del cristal una diferencia de potencial (Figura 3.2). Esta propiedad es utilizada en aplicaciones automovilísticas como los sensores de picado, que serán descritos más adelante. El material se dice que es piezoeléctrico.

Este proceso de producción de electricidad es reversible, es decir, si se aplica una tensión eléctrica entre las dos caras opuestas del cristal, éste experimenta vibraciones o bien ejerce presión sobre sus soportes.

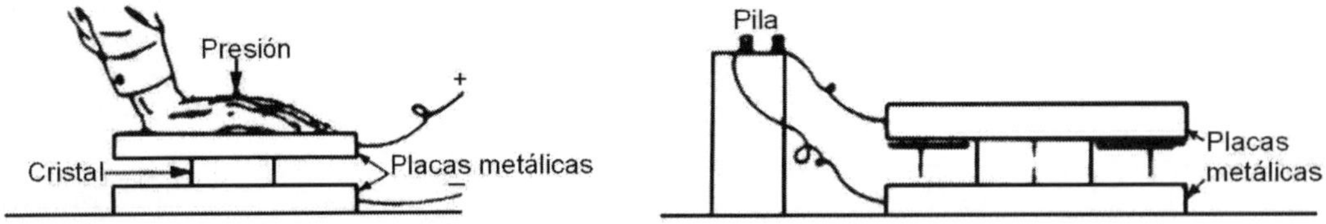

Producción de electricidad por presión

Reversibilidad del efecto de la presión

Figura 3.2

Producción de electricidad por acción química

Cuando se sumerge un metal en un líquido formado por agua y ácido (electrólito), aparece entre ambos una diferencia de potencial. Ello es debido a las reacciones químicas que se producen entre el electrólito y el metal, a consecuencia de lo cual se genera una migración de electrones de una sustancia a la otra.

Las pilas y acumuladores son dispositivos que aprovechan las propiedades de ciertas reacciones químicas para generar corrientes eléctricas, transformando la energía química contenida en el electrólito y en las placas, en energía eléctrica. En la Figura 3.3 se muestra la estructura de una pila electroquímica, constituida por un recipiente que contiene una solución de agua y ácido en la que se sumergen dos cuerpos de naturaleza diferente, llamados electrodos (generalmente cobre y cinc o carbón de retorta y cinc). La diferencia de acción química del electrólito sobre los electrodos de naturalezas distintas es la que genera la diferencia de potencial eléctrico entre estos electrodos, que constituye la fuerza electromotriz de la pila. Uno de los electrodos forma el polo positivo y el otro el negativo y, si se conectan ambos a una lámpara se observa un paso de corriente eléctrica a través del circuito exterior y por el interior del electrólito, hasta que se agota la reacción química.

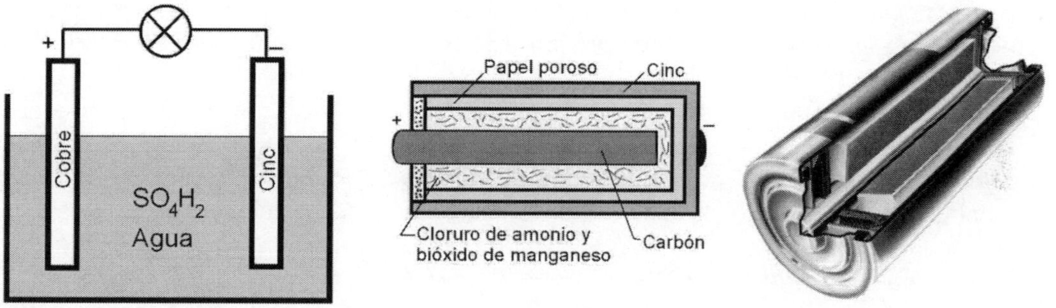

Figura 3.3

En las llamadas pilas secas (derecha y centro en la Figura), el electrólito líquido se sustituye por una pasta húmeda de cloruro de amonio mezclada con un despolarizante (bióxido de manganeso), que rodea al electrodo central de carbón de retorta, que constituye el polo positivo de la pila. El conjunto de pasta y electrodo se encierra en un cilindro de papel poroso y se introduce a su vez en otro cilindro de cinc, que constituye el electrodo negativo. Esta pila, llamada de Leclanché, tiene una fuerza electromotriz de 1,5 V.

En la pila seca no existe baño electrolítico y una vez descargada la pila no hay posibilidad de recargarla nuevamente, quedando agotada su capacidad de producir electricidad, mientras que en los acumuladores (izquierda en la Figura) puede producirse su recarga haciendo circular por su interior una corriente eléctrica de sentido opuesto a la de descarga.

Producción de electricidad por acción magnética

Este procedimiento es de gran aplicación y con él se consigue la mayor parte de la energía eléctrica utilizada en la actualidad. Se fundamenta en el hecho de que al mover un conductor en el seno de un campo magnético, perpendicularmente a las líneas de fuerza, aparece una diferencia de potencial entre los extremos de dicho conductor (Figura 3.4, izquierda) mientras está en movimiento. Si el conductor está quieto, no hay diferencia de potencial entre los extremos del mismo.

Disponiendo el conductor en forma de espira (derecha en la Figura) y haciéndola girar en el interior del campo magnético, también se genera una diferencia de potencial entre sus extremos, pero ahora esta fuerza electromotriz es alterna, lo que supone que la corriente eléctrica que puede generar si hay un circuito cerrado, cambie periódicamente de sentido en la espira.

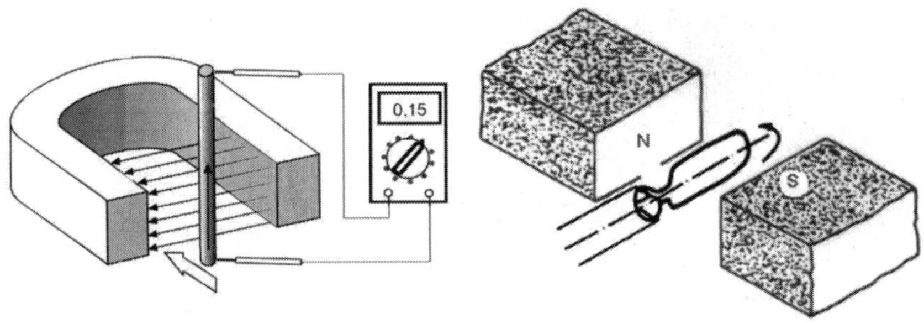

Figura 3.4

Producción de electricidad por la acción de la luz (efecto fotoeléctrico)

Se ha comprobado experimentalmente que cuando incide un rayo de luz sobre un cuerpo metálico, se produce un desprendimiento de electrones de la última capa de los átomos del metal. A este fenómeno se le llama efecto fotoeléctrico y resulta especialmente importante en algunos metales, como el selenio. Si en una ampolla de vidrio en la que se ha hecho el vacío (Figura 3.5) se coloca un cátodo metálico y frente a él un ánodo, en cuanto el primero se ilumina con luz ultravioleta, se inicia una corriente eléctrica consecuencia de la emisión de electrones por el cátodo, orientados hacia el ánodo. La cantidad de electrones emitidos depende de la intensidad de haz luminoso proyectado sobre el cátodo y del material metálico del mismo.

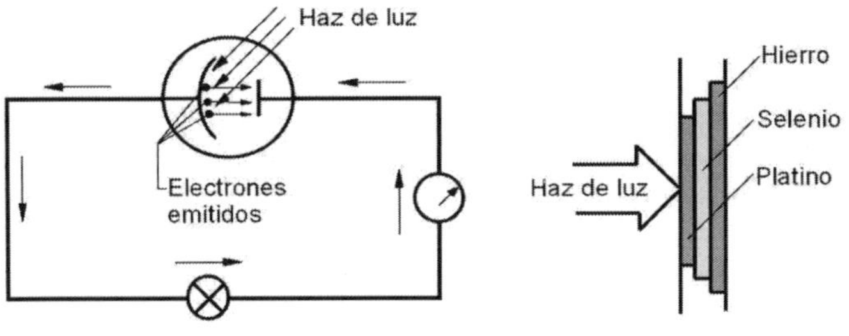

Figura 3.5

Este tipo de producción de electricidad se suele realizar en pequeñas superficies llamadas fotocélulas, las cuales están constituidas de un material traslúcido y otro fotosensible (derecha en la Figura), de manera que al incidir la luz sobre el material fotosensible (generalmente selenio), se provoca el desprendimiento de electrones de la última órbita de sus átomos, que se acumulan en el material traslúcido (oro o platino), apareciendo en el hierro colocado de la otra cara del selenio cargas positivas por inducción.

Producción de electricidad por acción del calor

Cuando se ponen en contacto dos metales de distinta naturaleza, aparece entre ellos una diferencia de potencial, que es debida a que los electrones libres de uno de los metales poseen mayor energía que los del otro y tienden a difundirse hacia este último. Si se calienta la unión de ambos metales, aumenta la emisión de electrones (propiedad termoeléctrica), dado que con ello crece la energía de los mismos. Este sistema de producción de electricidad tiene aplicación en los termopares, que se utilizan para medir temperaturas, como el formado por cobre y constantán, que generan una corriente variable con la temperatura, cuyo valor se obtiene midiendo la fuerza electromotriz termoeléctrica de la corriente.

La Figura 3.6 muestra un par termoeléctrico formado por dos hilos metálicos unidos en circunferencia por medio de soldadura. Cuando se calienta una de las soldaduras se produce una corriente eléctrica en el anillo, que se mantiene mientras persiste la diferencia de temperatura. Del mismo modo, si se unen por ambos extremos dos hilos conductores de diferente material y cada una de las soldaduras se sumerge en un recipiente con líquido a temperaturas diferentes (derecha en la Figura), se produce una corriente eléctrica. Este dispositivo puede ajustarse de manera que manteniendo una de las soldaduras a una temperatura conocida, la otra soldadura permita medir la temperatura deseada.

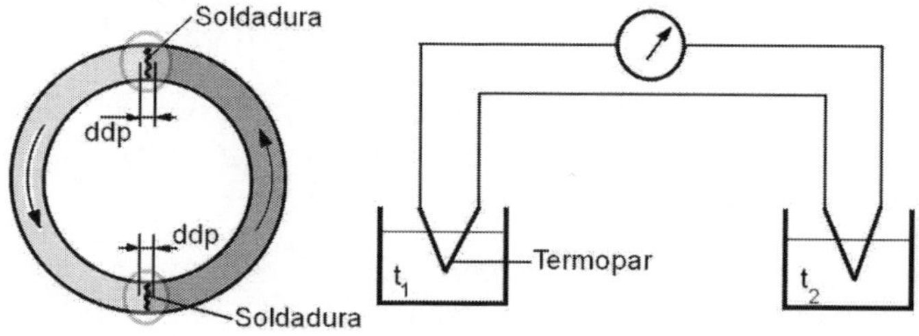

Figura 3.6

3.2 Campo eléctrico. Acumulación de cargas

Ya se ha visto que cuando se frota una barra de vidrio contra un paño de lana se produce el fenómeno de la electrización, por el cual, un determinado número de cargas eléctricas de signo negativo pasan del paño de lana a la barra de vidrio, quedando ambos cuerpos polarizados, es decir, el paño de lana queda electrizado positivamente y la barra de vidrio negativamente. En estas condiciones, si permanecen próximos entre sí estos dos materiales, en el espacio entre ambos se forma un campo eléctrico en el que se manifiestan fuerzas de atracción y repulsión sobre cualquier carga eléctrica colocada en esta zona.

La polarización eléctrica de los cuerpos puede lograrse también por otros medios. Supongamos dos placas metálicas separadas entre sí una distancia pequeña, y conectadas a un generador, como muestra la Figura 3.7. Cuando se cierre el interruptor, el borne positivo del generador, falto de electrones, atrae a las cargas negativas de la placa conectada a él, que por esta causa queda polarizada positivamente, mientras que en la otra placa ocurre lo contrario, es decir, el borne negativo del generador empuja a los electrones hacia la placa para polarizarla negativamente. Con esta acción se ha logrado un movimiento de electrones, que en apariencia han pasado de una de las placas a la otra, quedando establecida una diferencia de potencial eléctrico entre ambas placas. Este movimiento de electrones dura solamente un instante, que es el tiempo necesario para polarizar ambas placas.

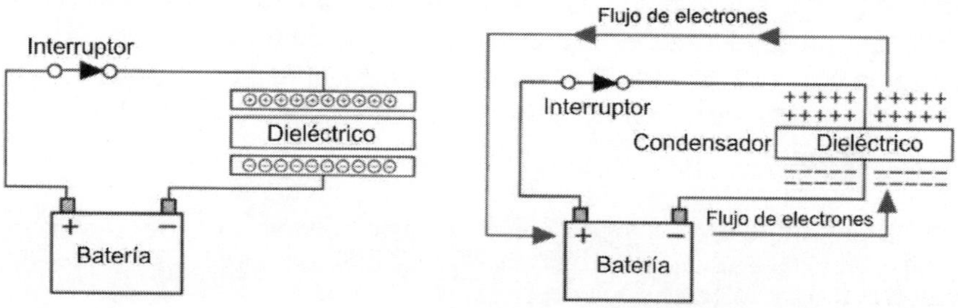

Figura 3.7

El dispositivo eléctrico formado de esta manera recibe el nombre de condensador, por cuanto es capaz de "condensar" la electricidad. Por otra parte, si entre ambas placas se coloca un material dieléctrico, como muestra la misma Figura, los átomos de este material (aislante) sufren la influencia del campo eléctrico creado por el generador entre las dos placas y, así, aunque los electrones de estos átomos no pueden moverse por estar fuertemente ligados a sus núcleos respectivos, los cercanos a la placa negativa son empujados por el generador, mientras que los cercanos a la placa positiva son atraídos, intentando salir del material, desplazándose todos ligeramente de su posición. Este desplazamiento aumenta cuando lo hace la tensión aplicada por el generador y, también, cuando el espesor del material dieléctrico es menor y la superficie de las placas es mayor.

El resultado de todo ello es que el dieléctrico queda convertido en un campo de fuerzas de origen eléctrico, aunque es cierto que no es necesario el dieléctrico para la existencia del campo, pues el aire (material aislante) puede hacer de dieléctrico.

Durante el tiempo que dura la corriente de carga, los electrones van tomando posiciones y en el condensador ha entrado una cierta cantidad de electricidad, que queda condensada en el campo eléctrico. La energía puesta en juego por la corriente eléctrica queda almacenada en el campo eléctrico del condensador en forma de electricidad estática. Se dice que el condensador está cargado cuando la d.d.p. entre sus armaduras es igual a la tensión aplicada. En ese preciso momento cesa la corriente de carga y, aunque el condensador siga conectado al generador, ya no hay movimiento de electrones ni, por tanto, corriente eléctrica. Aunque se abra el interruptor, el condensador sigue cargado y existe una d.d.p. entre sus placas, pudiendo mantener almacenada la energía durante algún tiempo.

Una vez cargado el condensador, si lo desconectamos del generador y unimos sus placas mediante un hilo conductor (Figura 3.8), se produce la descarga del mismo. Los electrones pasan de la armadura negativa a la positiva, debido a las fuerzas existentes en el campo eléctrico, que tienden a situar los electrones en los lugares de origen en sus átomos, como consecuencia de lo cual se produce la corriente de descarga (de sentido contrario a la de carga). Finalizada la misma, la d.d.p. entre las armaduras es cero y el condensador queda descargado.

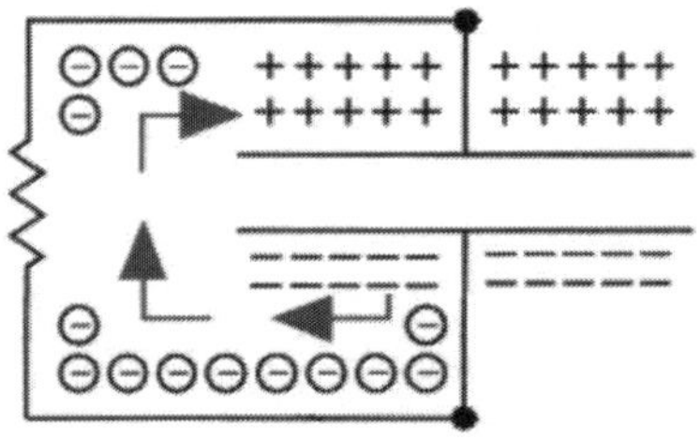

Figura 3.8

La duración de las corrientes de carga y descarga son función de la cantidad de electricidad que puede almacenar un condensador y ésta aumenta cuando lo hace la tensión aplicada, pues se cumple siempre que $C = Q/V$, siendo C la capacidad del condensador expresada en faradios, Q la cantidad de electricidad en culombios, y V la diferencia de potencial entre las placas expresada en voltios. Puede entonces decirse que un faradio es la capacidad de un condensador que almacena un culombio de electricidad cuando se le aplica la tensión de un voltio. Los condensadores utilizados en automoción, en los circuitos eléctricos suelen ser de unos pocos microfaradios (μF), mientras que los sistemas electrónicos emplean condensadores de pequeñas capacidades (algunos nanofaradios nF).

La energía almacenada en el campo eléctrico del condensador y que es devuelta por él en la descarga es: $W = 1/2\ CV^2$ julios, donde W es la energía expresada en julios cuando la capacidad se da en faradios y la tensión en voltios.

3.3 Electromagnetismo

Algunos cuerpos que se encuentran en la naturaleza, como la magnetita, tienen la curiosa propiedad de atraer al hierro y sus derivados. A estos cuerpos se les llama imanes. Artificialmente pueden fabricarse imanes partiendo del acero, al que se le da un tratamiento especial mediante el cual adquiere las mismas propiedades que la magnetita, quedando así convertido en un imán. Las propiedades magnéticas de los imanes están localizadas preferentemente en los extremos, en las regiones denominadas polos del imán, existiendo un polo norte y un polo sur cualquiera que sea la forma del imán.

Cuando se aproximan los extremos de un imán a un montón de limaduras de hierro, éstas son atraídas inmediatamente recubriendo los polos del imán (Figura 3.9). Si al imán se aproximan pequeñas piezas de hierro, son atraídas por él y se adosan a su superficie.

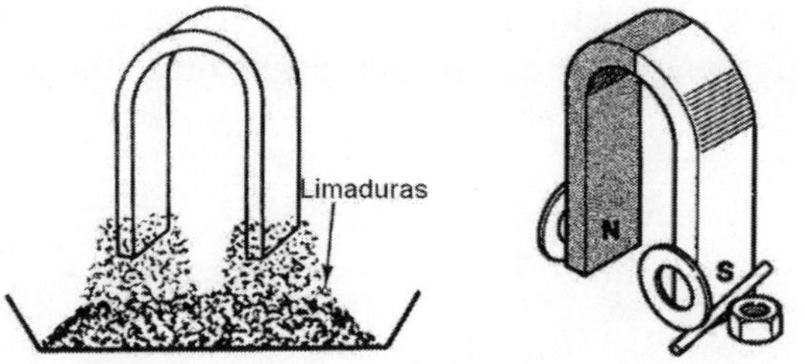

Figura 3.9

Se denomina campo magnético al espacio alrededor de un imán donde se manifiesta la acción magnética de éste. Dentro de esta región, cualquier partícula de hierro es atraída por el imán y fuera de ella no sufre atracción alguna. El campo magnético de un imán se representa por líneas de fuerza y se admite que éstas van del polo *norte* al *sur* del mismo por el exterior del imán (Figura 3.10), cerrando el circuito magnético por el interior desde el polo sur al norte.

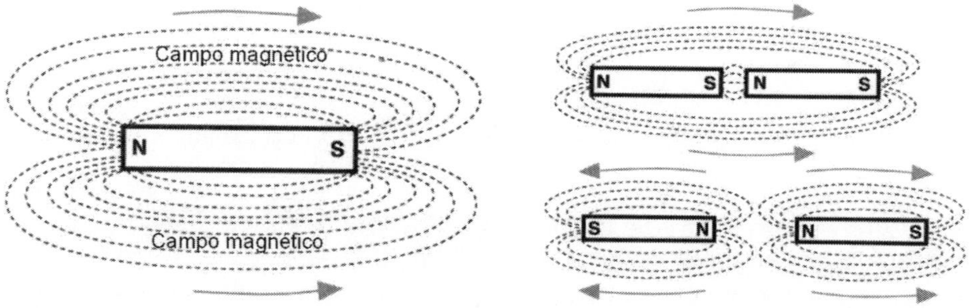

Figura 3.10

Cuando se acercan entre sí los polos contrarios de dos imanes, como se muestra en la Figura, se produce una atracción entre ellos. Si se acercan los polos del mismo signo, se produce una repulsión. Las fuerzas de atracción y repulsión de los imanes dependen de la masa magnética de los mismos y de la distancia a la que se coloquen uno del otro. Esta fuerza magnética no está relacionada con el tamaño del imán.

Respecto a las propiedades magnéticas de los cuerpos, se llaman permeables aquellos que se dejan atravesar por el flujo magnético (líneas de fuerza) presentando una escasa resistencia a este paso, que se denomina *reluctancia*. Los cuerpos permeables, como el acero y sus derivados, se imantan cuando son introducidos en un campo magnético y, cuando salen de él, conservan un cierto magnetismo remanente que depende del material de que estén hechos. Otros cuerpos como la madera, el vidrio, el plástico, etc. son indiferentes al magnetismo y, aunque se introduzcan en un campo magnético, no producen alteración del mismo. Cuando se introduce un cuerpo permeable en un campo magnético uniforme, se produce una concentración de las líneas de fuerza en el material permeable, que se conoce con el nombre de inducción.

Los imanes artificiales pueden ser temporales o permanentes. Estos últimos conservan el magnetismo durante largo tiempo y son aleaciones de acero con níquel y cobalto, mientras que los primeros son de acero dulce y solo conservan el magnetismo durante breves instantes.

Mediante la aplicación de una corriente eléctrica se obtienen también efectos magnéticos. La experiencia de Oersted pone de manifiesto que la corriente eléctrica crea en el espacio que la envuelve un campo magnético. Consiste esta experiencia en colocar una aguja imantada paralela a un conductor recorrido por la corriente eléctrica (Figura 3.11). En estas condiciones, la aguja se desvía hasta colocarse perpendicular al conductor cuando se establece la corriente, debido a que alrededor del mismo se ha formado un campo magnético, tanto mayor, cuanto más lo sea la corriente. Cuando se interrumpe ésta, la aguja vuelve a su posición de reposo.

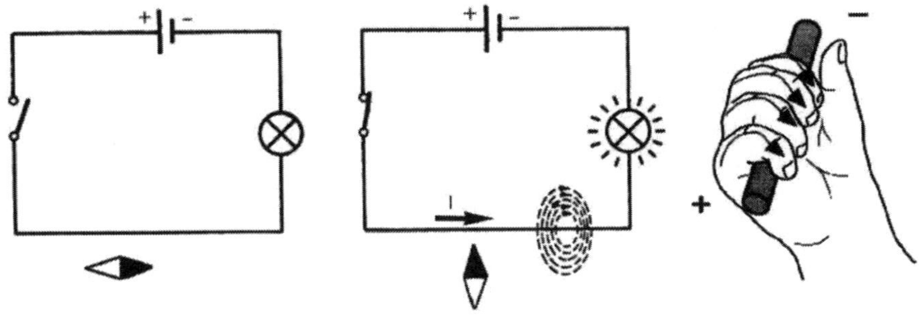

Figura 3.11

El campo magnético es perpendicular al sentido de paso de la corriente y las líneas de fuerza forman círculos concéntricos alrededor del hilo en toda su longitud. La densidad de ellas va disminuyendo a medida que aumenta la distancia al hilo conductor, lo que prueba que el campo magnético es mayor en la proximidad del hilo. El sentido de movimiento de las líneas de fuerza depende del de la corriente en el hilo y puede determinarse por la regla de la mano derecha, que consiste en abrazar el hilo con esta mano, de forma que el dedo pulgar indique el sentido de paso de la corriente. Los demás dedos dan el sentido de las líneas de fuerza.

Doblando el hilo anterior en forma circular para obtener una espira (Figura 3.12), se consigue concentrar el flujo magnético en su interior y, si se forman varias espiras arrollando un conductor en forma de hélice se obtiene una bobina, en la que el campo magnético queda reforzado al sumarse los de cada espira, de lo que resulta un campo magnético similar en su estructura al de un imán de barra, con la peculiaridad de que cuando se corta la corriente, desaparece el campo magnético. Las líneas de fuerza entran por un extremo de la bobina y salen por el otro, esparciéndose en el exterior por todo el contorno de la bobina para volver al punto de partida formando curvas cerradas. La bobina, en tales condiciones, se comporta como un imán, apareciendo en sus extremos los correspondientes polos.

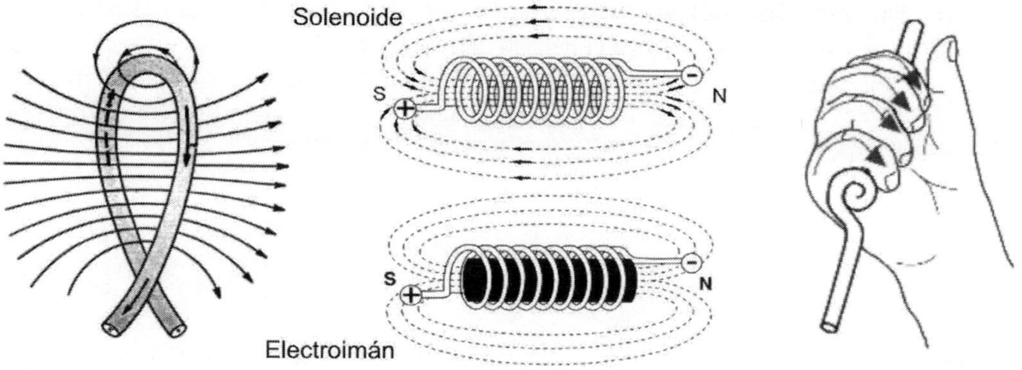

Figura 3.12

La polaridad del campo magnético creado en una bobina (solenoide) se determina con la regla de la mano derecha, como muestra el detalle de la Figura. Abrazando la bobina de manera que la corriente que la recorre parezca salir de la punta de los dedos, el pulgar extendido indica el polo norte formado en el extremo de la bobina.

Cuando en el interior de una bobina se introduce un trozo de hierro dulce, el campo magnético queda reforzado, por cuanto se produce una inducción magnética en el hierro, que se transforma en otro imán, cuyo campo magnético complementa al de la bobina. El conjunto así formado se llama electroimán y su fuerza magnética resulta mayor que la del solenoide, pues las líneas de fuerza se concentran en el núcleo, que les ofrece un paso fácil.

3.4 Inducción electromagnética

Inversamente a lo que ocurre cuando se hace pasar una corriente eléctrica por un conductor, que como se ha explicado se forma un campo magnético, cuando se mueve un conductor en el seno de un campo magnético, aparece en él una corriente eléctrica. A este fenómeno se le denomina inducción electromagnética. También puede obtenerse una corriente eléctrica inducida utilizando dos bobinas.

Cuando se acerca un imán a una bobina (Figura 3.13), a cuyos extremos se conecta un galvanómetro, a medida que disminuye la distancia entre ambos se comprueba que el galvanómetro acusa un paso de corriente a su través. Esta corriente se llama inducida y tiene un determinado sentido, según el polo del imán que se presenta a la bobina.

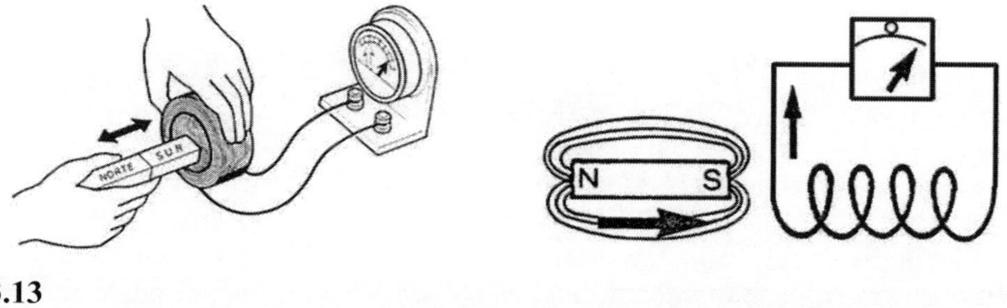

Figura 3.13

Cuando se aleja el imán, la corriente inducida en la bobina es de sentido contrario y, si en lugar de mover el imán, acercándolo o alejándolo de la bobina, es ésta la que se mueve, se obtienen los mismos efectos. Estas experiencias pueden repetirse sustituyendo el imán por un electroimán, tal como se ha representado en la Figura 3.14. Los efectos logrados son idénticos.

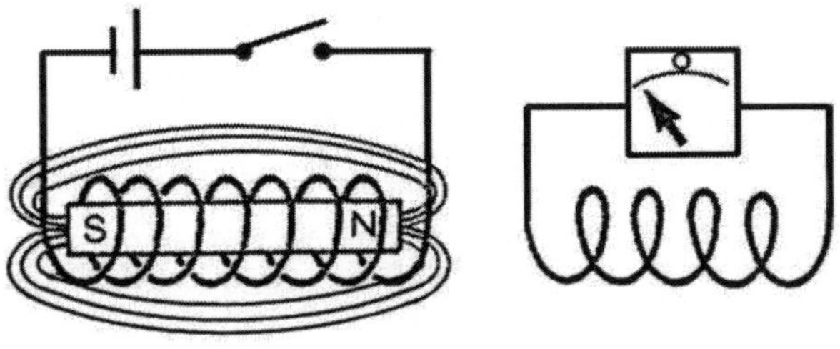

Figura 3.14

Estando el electroimán en las proximidades de la bobina, sin desplazamiento relativo entre ellos, se observa una corriente en la bobina cuando con el interruptor se establece una corriente en el solenoide. Al cortar esta corriente, se observa otra en la bobina de sentido contrario al anterior.

Las corrientes inducidas obtenidas con cualquiera de los procedimientos descritos, son consecuencia de fuerzas electromotrices que se producen, incluso si la bobina no forma un circuito cerrado y no puede circular por ella corriente alguna. En este caso, entre los extremos de la bobina existe una d.d.p., que puede ponerse en evidencia colocando un voltímetro sensible en lugar del galvanómetro. La f.e.m. inducida sólo existe mientras dura el fenómeno inductor (por ejemplo el movimiento relativo entre electroimán y bobina).

El valor de la f.e.m. inducida aumenta a medida que lo hace el número de espiras de la bobina, pues la tensión resultante es suma de las tensiones inducidas en cada una de las espiras que forman la bobina. También aumenta la f.e.m. inducida cuando el campo magnético inductor es mayor y cuando la velocidad con que se acerca o aleja el imán a la bobina se hace mayor.

Moviendo un conductor rectilíneo (Figura 3.15) en el seno de un campo magnético, de manera que corte perpendicularmente sus líneas de fuerza, observamos desviaciones de la aguja del galvanómetro en uno y otro sentido, lo que prueba la aparición de una corriente eléctrica en el conductor, cuyo sentido depende del movimiento de éste. Si se deja fijo el conductor dentro del campo magnético o se desplaza paralelo a las líneas de fuerza, la aguja del galvanómetro permanece inmóvil, lo cual indica que no se produce corriente eléctrica alguna

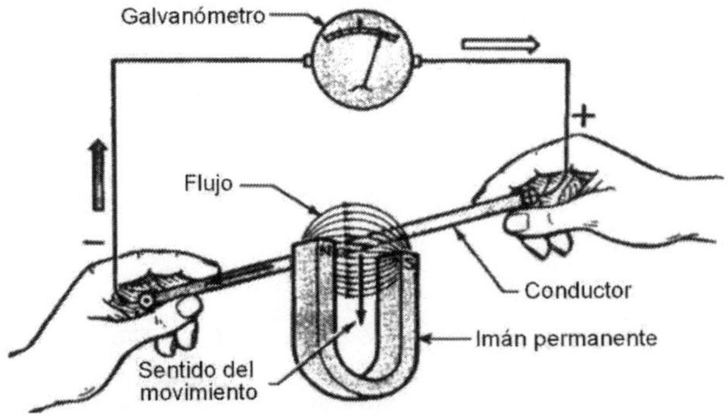

Figura 3.15

Así pues, en todo conductor que se mueve dentro de un campo magnético se induce una fuerza electromotriz que es tanto mayor cuanto más lo sea la velocidad con que se mueve el conductor y el flujo magnético cortado por éste.

Los efectos de inducción electromagnética se producen también en los solenoides, como ya se ha comentado. Si colocamos una bobina como muestra la Figura 3.16 conectada a un generador, al cerrar el interruptor pasa corriente eléctrica por ella y, como consecuencia, se crea un campo magnético, tanto mayor, cuanto más lo sea la corriente. Si en las proximidades de este campo magnético colocamos una segunda bobina, conectada a un amperímetro sensible, ésta se encuentra sometida a las líneas de fuerza que produce la anterior y, en tales condiciones, cuando se corte la corriente en la primera de las bobinas, desaparece el campo magnético y la segunda bobina deja de estar sometida a su acción o influencia. Así, pues, el hecho de abrir y cerrar el interruptor de la primera bobina supone crear variaciones del campo magnético que produce la misma y que afecta a la segunda bobina, a causa de lo cual se induce una corriente en ella que es acusada por el amperímetro.

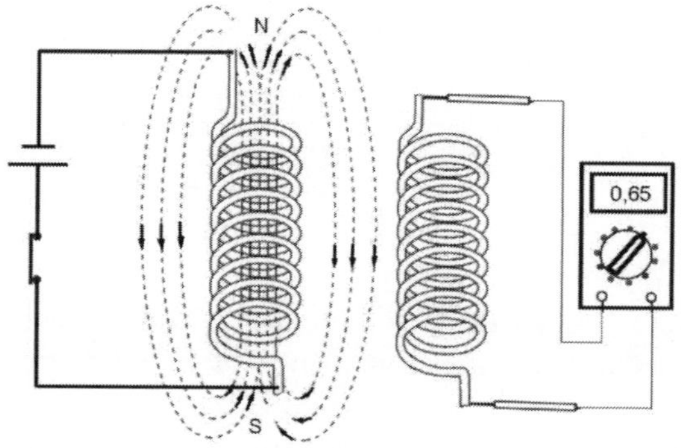

Figura 3.16

Considerando solamente la bobina conectada al generador, el establecimiento y corte de la corriente a consecuencia de las maniobras de apertura y cierre del interruptor, producen las consiguientes variaciones del campo magnético generado en esta bobina, que afectan a las espiras de la misma, en las cuales se induce una f.e.m. debida a las variaciones de flujo a las que se ven sometidas. Dicha f.e.m. se llama de autoinducción por producirse en la bobina que genera el campo magnético, y está dirigida en el mismo sentido que la corriente que la origina cuando la variación de flujo es de máximo a cero, es decir, cuando se corta la corriente, mientras que tiene sentido contrario cuando la variación es de cero a máximo, es decir, cuando se establece la corriente en la bobina.

Debido al fenómeno de la autoinducción, el comportamiento de los circuitos eléctricos que incluyen bobinas tiene unas connotaciones especiales, cuyos efectos se han representado gráficamente en la Figura 3.17. Cuando se cierra el interruptor, se establece la corriente eléctrica en el circuito y comienza la formación del campo magnético en la bobina, el cual genera una f.e.m. en ella que se opone a la del generador, haciendo que la corriente eléctrica vaya estableciéndose de forma lenta y progresiva hasta alcanzar el valor que corresponde a la relación $I = V/R$.

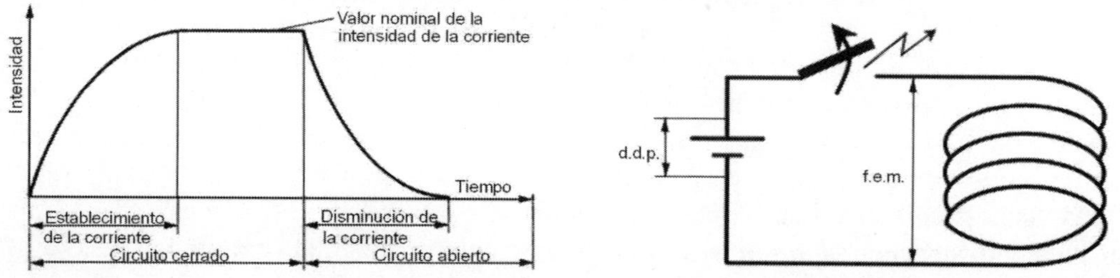

Figura 3.17

Alcanzada esta situación al cabo de algunos milisegundos, la intensidad de la corriente tiene un valor constante, lo cual genera un flujo magnético constante en la bobina, que no está sometida ahora a variaciones de flujo y, por tanto, en ella no se genera f.e.m. alguna y la intensidad de la corriente es de valor constante.

Si ahora se abre el interruptor, queda cortada la corriente en el circuito y desaparece de inmediato el campo magnético creado por la bobina, con lo cual, sus espiras dejan de estar sometidas a la acción del flujo magnético y, por ello, como se ha producido una variación del mismo, aparece una f.e.m. de autoinducción, que ahora tiene el mismo sentido que el de la corriente en la bobina. Ello supone que tienda a seguir pasando la corriente por ella en el instante de apertura del interruptor, cuando la separación es mínima todavía, lo que provoca un chispeo en sus contactos en la maniobra de apertura. La corriente de autoinducción, como la f.e.m. de autoinducción, va disminuyendo lentamente en la maniobra de apertura del interruptor, en el transcurso del tiempo, hasta anularse.

Así pues, la autoinducción hace que la corriente eléctrica no se establezca de manera inmediata en las bobinas, sino con cierto retraso y de forma progresiva. Del mismo modo, después de la apertura del interruptor tiende a seguir circulando la corriente en el circuito. Ello supone una especie de inercia en las bobinas.

El fenómeno de inducción entre dos bobinas tiene una aplicación fundamental en los transformadores, los cuales basan su funcionamiento en los efectos electromagnéticos mencionados. Están constituidos por dos arrollamientos independientes (Figura 3.18), llamados respectivamente primario y secundario, que esquemáticamente se representan uno frente al otro y en la realidad están bobinados uno encima del otro, alrededor de un núcleo magnético. Cuando se aplica una tensión alterna al arrollamiento primario, se establece en él una corriente alterna *Ip* cuyos cambios de sentido producen variaciones magnéticas en el arrollamiento, las cuales afectan al secundario, gracias a lo cual, se induce en éste una tensión alterna, cuyo valor depende de las dimensiones de este arrollamiento con respecto al primario (número de espiras de la bobina).

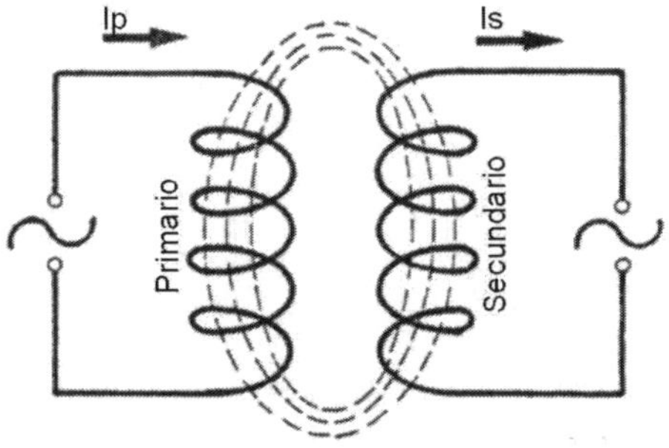

Figura 3.18

Disponiendo convenientemente la relación del número de espiras entre el primario y el secundario, puede obtenerse en éste la tensión deseada (12 V por ejemplo), aplicando al primario la tensión de la red de alumbrado (220 V). No obstante, la corriente *Is* obtenida en el secundario es alterna y, para su utilización en los circuitos eléctricos del automóvil, es necesario realizar un proceso de rectificado de la misma para transformarla en corriente continua. Ello se logra con el empleo de diodos rectificadores, los cuales son semiconductores que tienen la propiedad de dejar pasar la corriente eléctrica en un solo sentido. Colocados de forma adecuada en la salida del arrollamiento secundario, dejan pasar la corriente solamente en el sentido deseado.

3.5 Máquinas eléctricas

Las máquinas eléctricas basan su funcionamiento en los efectos de los campos magnéticos, mediante los cuales puede generarse energía eléctrica dando movimiento a unos conductores eléctricos, o por el contrario, obtener el movimiento de estos conductores aplicándoles una corriente eléctrica, todo ello siempre que dichos conductores estén afectados por el campo magnético citado.

Básicamente el generador eléctrico está constituido por un rotor o inductor y un estator o inducido (Figura 3.19). Cuando gira el rotor en el interior del estator, el campo magnético creado por su bobina produce variaciones del flujo que afectan a las bobinas de estator, en las cuales se induce una tensión eléctrica. Dado que con el giro del rotor los polos de su campo magnético se presentan alternativamente a las bobinas del estator, en ellas se induce una tensión alterna, por cuya causa a estas máquinas se las llama alternadores. En automoción se emplean los alternadores trifásicos, en los cuales las bobinas del estator se conectan formando tres grupos de varias bobinas en serie.

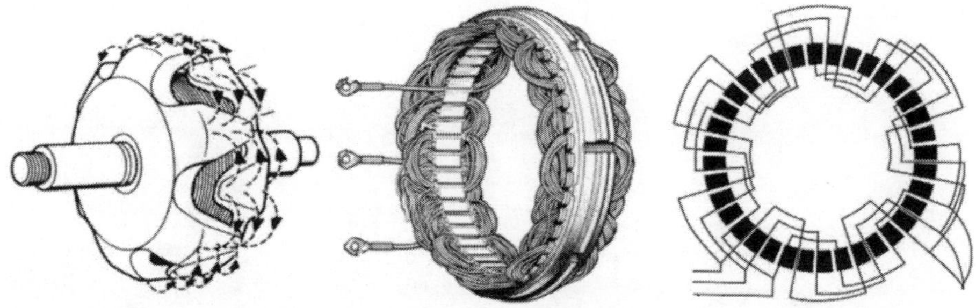

Figura 3.19

En los motores eléctricos se hace pasar una corriente eléctrica por las bobinas del estator para crear un campo magnético, que en oposición con el del rotor produce el giro de éste. Cuando la corriente de alimentación es alterna, la polaridad de las bobinas del estator está cambiando continuamente, lo que produce atracciones y repulsiones de los polos del rotor, haciendo que éste se ponga a girar. Variando la frecuencia de la corriente alterna del estator se consigue regular la velocidad de giro del rotor.

En los motores eléctricos de corriente continua (Figura 3.20), las bobinas del rotor se unen a las delgas de un colector sobre las que apoyan dos escobillas que dan paso a la corriente eléctrica de alimentación. Esta corriente crea un campo magnético en el tambor del rotor, que en oposición con el campo magnético del estator produce el giro del rotor.

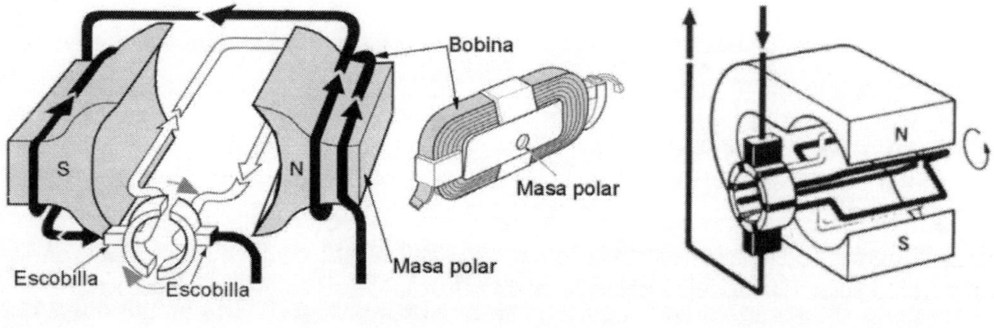

Figura 3.20

La Figura 3.21 muestra la estructura de un motor eléctrico de corriente continua que se emplea como bomba de suministro de combustible en los sistemas de inyección

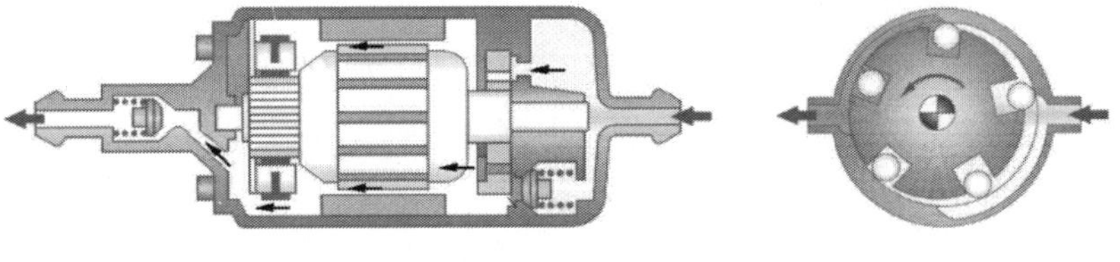

Figura 3.21

En ciertas aplicaciones en las que se requiere una regulación precisa de la posición de un mecanismo se utiliza el llamado motor de pasos, como es el caso de la posición de la mariposa de gases del motor, por ejemplo. En este tipo de motor (Figura 3.22) el rotor es un imán permanente que está sometido al campo magnético que generan dos electroimanes, cuyas bobinas son alimentadas con pulsos de corriente a los que se corresponde una polaridad concreta de los imanes del estator que producen el giro del rotor. Cambiando el sentido de la corriente en las bobinas del estator se hace girar el rotor en uno u otro sentido. Incrementando los impulsos de corriente se prolonga el giro hasta conseguir la posición deseada del rotor.

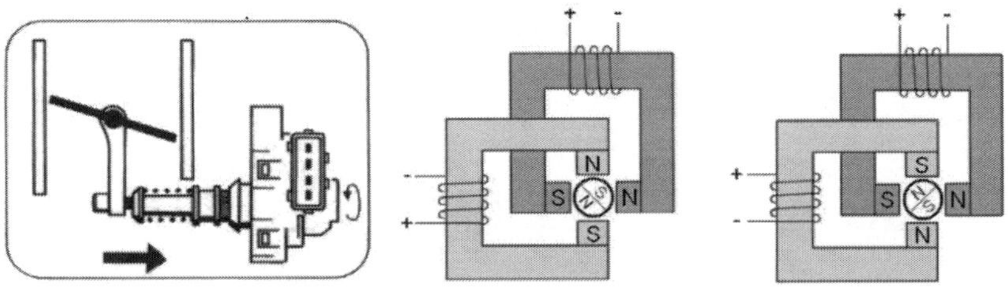

Figura 3.22

3.6 Pila de combustible

La pila de combustible, también llamada célula o celda de combustible, es un sistema electroquímico capaz de combinar el hidrógeno con el oxígeno para formar agua, proceso éste inverso al de la electrólisis. La reacción química entre el oxígeno y el hidrógeno genera electricidad y calor, sin necesidad de combustión ni ninguna emisión de CO_2, y deja como residuo solamente agua. A diferencia de la pila eléctrica o batería, una pila de combustible no se agota ni necesita ser recargada; funciona mientras el combustible (hidrógeno) y el oxidante (oxígeno) le sean suministrados desde fuera de la pila.

La Figura 3.23 muestra la estructura básica de una pila de combustible, que consiste en un ánodo en el que se inyecta el combustible (hidrógeno) y un cátodo en el que se introduce un oxidante (el oxígeno del aire). Ambos electrodos (ánodo y cátodo) están repletos de pequeños canales para dispersar los respectivos gases y se recubren por un catalizador (como el platino o el paladio) para conseguir una mayor eficacia. Se posicionan uno frente al otro, separados por una membrana polimérica conductora de protones (el electrolito), que facilita la transferencia iónica entre los electrodos. Su principio de funcionamiento es inverso al de la electrólisis del agua, por la cual, al paso de la corriente eléctrica se separa este compuesto en sus dos componentes, hidrógeno y oxígeno, mientras que en una pila de combustible se obtendría una corriente eléctrica por medio de la reacción entre estos dos gases para producir agua.

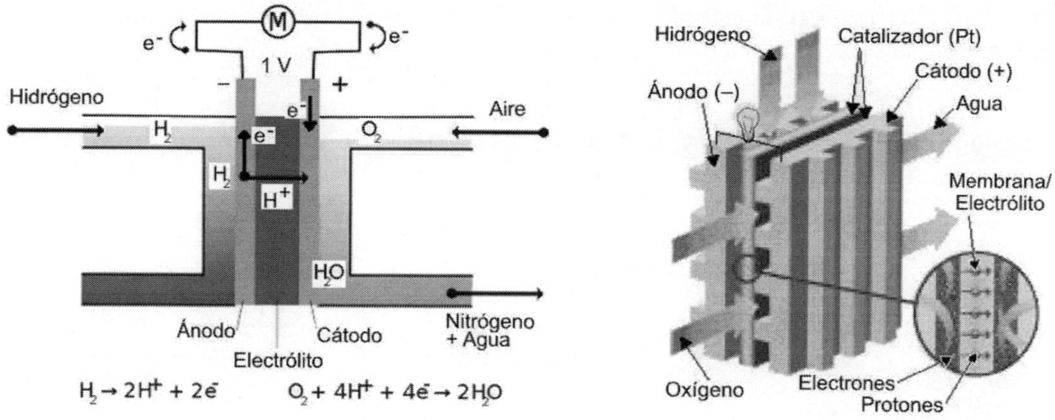

Figura 3.23

El hidrógeno gaseoso fluye a presión hacia el ánodo, donde un catalizador como el platino facilita su conversión en electrones (e^-) y protones (H+). Los protones, con carga positiva, son conducidos al cátodo a través de la membrana que constituye el electrolito, pero los electrones están forzados a viajar por un circuito externo (produciendo energía) ya que la membrana está aislada eléctricamente. En el cátodo, los electrones que llegan del circuito externo se adhieren al oxígeno del aire y atraen a los iones de hidrógeno (H^+) que atraviesan la membrana, combinándose con ellos para formar el agua. La tensión obtenida en una celda depende de la corriente de carga y en circuito abierto es de aproximadamente 1 voltio; para crear suficiente tensión, las celdas se agrupan combinándolas en serie y en paralelo, en lo que en inglés se denomina "*Fuel Cell Stack*" (pila de células de combustible). El número de celdas usadas varía según el diseño y la aplicación a un determinado vehículo, pero puede llegar a superar las 400 para abastecer a un motor eléctrico de 75 Kw y propulsar un vehículo hasta una velocidad superior a los 160 Km/h.

El proceso de recombinación del hidrógeno con el oxígeno en la pila de combustible resulta teóricamente sencillo, pero en la práctica no lo es tanto, pues se presenta la dificultad de disponer de hidrógeno (hay que producirlo, puesto que no se encuentra en la naturaleza en estado puro) para sumar al oxígeno. Por otra parte, transportar hidrógeno en un vehículo es difícil, ya que puede explosionar en contacto con el oxígeno del aire (reaccionan violentamente y liberan energía), por lo que se deben tomar precauciones especiales. Por este motivo, el hidrógeno resulta difícil de manipular y su almacenamiento no se realiza en estado puro.

Cuestiones

3.1. Cita varios procedimientos de producción de electricidad. Explica el funcionamiento y características más notables de cada uno de ellos.

3.2. ¿En qué consiste la reversabilidad del efecto piezoeléctrico?

3.3. Describe el proceso de producción de electricidad por acción química.

3.4. ¿Cómo puede conseguirse electricidad por acción magnética?

3.5. ¿Qué es un par termoeléctrico?.

3.6. Explica la constitución y funcionamiento de un condensador elemental.

3.7. Define el concepto de campo magnético.

3.8. ¿Qué es un cuerpo permeable?

3.9. Explica la diferencia entre solenoide y electroimán.

3.10. Describe el fenómeno de la inducción electromagnética.

3.11. Explica el fenómeno de la autoinducción.

3.12. ¿En qué principios basan su funcionamiento las máquinas eléctricas?

3.13. Explica el funcionamiento de un motor de pasos.

3.14. Describe la estructura de una pila de combustible.

Actividades propuestas

3.1. Construir una pila electroquímica introduciendo dos trozos de metales diferentes en una cubeta con electrólito de baterías y medir la diferencia de potencial existente.

3.2. Comprobar la tensión que se origina al desplazar un hilo conductor por delante de un imán.

3.3. Construir un condensador elemental utilizando dos láminas de metal separadas por un aislante de cartón. Medir la tensión eléctrica después de la carga y la descarga.

3.4. Comprobar mediante la acción de un imán diferentes materiales para determinar si son cuerpos magnéticos.

3.5. Construir un electroimán arrollando hilo conductor protegido con barniz aislante sobre un núcleo de hierro y comprobar los efectos magnéticos.

3.6. Comprobar la tensión que se induce en una bobina al acercar y alejar sucesivamente a ella un imán.

3.7. Comprobar la tensión inducida en un conductor que se mueve dentro de un campo magnético, determinando la polaridad para cada sentido del movimiento.

3.8. Efectuar el desmontaje de diferentes tipos de máquinas eléctricas, analizando su estructura y componentes.

Componentes eléctricos y electrónicos

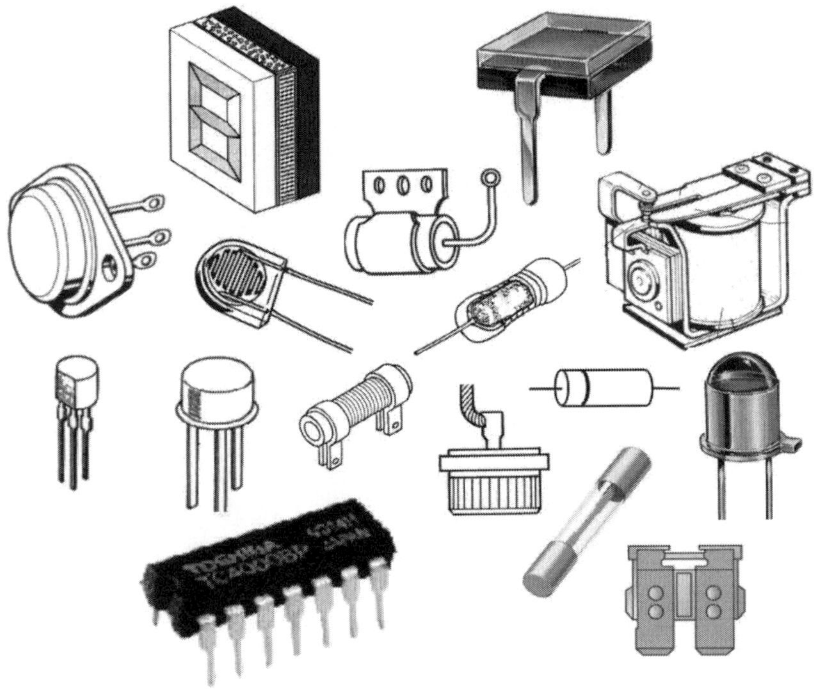

Contenidos

4

Objetivos

- *Estudiar las características y peculiaridades de los componentes eléctricos y electrónicos empleados en el equipo eléctrico del automóvil.*
- *Conocer los diferentes tipos de fusibles, resistencias, reóstatos, diodos y transistores, así como la función que desempeñan en las diversas aplicaciones.*
- *Estudiar la estructura y funcionamiento de los circuitos integrados.*
- *Analizar el conexionado en el circuito de los diversos componentes eléctricos y electrónicos, así como el funcionamiento de los mismos.*
- *Conocer los procedimientos de verificación y control de los componentes eléctricos y electrónicos.*

Introducción

En los sistemas eléctricos de los automóviles actuales se incluyen en gran número diversos tipos de componentes eléctricos y electrónicos como los relés, transistores, diodos, fusibles, resistencias, etc., que desempeñan las más variadas funciones. Las características y funcionamiento de estos componentes dependen de la aplicación a los diversos circuitos, pero en cualquier caso, resulta necesario conocerlas para entender después con facilidad el funcionamiento de los distintos elementos y circuitos eléctricos.

Los diodos, transistores, resistencias, condensadores, etc., se integran en los diversos circuitos electrónicos que realizan las funciones apropiadas en cada caso, para conseguir los efectos y resultados previstos en el diseño del sistema.

Gracias a la aplicación masiva de componentes electrónicos en los automóviles actuales, se ha mejorado notablemente el funcionamiento de los diversos sistemas y equipamientos, permitiendo además el control de los mismos por parte del conductor.

4.1 Fusibles, resistencias y reóstatos

En los circuitos eléctricos de los automóviles se emplean componentes eléctricos y electrónicos que realizan las más variadas funciones. Entre los primeros cabe destacar los fusibles, las resistencias y los reóstatos.

Fusibles

El elemento fundamental de protección de los circuitos eléctricos es el fusible, que conectado en serie con el receptor permite el paso de la corriente mientras los valores de ésta son los normales de funcionamiento, pero cuando la intensidad de corriente crece en exceso (debido a cortocircuito), o se producen elevaciones de temperatura en el circuito (debido a resistencias de contacto), el fusible se funde e interrumpe el paso de corriente.

Los fusibles se fabrican con hilo conductor de aleación de plomo y estaño, material éste que tiene un bajo punto de fusión. La Figura 4.1 muestra la estructura de un fusible actual y su emplazamiento en la denominada caja de fusibles, en la que se agrupan todos ellos para la protección de los diferentes circuitos.

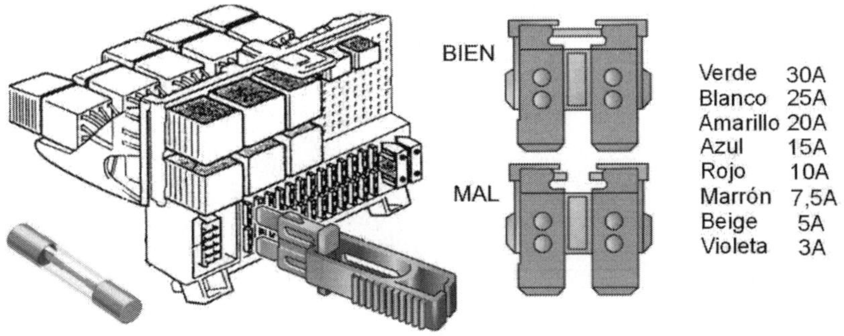

Figura 4.1

El fusible propiamente dicho lo constituye un hilo conductor montado sobre dos patillas de conexión, a través de las cuales se conecta al circuito, en la caja de fusibles, de la que puede ser retirado o montado con ayuda de una pinza, tal como se muestra en la Figura. Un código de colores determina la magnitud en intensidad capaz de soportar el fusible y, aunque no hay unificación de criterios de los diferentes constructores, lo más común es el código representado en la Figura. Cuando el fusible está fundido, el hilo queda cortado como muestra el detalle inferior. En la izquierda de la Figura se muestra otro tipo de fusible, cuyo hilo va alojado en un tubo de vidrio. Su utiliza básicamente en circuitos electrónicos.

Resistencias

Aunque todo conductor o receptor presenta una resistencia al paso de la corriente eléctrica, se da el nombre propiamente dicho de resistencia, a una pequeña pieza con forma de cilindro, fabricada de carbón mezclado con algún aglomerante, que por las características propias del tipo de material, presenta una cierta dificultad al paso de la corriente eléctrica. Básicamente existen dos tipos de resistencias: las aglomeradas y las de película de carbón, representadas en la Figura 4.2. Las primeras se fabrican moldeando una mezcla de grafito y resina en las proporciones adecuadas para conseguir los valores oportunos. En las del segundo tipo, se deposita una fina película de carbón sobre una barra de cerámica, y en ella se practican unos surcos en espiral, que alargan su longitud y reducen su sección, mediante los cuales se consigue una mayor precisión del valor óhmico obtenido en la fabricación. El grosor de la resistencia está en función de la potencia eléctrica que deba disipar una vez conectada al circuito.

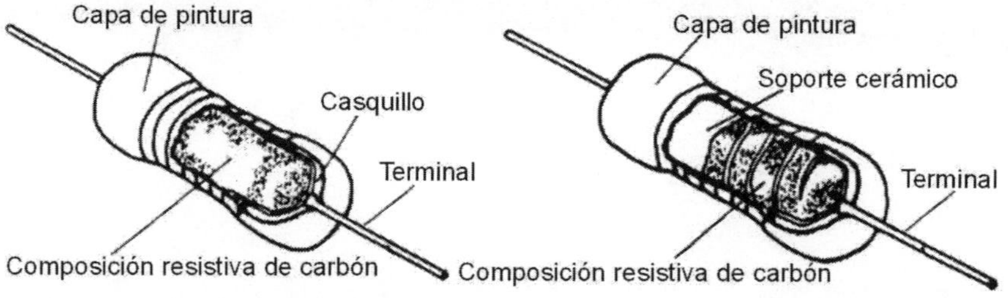

Figura 4.2

Cualquiera que sea su tipo, en ambos extremos del cilindro formado con esta mezcla se coloca un casquillo metálico, donde se suelda el hilo que constituye el terminal de dicha resistencia. El conjunto se recubre con una resina, o se plastifica, y sobre la superficie externa se graba el valor óhmico directamente, o bien mediante un código de colores. Las resistencias se caracterizan por su valor óhmico y su potencia.

Sobre el cuerpo de cada resistencia se graban una serie de bandas de diferentes colores (Figura 4.3), más próximos a uno de los extremos. El color de la primera banda indica la primera cifra significativa según el código de colores, por la cual, a cada uno de ellos corresponde una cifra. El color de la segunda banda da la siguiente cifra significativa y, el de la tercera, el número de ceros que hemos de añadir a las dos primeras cifras para obtener el valor óhmico de la resistencia. La última banda suele ser de color oro o plata, indicando respectivamente que el valor óhmico está afectado por unas tolerancias de ± 5% y ± 10%, respectivamente. En la parte inferior de la figura se ha representado la equivalencia entre la potencia eléctrica y el diámetro del cuerpo de las resistencias.

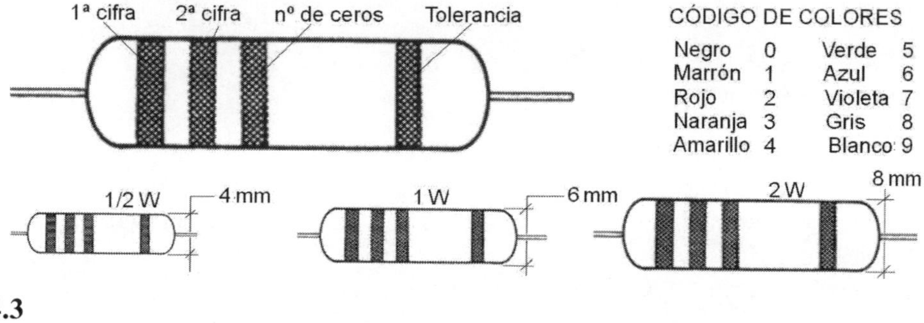

Figura 4.3

Ejemplo: Sea una resistencia cuyos colores de bandas son: rojo (2), azul (6), amarillo (4) y plata. Su valor óhmico es 260.000 Ω ± 10%.

Algunas resistencias están fabricadas con hilo (de diferentes tipos de material, como las aleaciones de níquel, cromo y aluminio), arrollado sobre un cilindro de material refractario, como muestra la Figura 4.4. Se llaman resistencias bobinadas y son utilizadas en circuitos en los que la intensidad de la corriente va a ser importante y donde la potencia a disipar es elevada. En otros casos, el hilo resistivo es de mayor grosor y no tiene núcleo, como es el caso de la derecha en la Figura. Este último tipo de resistencias se emplean en los motores del calefactor del vehículo formando un conjunto regulador de velocidad.

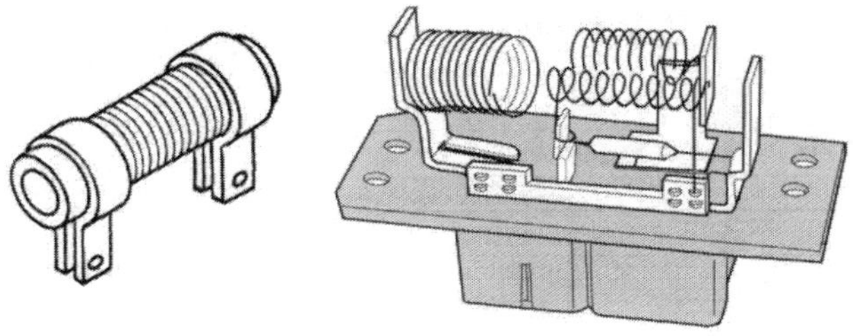

Figura 4.4

Reóstatos

El reóstato es un tipo especial de resistencia bobinada que dispone un cursor desplazable en contacto con el hilo de la resistencia, que permite variar el valor óhmico de ésta y se utilizan en los circuitos eléctricos para poder modificar la intensidad de corriente que circula por ellos. En la Figura 4.5 se ha representado un circuito eléctrico en el que hay un reóstato conectado en serie con una lámpara. La aguja del cursor C hace variar la resistencia interpuesta y, así, cuando ocupa la posición marcada de trazos, la resistencia conectada es de 2 Ω, por lo cual, la intensidad de corriente en el circuito es: $I = V/R = 10/2+2 = 2,5\ A$. Si el cursor ocupa la posición de trazo lleno, intercala 6 Ω y la corriente obtenida en el circuito es: $I = V/R = 10/6+2 = 1,25\ A$, que como vemos es menor que la anterior, debido al aumento de la resistencia total del circuito, manteniendo la misma d.d.p. aplicada.

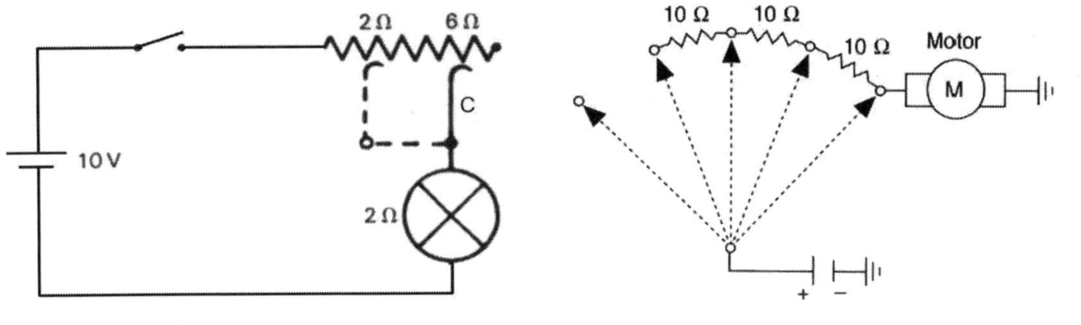

Figura 4.5

Los reóstatos tienen múltiples aplicaciones en los circuitos eléctricos, una de las cuales es el llamado variador de velocidad, cuyo circuito eléctrico se representa en la derecha de la Figura. El motor eléctrico está alimentado a través de un reóstato que dispone de una posición de parada en la que actúa como un interruptor, y varias posiciones de marcha, a cada una de las cuales corresponde una velocidad de rotación del motor diferente, pues a medida que se intercala mayor resistencia, va aplicándose al motor una tensión menor que reduce su velocidad de giro. Existen reóstatos para intensidades de corriente muy pequeñas, que se llaman potenciómetros, y son utilizados en circuitos electrónicos de control.

Los potenciómetros y reóstatos se designan por el valor máximo de su resistencia o valor entre extremos, y también por su tamaño, ley de variación (lineal, logarítmica, etc.) y potencia a disipar. Al igual que ocurre con las resistencias fijas, los potenciómetros y reóstatos pueden fabricarse con película de carbón o bobinadas. En cualquier caso, la superficie por la que ha de desplazarse el cursor ha de quedar perfectamente lisa de modo que presente una baja resistencia de contacto con el cursor.

Resistencias dependientes o especiales

La resistencia eléctrica que presenta un cuerpo al paso de la corriente eléctrica depende en gran medida de la temperatura, aumentando en términos generales cuando lo hace ésta, debido a que con la elevación de temperatura aumenta el movimiento desordenado de los electrones, lo que implica una mayor dificultad para ser orientados formando la corriente eléctrica.

Las resistencias dependientes o especiales son aquellas que se fabrican con materiales especiales (semiconductores) y que modifican su característica resistiva según el agente externo del que dependan, que en general puede ser la temperatura, la iluminación (luz) y la tensión.

Resistencias dependientes de la temperatura

Existe una serie de resistencias cuyo valor varía en función de la temperatura a la que están sometidas, que se conocen comúnmente con el nombre de termistancias o termistores. Se fabrican a partir de óxidos semiconductores de algunos metales como cromo, hierro, magnesio, etc., o con mezclas de titanatos de bario y estroncio, y adquieren formas muy variadas según el fin a que se destinen. Las de tipo NTC (coeficiente de temperatura negativo) reducen la resistencia a medida que la temperatura aumenta, mientras que las del tipo PTC (coeficiente de temperatura positivo) hacen lo contrario, es decir, aumenta su valor óhmico de resistencia a medida que lo hace la temperatura a la que se somete.

Cualquiera que sea su tipo, estas resistencias electrónicas disponen de una cápsula conectada mediante hilos conductores al circuito eléctrico, y se utilizan fundamentalmente para medidas de temperatura de agua y aire del motor, así como para funciones de regulación y control automáticos. La Figura 4.6 muestra la estructura física de estas resistencias.

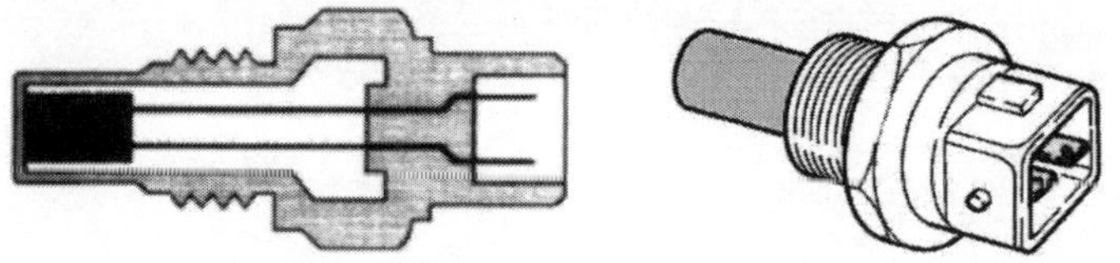

Figura 4.6

Resistencias dependientes de la iluminación

Este tipo de resistencias (fotorresistencia) se conoce también con el nombre LDR (resistencia dependiente de la luz) y su valor óhmico varía al cambiar las condiciones luminosas del ambiente, disminuyendo la resistencia eléctrica a medida que aumenta la luz que incide sobre este componente. Su fotosensibilidad se debe a que la luz incidente alcanza átomos semiconductores, liberando de su enlace a los electrones de valencia, que mejoran decisivamente la conductividad. Se fabrica de elementos sensibles a la luz como lo es el sulfuro de cadmio y se utiliza en circuitos eléctricos comandados por la luz ambiental, como puede ser el de encendido de las luces de situación de un vehículo cuando la luz ambiental es escasa, o el cambio de la luz de carretera a cruce cuando circula de frente otro vehículo.

Resistencias dependientes de la tensión

Este tipo de resistencias VDR, llamadas también varistores, recibe su nombre de las iniciales de su denominación. En ellas, el valor óhmico de resistencia disminuye al aumentar la tensión aplicada. Están constituidas de pequeños granos de carburo de silicio y la dependencia del valor óhmico y la tensión es debida a la existencia de resistencia de contacto de los gránulos de carburo. La Figura 4.7 muestra la estructura de estos dos tipos de resistencias variables.

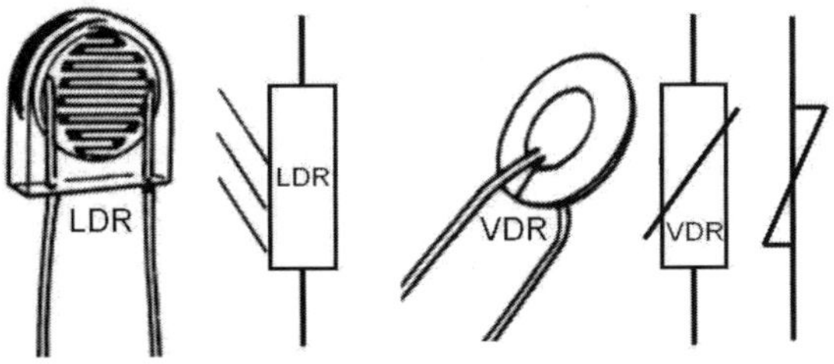

Figura 4.7

4.2 Condensadores y relés

Los condensadores y los relés son elementos eléctricos utilizados para diversas funciones en los sistemas eléctricos de los automóviles.

Condensadores

El condensador es un componente eléctrico cuya misión es la de almacenar una cierta cantidad de energía eléctrica. Se fabrican arrollando convenientemente dos tiras de papel de aluminio que constituyen las armaduras (Figura 4.8), entre las que se interpone el dieléctrico, material éste constituido por un papel especial tratado adecuadamente. La bobina así formada se introduce en un tubo de aluminio de manera que cada una de las tiras de papel forme uno de los bornes del condensador, quedando una de ellas en contacto con las paredes del tubo, que constituye el borne negativo, mientras que la otra tira de aluminio se aísla del tubo y se une a un cable con terminal que constituye el borne positivo.

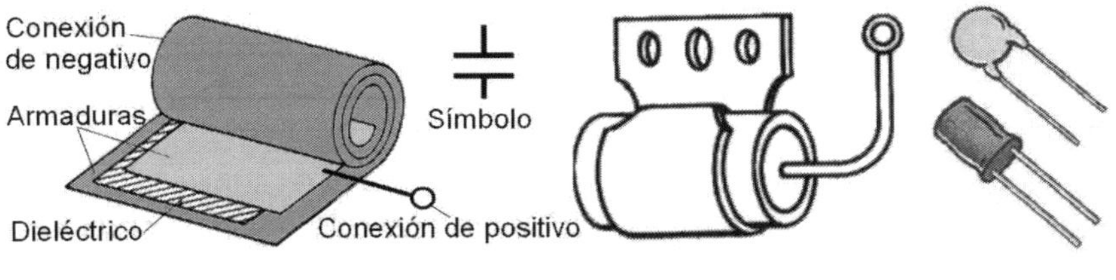

Figura 4.8

En los circuitos electrónicos se emplean los condensadores de cerámica, en los que el dieléctrico se fabrica partiendo de óxidos metálicos a los que se les da una forma adecuada y posteriormente se metalizan las dos caras depositando plata sobre ellas, quedando así formadas las armaduras, que finalmente se recubren de un aislante y se marcan las características sobre él, bien directamente grabadas numéricamente o mediante un código de colores como el utilizado en las resistencias. En la derecha de la Figura se muestran algunos de estos condensadores.

Relés

En muchos circuitos eléctricos se utilizan unos interruptores electromagnéticos denominados relés, los cuales basan su funcionamiento en los efectos electromagnéticos producidos por el paso de una corriente eléctrica a través de una bobina. La Figura 4.9 muestra la estructura de un relé y dos formas de representación esquemática. La bobina es alimentada desde el interruptor de mando a través del borne 2, cerrándose el circuito por masa desde el borne 1. El paso de corriente por esta bobina crea un potente campo magnético en su núcleo, capaz de atraer a la armadura abriendo el contacto 4 (que en posición de reposo está cerrado) para cerrar el 5, en cuyo caso, la corriente aplicada al borne 3 se interrumpe para el borne 4 y se conecta al 5.

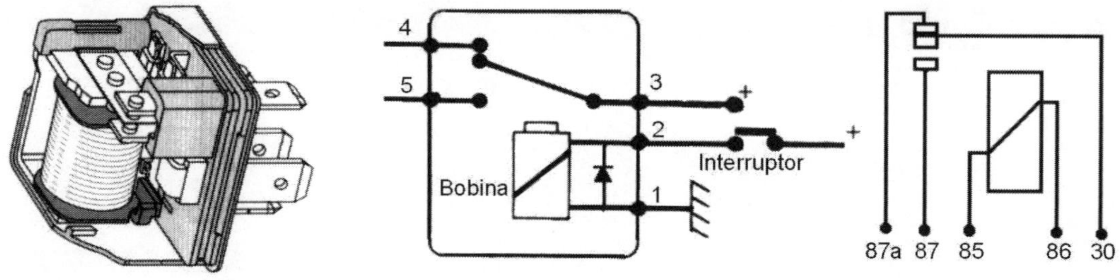

Figura 4.9

Los bornes del relé están numerados como se ha indicado en ambos esquemas, utilizándose indistintamente cualquiera de estas simbologías en los esquemas eléctricos para aplicaciones automovilísticas. En algunos relés se incluye un diodo conectado entre los extremos de la bobina, como se ha representado en la Figura, capaz de descargar los picos de tensión que se generan en ella cuando se abre el interruptor y se corta la corriente de excitación, evitando con ello que estos picos de tensión afecten a componentes electrónicos conectados al relé. En este tipo de relés es imperativo conectar el borne 2 a corriente y el 1 a masa, mientras que en los que no disponen de diodo pueden invertirse estas conexiones.

Los relés se utilizan básicamente en circuitos eléctricos en los cuales es necesaria una intensidad de corriente elevada para accionar el receptor (en general superior a 10 A), la cual produce un rápido deterioro de los contactos del interruptor de mando por calentamiento de las láminas de los contactos y chispeo en las maniobras de cierre y apertura. La Figura 4.10 muestra un esquema de accionamiento de una bocina a través de un relé, donde se observa que la corriente de alimentación de este receptor se toma de los contactos del relé, sin pasar por el interruptor de mando, que está conectado a la salida de la bobina del relé. De esta forma, por el interruptor solamente circula una pequeña corriente, dado que la bobina presenta una gran resistencia, mientras que la bocina recibe el grueso de la corriente, a través de los contactos del relé, cuando se cierran por el efecto magnético de su bobina.

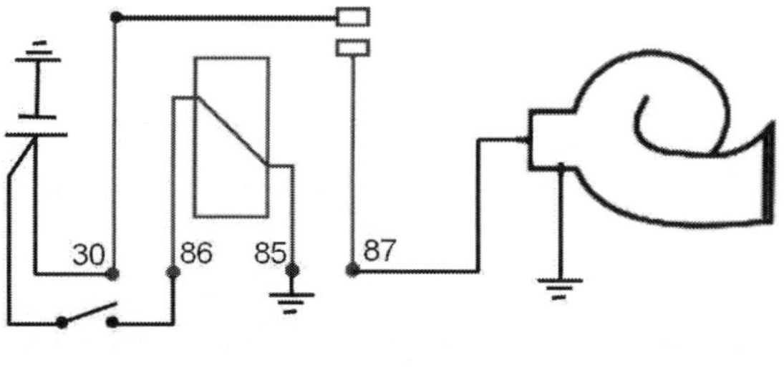

Figura 4.10

4.3 Diodos semiconductores

El diodo es un componente electrónico formado por semiconductores, que son cuerpos que en estado químicamente puros resultan aislantes (silicio y germanio), pero mezclados con otros cuerpos también puros (arsénico e indio), que se añaden en pequeñísimas proporciones, aunque no llegan a ser buenos conductores, resultan aceptables como tales. Según el cuerpo que se mezcle con el silicio o el germanio, se forma un material de tipo P o de tipo N, es decir, aceptante o donante de electrones.

Un cristal formado por la unión de estos dos tipos de materiales se llama diodo y tiene la propiedad de que en un sentido resulta buen conductor y en el opuesto aislante. La Figura 4.11 muestra la implantación de un diodo en un circuito eléctrico, así como su símbolo. Cuando presenta un sentido de paso a la corriente de ánodo a cátodo, se dice que está polarizado directamente y éste es el sentido de conducción. Colocado en posición contraria en el circuito se obtiene una polarización inversa, en la cual se produce el bloqueo de la corriente.

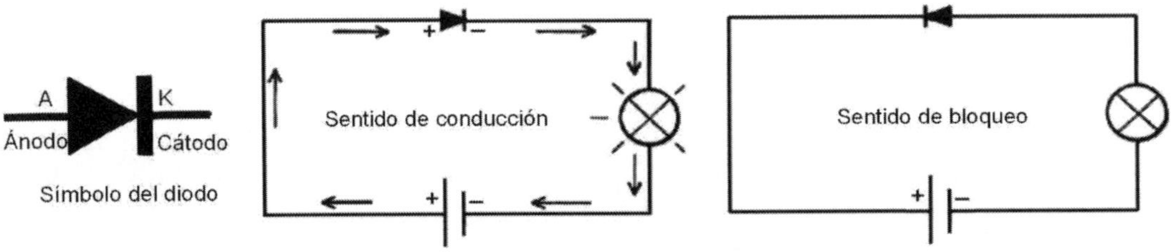

Figura 4.11

Los diodos se utilizan para diferentes funciones, de entre las cuales puede destacarse la de rectificadores. Supongamos que se coloca un diodo en serie con una bobina en la que se está induciendo una tensión alterna (Figura 4.12). Dadas sus características, el diodo solamente dejará pasar la corriente en un sentido, es decir, una alternancia, bloqueando la otra y quedando así rectificada la corriente alterna inducida y transformada en una corriente continua pulsatoria, tal como se ha representado en la gráfica de esta misma Figura, en la cual se muestra también en detalle la disposición de montaje de un diodo en el alternador, elemento éste que realiza la función de generación de energía en el automóvil, y en el que los diodos realizan la rectificación de la corriente alterna producida en esta máquina.

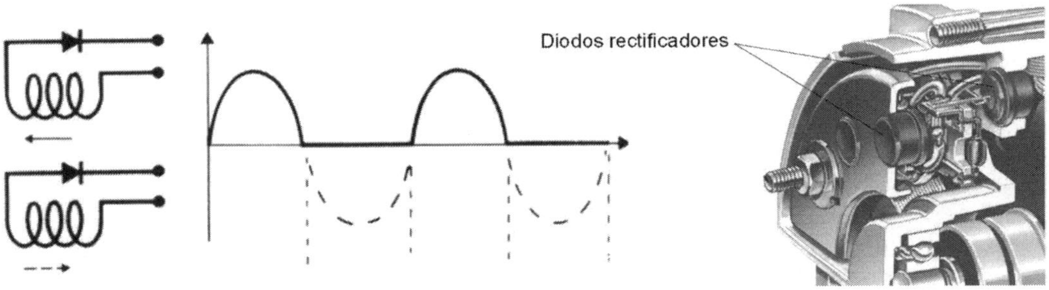

Figura 4.12

Otra de las funciones esenciales de los diodos es la protección de circuitos eléctricos contra picos de tensión, como es el caso de los relés ya conocido. Otras veces se utilizan como dispositivos unidireccionales para la corriente eléctrica aplicada a un determinado receptor, proveniente de diversos interruptores, como muestra el ejemplo de la Figura 4.13.

En general, siempre que se desea que la corriente circule necesariamente en un solo sentido en un circuito eléctrico, se utiliza un diodo. En el ejemplo de la Figura 4.14 se ha conectado un diodo entre el alternador y la batería, de manera que permita el paso de corriente del primero a la última y lo impida al contrario, es decir, cuando el generador no produce corriente (está parado). Esta función de interruptor automático es otra de las utilidades de los diodos, e impide que la batería se descargue sobre el alternador en la parada del motor.

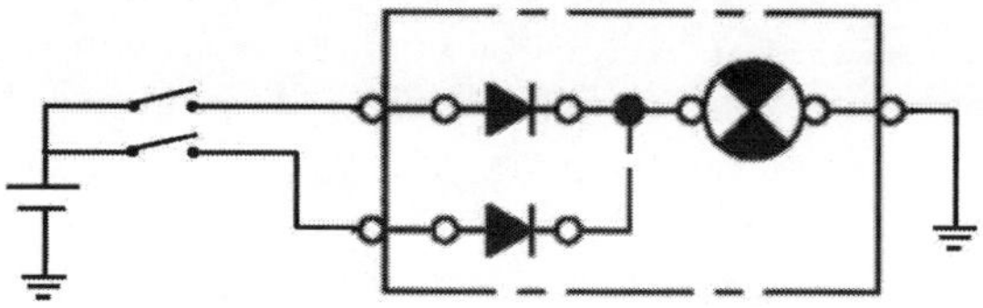

Figura 4.13

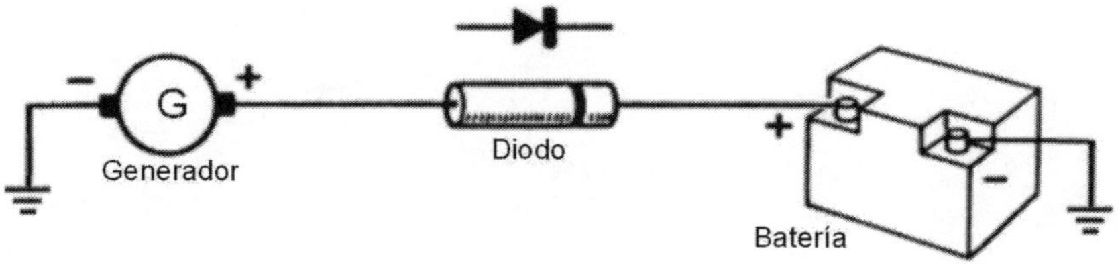

Figura 4.14

La disipación térmica es un factor de extraordinaria importancia en cualquier tipo de semiconductor. Tanto en el germanio como en el silicio, una temperatura excesiva puede provocar la destrucción del semiconductor y por ello, cuando se manejan corrientes elevadas se disponen los diodos sobre aletas metálicas de refrigeración (de aluminio) capaces de evacuar el calor generado por el paso de la corriente. Este es el caso de los diodos utilizados como rectificadores en el alternador, como los mostrados en la Figura 4.12.

En su realización práctica, los diodos suelen presentar una forma cilíndrica y están provistos de una franja coloreada en uno de sus extremos, similar a la de las resistencias, como puede verse en la Figura 4.14, que los identifica en cuanto al sentido de paso de la corriente. La franja está situada en las cercanías del cátodo. En otras aplicaciones, toman la forma de cápsula (Figura 4.15) y, en función del extremo del diodo que está en contacto con la parte metálica que le sirve de soporte, se denominan diodo de cátodo base o positivo y de ánodo base o negativo. Esta denominación define también el sentido en el que el diodo deja pasar la corriente, que en el diodo de cátodo base es desde el cable terminal al armazón, mientras que el de ánodo base conduce en el sentido desde el armazón al cable.

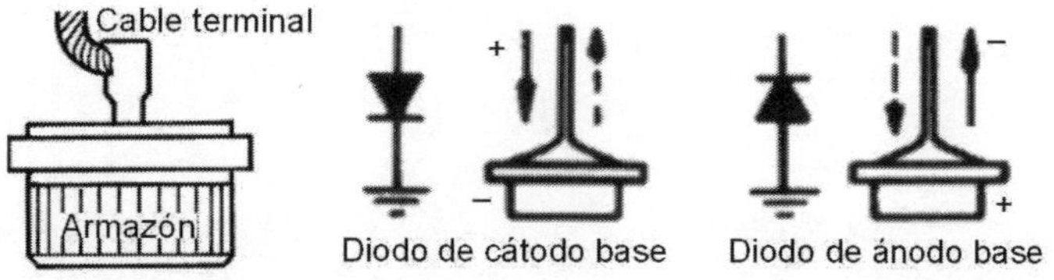

Figura 4.15

Diodo Zéner

Existe un tipo especial de diodo semiconductor, llamado Zéner, que polarizado en sentido directo funciona como otro normal, pero que polarizado en sentido inverso permite el paso de corriente a partir de un determinado valor de la tensión de polarización (tensión de Zéner). Este tipo de diodos se utiliza fundamentalmente en los circuitos eléctricos como estabilizador de tensión o bien como protección.

La Figura 4.16 muestra el montaje de un diodo Zéner en su función de estabilizador de tensión, en este caso para la protección de un sensible aparato de medida. Cuando el valor variable de tensión supera el de polarización inversa del diodo, se produce la conducción en sentido inverso, estableciéndose una corriente a través del Zéner y la resistencia, que provoca una caída de tensión apropiada, de manera que la tensión aplicada al circuito se mantenga en el valor adecuado, restablecido el cual, el diodo vuelve a su situación inicial de bloqueo de la corriente, sin que esta acción lo deteriore, como ocurriría en un diodo convencional.

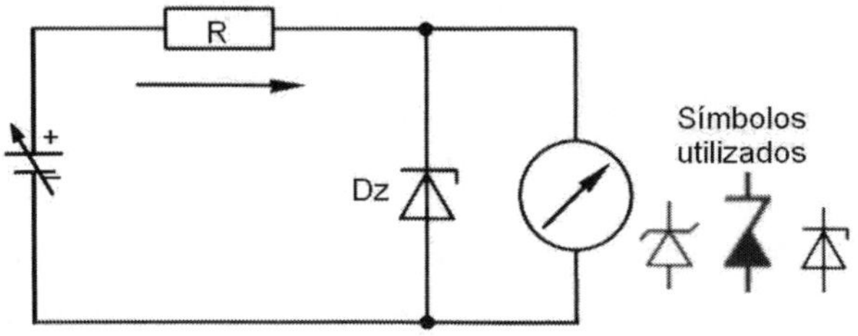

Figura 4.16

Diodo LED

Algunos diodos tienen la propiedad de emitir luz cuando se polarizan de forma directa, actuando así como una pequeña lámpara. A este tipo de diodos se les conoce con el nombre de diodo LED. La luz emitida puede ser de diferentes colores, como verde, amarillo, rojo, etc., en función de que el material semiconductor haya sido impurificado con distintas sustancias (fósforo para el verde, arsénico para el rojo, etc.).

La utilización de diodos LED es muy frecuente en los tableros de instrumentos de los automóviles para señalización de funcionamiento de los circuitos y, actualmente, en los pilotos del sistema de alumbrado. En general toman la forma de una pequeña lámpara (Figura 4.17) y suelen agruparse en una determinada zona del cuadro de instrumentos o el piloto, tomando distintos colores de acuerdo con la función que realizan. Su símbolo de representación es similar al de un diodo convencional con el añadido de unas flechas salientes, como se ha representado en la Figura, en la que también se incluye un esquema de la polarización directa necesaria para el funcionamiento de este diodo, que se alimenta generalmente a través de una pequeña resistencia.

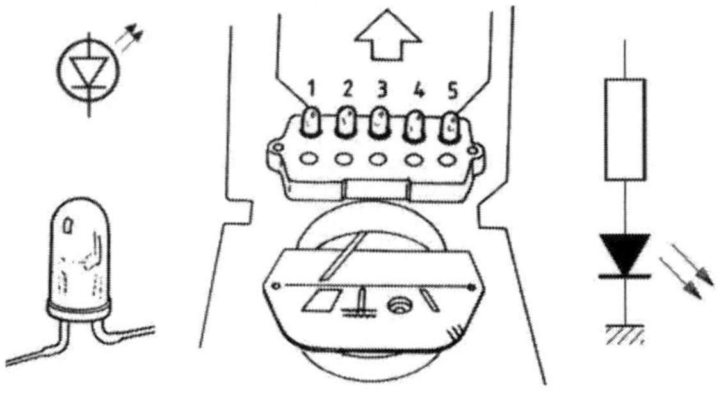

Figura 4.17

Una derivación directa del diodo luminiscente LED es el elemento semiconductor de indicación de cifras o display LED, que consiste en una combinación de diodos luminiscentes ordenados dentro de una pequeña carcasa común. Agrupando siete diodos luminiscentes de manera apropiada (Figura 4.18) es posible representar cualquiera de los guarismos del 0 al 9.

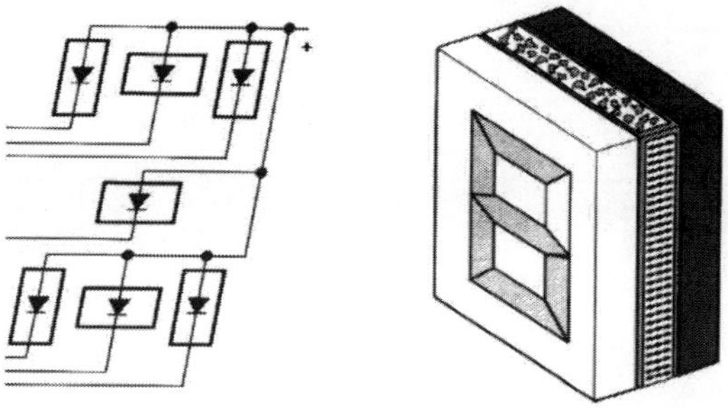

Figura 4.18

Fotodiodos

El fotodiodo es un tipo especial de diodo semiconductor que trabaja en sentido inverso y cuya unión PN está expuesta a los rayos luminosos, que al incidir sobre ella liberan electrones de valencia de su enlace cristalino permitiendo la conducción. La Figura 4.19 muestra este tipo de diodo, que al igual que el diodo Zéner se conecta a la fuente de alimentación en sentido inverso y, cuando incide un rayo de luz sobre la unión PN (generalmente a través de una lente) queda polarizado, permitiendo el paso de la corriente inversa, como muestra el esquema de la Figura. Así pues, este diodo conduce cuando hay luz y queda bloqueado en caso contrario.

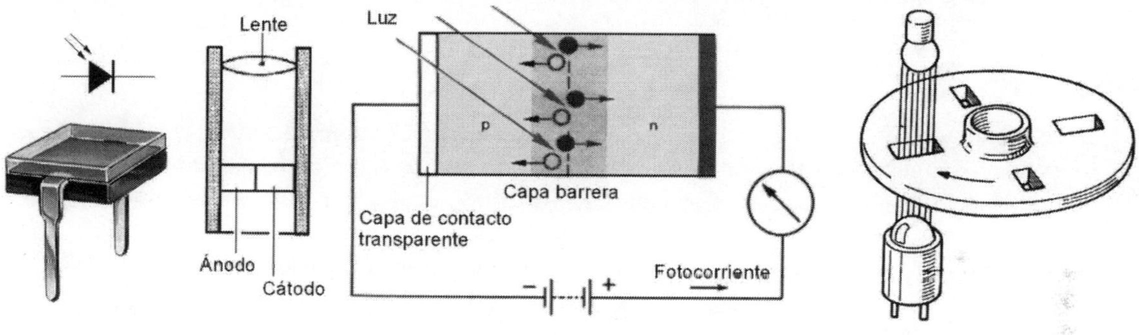

Figura 4.19

En aplicaciones automovilísticas suele utilizarse el fotodiodo como interruptor automático. Para ello se coloca frente a una lámpara cuyo haz de luz incide sobre el fotodiodo a través de las ventanas de un disco giratorio (derecha en la Figura), de manera que el fotodiodo conduce cuando la ventana permite el paso del haz de luz y se bloquea en caso contrario. La corriente eléctrica establecida de esta manera en el fotodiodo, es tratada convenientemente para comandar el corte de corriente en el circuito eléctrico comandado por el diodo.

4.4 Transistores

El transistor es un elemento electrónico formado por la unión de dos diodos en oposición, capaz de regular el paso de corriente en un circuito eléctrico. Está formado por tres regiones consecutivas de semiconductores tipo P y N. Según el orden en que están dispuestas estas regiones, existe el transistor NPN y el transistor PNP (Figura 4.20). Cada una de las tres regiones semiconductoras tiene una conexión. La región central se llama *base* (B) y las dos exteriores, *emisor* (E) y *colector* (C). Cuando no está aplicada ninguna tensión externa al transistor, en cada una de las dos uniones PN existe una barrera de potencial.

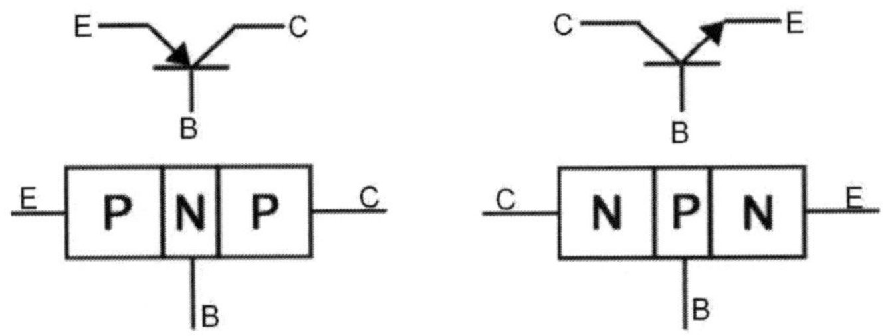

Figura 4.20

Esencialmente, el transistor desempeña una labor similar a la de un relé, controlando corrientes elevadas mediante el gobierno de otras más pequeñas. Exteriormente, el transistor presenta las formas y estructuras representadas en la Figura 4.21. De sus tres bornes, la base actúa como barrera aislante de los otros dos, de manera que no existe conducción de corriente entre el emisor y el colector mientras no se aplique tensión a la base.

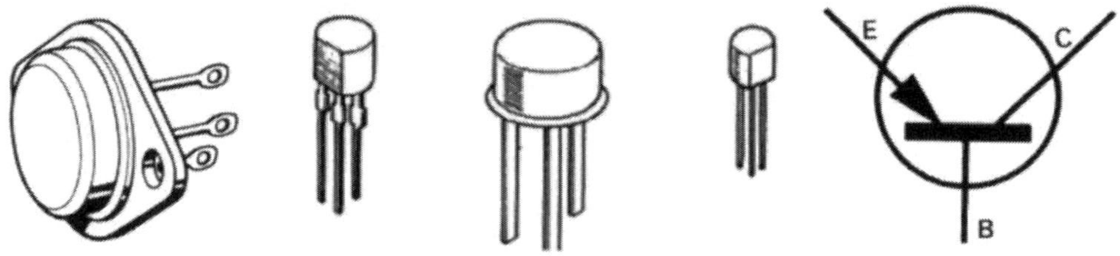

Figura 4.21

La diferencia entre los transistores PNP y NPN reside en la dirección de la corriente principal de paso. La Figura 4.22 muestra el conexionado de ambos tipos de transistor, en los cuales, la corriente principal I_C entre el emisor y el colector está controlada por la corriente I_B establecida entre el emisor y la base, es decir, solamente se establece corriente en el circuito emisor-colector, cuando previamente se ha establecido en el circuito emisor-base.

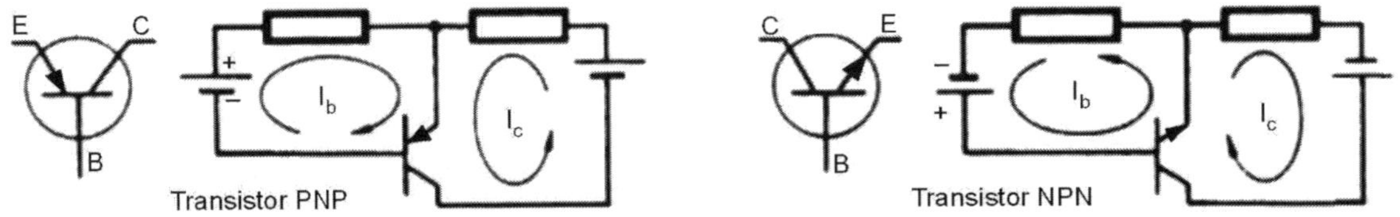

Figura 4.22

En el transistor del tipo PNP, la corriente de base circula en el sentido emisor-base y la corriente principal lo hace en el sentido emisor-colector, tal como muestra la Figura, mientras que en el transistor del tipo NPN, los sentidos de ambas corrientes son contrarios a los anteriores, aunque el funcionamiento es similar. Dicho de otra forma, el transistor PNP conduce cuando su base se polariza negativamente y se bloquea en el caso contrario. La conducción del transistor NPN requiere una polarización positiva de su base.

En la Figura 4.23 se muestra cómo un transistor puede realizar la misma función que un relé. Al cerrar el interruptor en el circuito de mando del relé (trazo fino), la corriente recorre la bobina del mismo provocando el cierre del contacto del circuito básico o de trabajo, consiguiéndose gobernar una corriente relativamente alta del circuito de trabajo (8A en este caso), con una corriente de mando mucho menor (0,2A).

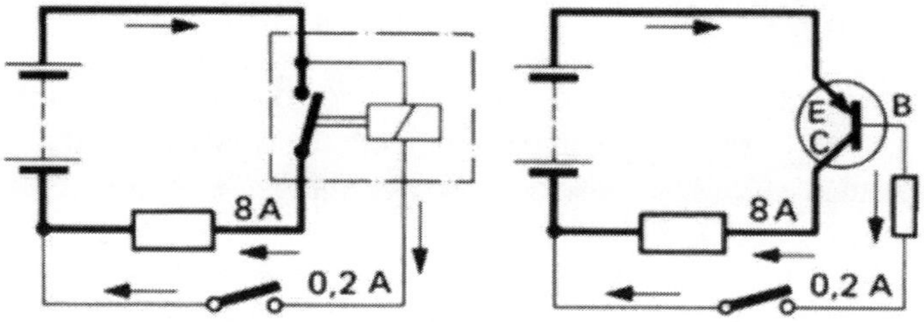

Figura 4.23

Exactamente lo mismo sucede con el empleo del transistor representado en esta misma Figura. Al cerrar el interruptor dispuesto en el circuito de mando, fluye una corriente desde el borne positivo de batería al negativo, pasando en el transistor del emisor a la base. Con esto se consigue hacer conductora la unión emisor-colector, quedando establecida la corriente principal (mucho mayor que la corriente de mando) a través del circuito emisor-colector del transistor. Esta es una propiedad característica del transistor, cuyas ventajas sobre el relé son indudables, pues unido a su menor peso y tamaño, quedan suprimidos los contactos móviles, que están sometidos a un desgaste normal debido a su propio funcionamiento. Las averías por este motivo quedan suprimidas en el transistor. Este trabajo del transistor como interruptor tiene aplicación en diversos sistemas eléctricos de los automóviles, como se describirá más adelante.

El transistor se utiliza también como amplificador de corriente y de tensión. En el ejemplo de la Figura 4.23, si se varía la resistencia de base, reduciéndola, aumenta la corriente de base y con ello lo hace también la corriente principal, funcionando el transistor en este caso como amplificador de corriente. Dicho de otra forma, puede considerarse el transistor como una resistencia variable (TRANSISTOR = TRANsfer-reSISTOR = cambiador de resistencia), de manera que cuando varía la resistencia de base-emisor, lo hace también proporcionalmente la de emisor-colector.

Cuando se manejan intensidades de corriente elevadas en los circuitos eléctricos, se dispone un montaje de dos transistores en cascada, como se indica en la Figura 4.24. Los circuitos emisor-base de ambos transistores están conectados en serie y los circuitos emisor-colector en paralelo, resultando de esta unión tres nuevos bornes, que son considerados emisor, base y colector de este conjunto, que en su realización práctica se encierra en una cápsula y recibe el nombre de transistor Darlington y que es utilizado en las etapas de potencia de los circuitos electrónicos, pues efectivamente, aumenta la potencia del transistor, dado que la corriente de base del transistor T_1 es amplificada por el transistor T_2, como puede verse en el esquema.

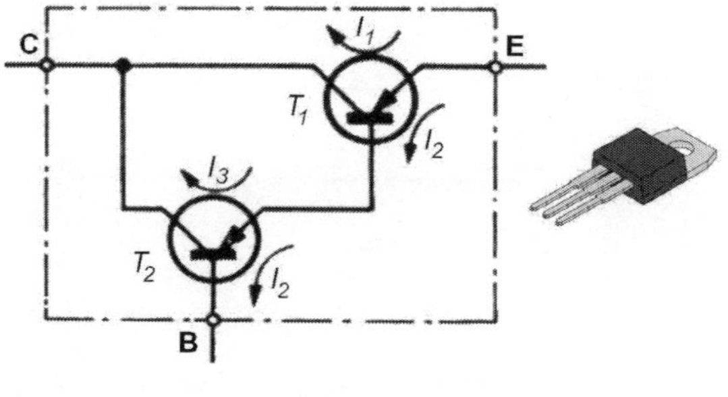

Figura 4.24

Existe también un transistor especial, el fototransistor, que funciona de manera análoga al fotodiodo, pasando del estado de bloqueo al de conducción cuando incide un rayo de luz sobre la lente acoplada a él, similar a la del fotodiodo.

El tiristor

El tiristor es un semiconductor formado por cuatro cristales de silicio que alterna dos a dos las polaridades P y N (Figura 4.25), y puede ser considerado como una combinación de dos transistores independientes, uno PNP y otro NPN, acoplados de manera que se conecten la base del transistor T_1 con el colector de T_2, mientras que la base del transistor T_2 se conecta al colector de T_1, tal como se muestra en el esquema de la misma Figura, en la que se incluye, además, el símbolo de este elemento semiconductor. Constituido de esta manera, el tiristor posee tres electrodos de conexión: el ánodo A, el cátodo K y el electrodo de control o puerta G.

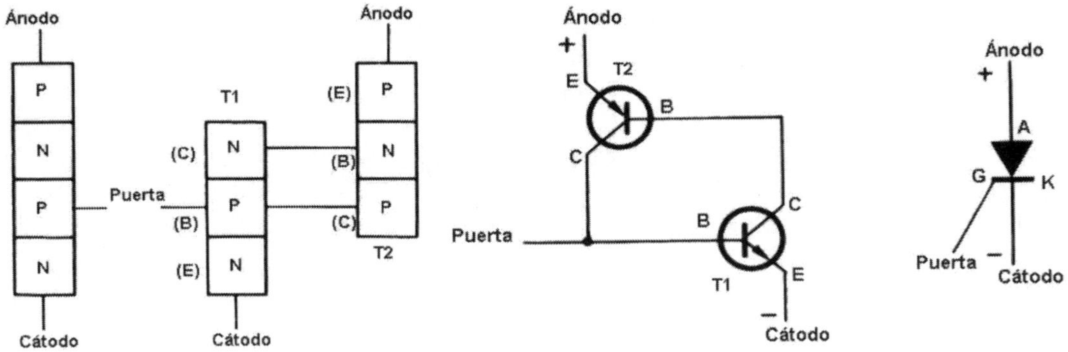

Figura 4.25

El tiristor presenta unas características particulares. Su símbolo eléctrico es muy parecido al del diodo, del que se diferencia por la disposición de un tercer electrodo (puerta), resultando ser un diodo controlable que permanece bloqueado en sentido inverso permanentemente, y conduce en sentido directo solamente cuando su electrodo de control recibe un impulso positivo. Este impulso puede ser muy breve, pues una vez conseguida la conducción se mantiene en esta situación aunque se suprima el impulso de control aplicado a la puerta. Cuando se corta la corriente de entrada al ánodo, el tiristor adquiere su estado de bloqueo.

En la Figura 4.26 se muestra un ejemplo de aplicación del tiristor, cuyo ánodo está conectado a la fuente principal de alimentación a través del interruptor S; pero aunque éste permanezca cerrado, el tiristor no conduce hasta que reciba un impulso de mando en la compuerta G. Este impulso puede serle proporcionado al cerrar el interruptor auxiliar B, que se conecta un instante. Después, aunque se desconecte, el tiristor conduce ininterrumpidamente hasta que se corte la corriente de alimentación por medio del interruptor S, en cuyo caso, queda bloqueado y, aunque vuelva a cerrarse este interruptor, el tiristor no conduce ya, y precisa un nuevo impulso de disparo en su puerta para pasar de nuevo al estado de conducción.

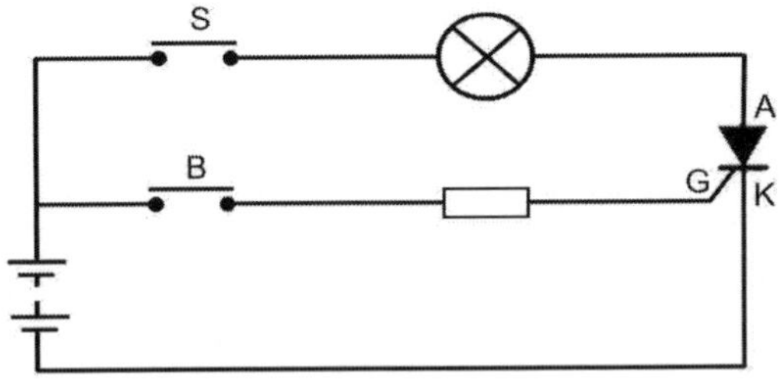

Figura 4.26

4.5 Circuitos integrados

Un circuito integrado es una agrupación de numerosos componentes electrónicos como condensadores, resistencias, diodos y transistores, formando una unidad electrónica de conmutación. Ofrecen posibilidades que hace tan sólo unos pocos años, solamente podía pensarse lograr a base de combinaciones muy complicadas de grandes cantidades de transistores.

La Figura 4.27 muestra la estructura de un circuito integrado, constituido por sucesivas capas de materiales semiconductores P y N superpuestas, en las que se practican los huecos necesarios para realizar las conexiones para lograr los distintos componentes. Así, realizando una conexión a un material P y otra a un material N se obtiene un diodo; si se toma una conexión más de material N se obtiene un transistor NPN, como se muestra en la Figura y así, en las sucesivas capas de semiconductor, se van formando las oportunas ventanas que permitan la unión de finos hilos de conexión, que constituyen los terminales de los diversos componentes. En el caso del transistor que nos ocupa, C_E es la conexión del emisor, C_B la de la base y C_C la del colector.

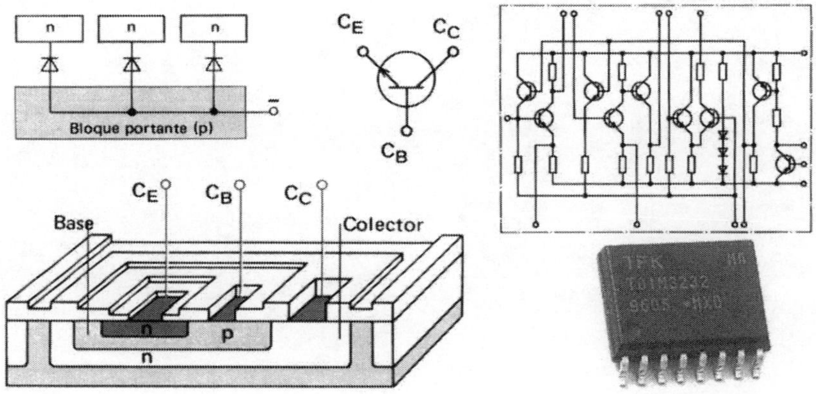

Figura 4.27

La resistencia óhmica se forma partiendo de un trozo de material semiconductor, mientras que el condensador integrado se forma con un diodo al que se hace trabajar únicamente en sentido inverso. Todos los componentes electrónicos así formados constituyen un chip o pastilla (derecha de la Figura), de dimensiones muy reducidas, que resulta más económico y eficaz que los componentes discretos. De la carcasa sobresalen las patillas de conexión.

Según la estructura, componentes y función que realice, un circuito integrado puede ser de tipo *analógico* o *digital*. Lo que caracteriza a los circuitos analógicos es una relación continua entre la señal de entrada y la de salida; por ejemplo, una pequeña tensión aplicada a la entrada de un amplificador electrónico, da lugar a una gran tensión de salida y, las variaciones temporales de esta última, son fiel reflejo de la señal de entrada, es decir, análogas. Por el contrario, los circuitos electrónicos digitales hacen referencia a la idea de contar algo, como las maniobras realizadas por un limpiaparabrisas, los kilómetros recorridos por el vehículo, etc.

En el equipo eléctrico de un automóvil se encuentran reunidos gran número de circuitos electrónicos analógicos y digitales; por ejemplo, en el cuadro de instrumentos, el kilometraje se indica de forma digital (dígitos) y la velocidad del vehículo de forma analógica (aguja).

El interruptor eléctrico es la creación digital más sencilla, pues solamente tiene dos magnitudes de combinación: abierto y cerrado. La moderna comunicación de mensajes y almacenamiento de información se desenvuelve en general (siempre que las funciones se realicen mediante órdenes digitales), con dos magnitudes de combinación: 0 (no) y 1 (si). Un sistema de esta clase se denomina binario. Los circuitos integrados digitales se encuentran predominantemente en aparatos de medición y ordenadores, así como en aplicaciones de electrónica industrial, como los calculadores electrónicos que controlan los sistemas de inyección, encendido, ABS, etc.

En muchas aplicaciones automovilísticas, en lugar de disponer los componentes electrónicos en un circuito integrado, se montan de forma individual sobre una placa de circuito impreso que agrupa todos los componentes y la conexión de los mismos. Este tipo de circuito electrónico se dice que es híbrido. La Figura 4.28 muestra la estructura de este tipo de circuito, en el que los componentes electrónicos (diodos, transistores, resistencias y condensadores) se montan soldados sobre una placa base de circuito impreso construida de un material vítreo altamente aislante, sobre la que se disponen finas láminas de cobre o aluminio que interconexionan los distintos componentes.

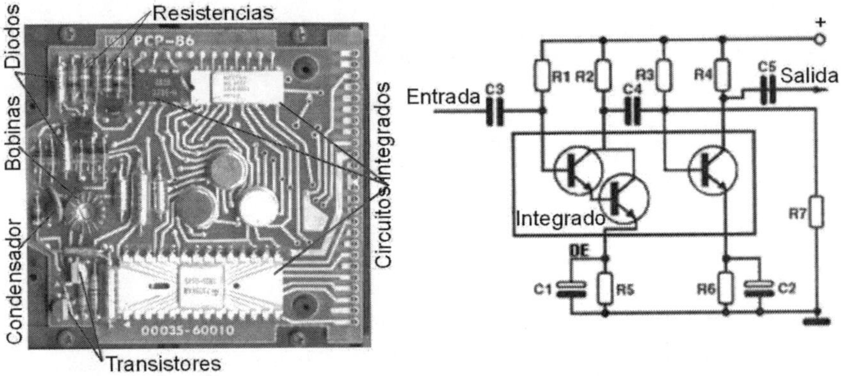

Figura 4.28

El circuito impreso aporta considerables ventajas frente al cableado convencional, ocupando un menor espacio y agrupando los componentes. Este tipo de circuito representó un primer paso hacia la integración de componentes discretos, y permite el montaje sobre él, no sólo de este tipo de componentes, sino también de chips de circuitos integrados. Los circuitos híbridos ofrecen en general ventajas allí donde los circuitos integrados presentan manifiestas debilidades, como ocurre en las etapas de potencia de los circuitos electrónicos.

Pantalla de cristal líquido

Aunque la potencia consumida por un dispositivo de pantalla display es pequeña, para reducirla aún más se desarrolló la tecnología de cristales líquidos o LCD, consistente en el empleo de sustancias químicas de origen orgánico, que sometidas a un campo eléctrico reaccionan cambiando su estructura molecular, en concreto, varía la orientación de los cristales, de manera que, según sea su orientación, dejan pasar la luz, por lo que resultan transparentes o invisibles, o bien reflejan la luz y, en consecuencia, resultan visibles.

La Figura 4.29 muestra la estructura de un dispositivo de este tipo, donde puede verse que el cristal líquido 6 está encerrado entre dos placas 2 de cristal, recubiertas de un filtro polarizador 1, a través de las cuales pasan los rayos luminosos. Unos electrodos 3 y 5 en contacto con el cristal líquido 6, pueden ser sometidos a una tensión eléctrica, creando el campo eléctrico necesario para realizar la polarización que hace reflejarse el haz de luz incidente en el cristal líquido, o atravesarlo.

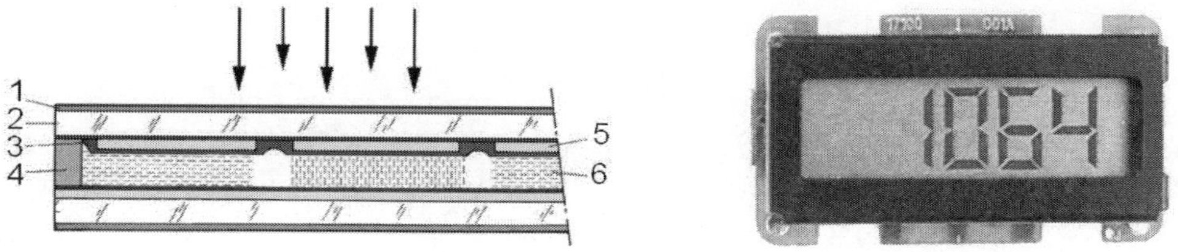

Figura 4.29

Las pantallas LCD son ampliamente utilizadas en automoción para los diferentes sistemas de mando y visualización en el tablero de instrumentos del vehículo. La Figura 4.30 muestra un ejemplo referente al sistema de climatización

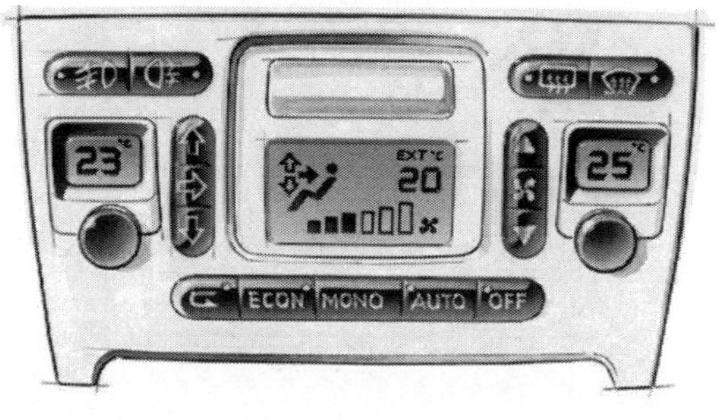

Figura 4.30

4.6 Verificación de componentes eléctricos y electrónicos

Cuando se producen anomalías en el funcionamiento de un circuito eléctrico, se procede a la verificación del mismo tratando de localizar cual es el elemento del circuito que no funciona o lo hace de forma incorrecta. Seguidamente se realiza una verificación individual de este componente para corroborar que es el causante de la avería. Estos procesos son específicos para cada circuito eléctrico, pero presentan muchas similitudes entre ellos, sobre todo en lo referente a los componentes. A continuación se describen algunos.

Verificación de resistencias y reóstatos

La verificación de cualquier tipo de resistencia se realiza midiendo con el polímetro su valor óhmico, comparándolo después con los datos del fabricante, o en los casos de resistencias electrónicas, con el dato de colores grabados en ellas. En los reóstatos, teniendo el polímetro conectado entre el borne del cursor y uno de los extremos de la resistencia, como muestra la Figura 4.31, se comprueba que al mover el cursor se produce variación de la medida.

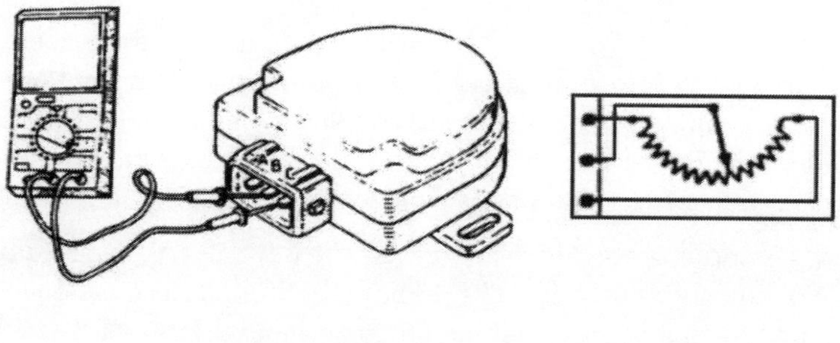

Figura 4.31

Verificación de un termistor

La verificación de este componente consiste en comprobar la resistencia eléctrica por medio de un polímetro, para distintas temperaturas, comparándola después con las especificaciones del fabricante. Teniendo conectado el polímetro como indica la Figura 4.32 y seleccionada la escala de medida en ohmios adecuada, se procede a efectuar la lectura para sucesivas temperatura del termistor que deben controlarse con un termómetro. En general se da como correcto un termistor en el que se compruebe que su resistencia óhmica varía con los cambios de temperatura, por lo cual, si se calienta progresivamente el termistor por medio de una llama de mechero, se verá que el valor de resistencia indicado va en disminución si el termistor es de tipo NTC o bien en aumento si es PTC.

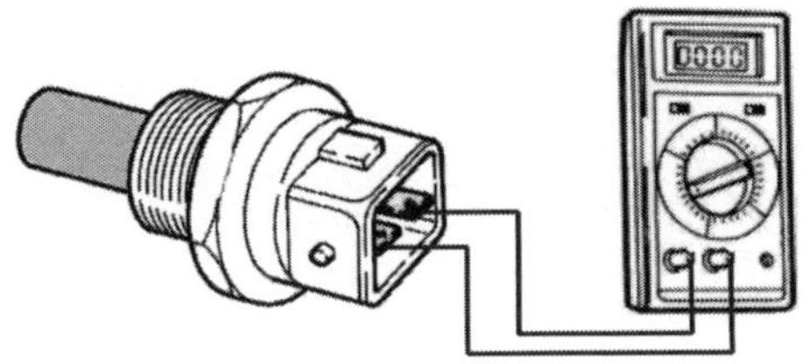

Figura 4.32

Comprobación de un condensador

Para la realización de esta prueba se dispone una batería a cuyos bornes se conecta el condensador como se ha representado en la Figura 4.33, manteniendo la conexión unos instantes. Seguidamente se desconecta el condensador y se procede a comprobar con un polímetro la tensión entre sus bornes, que debe ser igual a la tensión de la batería, pues en caso contrario, el condensador es defectuoso. Si ahora se pone en cortocircuito, uniendo sus dos bornes, se producirá la descarga y la tensión ahora será cero, lo que puede ser comprobado nuevamente.

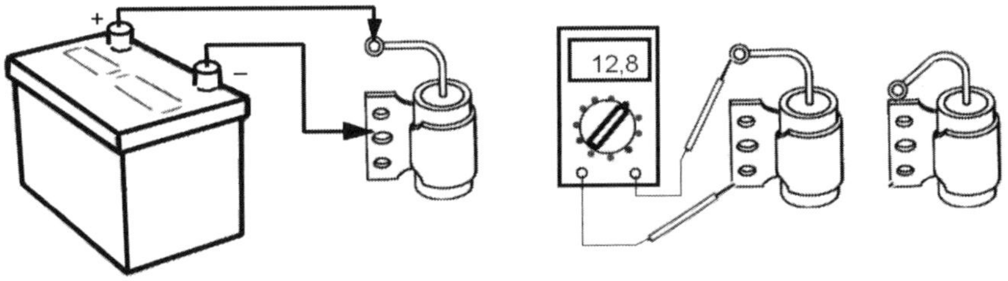

Figura 4.33

Comprobación de un relé

La verificación de un relé consiste en comprobar que su bobina de accionamiento no esté cortada o en cortocircuito, para lo cual se conecta el polímetro entre los bornes 85 y 86, como muestra la Figura 4.34, estando seleccionada la función de óhmetro, debiendo indicar un cierto valor de resistencia, lo que indica que su bobina no está cortada. Si el valor de resistencia medido es cero o próximo a esta cifra, la bobina está en cortocircuito.

Por otra parte se comprueba que entre los bornes 30 y 87 no hay continuidad cuando el relé está desactivado, y que cuando se activa el relé hay continuidad entre estos bornes. La activación puede conseguirse conectando a la bobina una batería auxiliar.

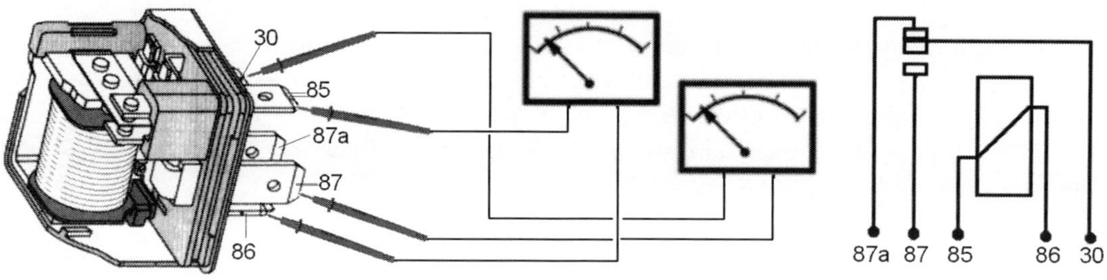

Figura 4.34

Verificación de un diodo

La verificación del estado de un diodo se realiza como muestra la Figura 4.35, conectando las puntas de prueba del polímetro a cada uno de los terminales del diodo para efectuar la primera medida (roja al cátodo y negra al ánodo), cambiando a continuación la polaridad de las conexiones para efectuar la segunda medida. El mando selector del polímetro debe ocupar la posición correspondiente a verificación de diodos, indicada por el correspondiente símbolo. Para la primera de las medidas, si el diodo está bien, se obtendrá un valor aproximado de 0,6V. Si la lectura es de cero voltios el diodo está en cortocircuito, mientras que si está cortado dará una indicación de circuito abierto (1. o bien OL, según el tipo de polímetro). En la segunda medida se intercambian las conexiones, como hemos dicho y, si el diodo es eficiente dará una lectura de circuito abierto (1. o bien OL). Si el diodo está en cortocircuito la lectura será cero.

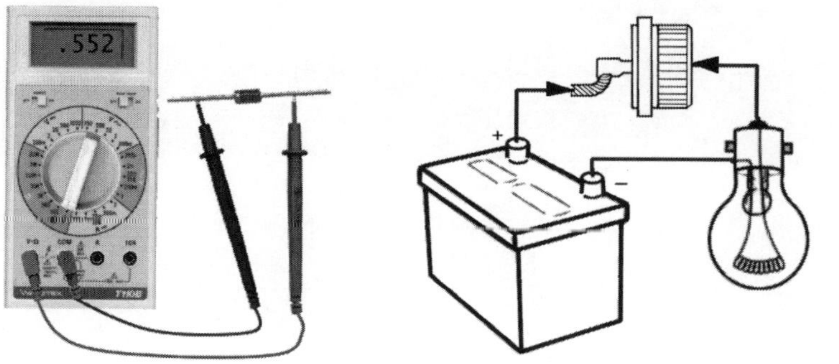

Figura 4.35

Los diodos de potencia pueden comprobarse también de una manera sencilla por medio de una lámpara de pequeño consumo y una batería, tal como se ha representado en la misma Figura. Para una determinada polaridad de las conexiones debe obtenerse el encendido de la lámpara, mientras que al cambiar la polaridad de las conexiones la lámpara debe permanecer apagada. Si se cumplen ambas condiciones de prueba, el diodo es correcto. Por el contrario, si la lámpara no se enciende en ninguna de las pruebas, el diodo está cortado y si se enciende en las dos pruebas está en cortocircuito.

Comprobación de un transistor

Un transistor es la unión de dos diodos en oposición, como ya conocemos, por lo cual su comprobación se realiza como si se tratara de dos diodos, uno de ellos formado por la base y el emisor y el otro por la base y el colector. La verificación del transistor (Figura 4.36) consiste en comprobar con el polímetro que hay continuidad entre la base y el emisor para una determinada polaridad de conexión (según el tipo de transistor) y que invirtiendo esta polaridad (cambiando las puntas de pruebas del polímetro) se tiene circuito abierto. Lo mismo ocurre con la base y el colector. Por otro lado, entre el emisor y el colector no debe haber continuidad cualquiera que sea la polaridad de la conexión y el tipo de transistor. En la Figura 4.36 se muestran los esquemas de estas conexiones.

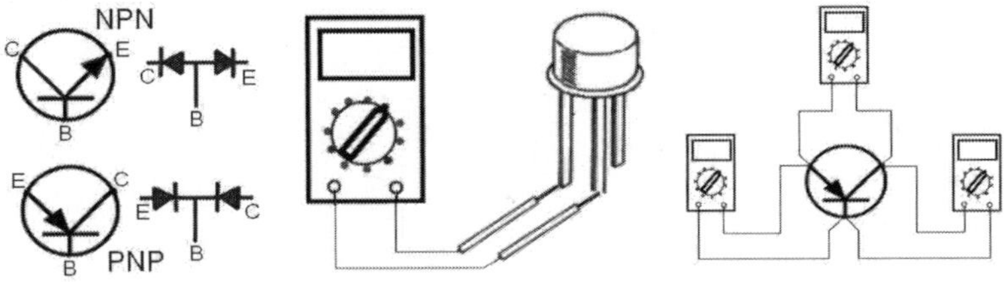

Figura 4.36

Cuestiones

4.1. ¿Qué efectos pueden conseguirse con un reóstato?

4.2. Dibuja el esquema de conexionado de un potenciómetro.

4.3. ¿Qué es una resistencia dependiente?

4.4. Describe la estructura de un condensador.

4.5. Dibuja el esquema de un relé y marca los bornes de conexión.

4.6. Explica las funciones de un diodo en los circuitos eléctricos.

4.7. Describe el proceso de rectificación de la corriente alterna.

4.8. Explica el funcionamiento de un diodo Zener.

4.9. Dibuja los esquemas de conexionado de los transistores y explica su funcionamiento.

4.10. Describe la analogía entre el transistor y el relé.

4.11. ¿Qué es un transistor Darlington?

Actividades propuestas

4.1. Determinar el valor óhmico de varias resistencias mediante el empleo de la tabla de colores y comprobarlo después con el polímetro.

4.2. Realizar agrupaciones serie-paralelo de varias resistencias, calculando después la resistencia total y midiéndola con el polímetro.

4.3. Conectar un reóstato en el circuito de alimentación de una lámpara y comprobar su efecto, así como la caída de tensión que provoca en las distintas posiciones.

4.4. Efectuar los procesos de carga y descarga de un condensador, midiendo la tensión en ambos casos.

4.5. Realizar el circuito eléctrico de una lámpara comandada por un relé.

4.6. Conectar un diodo al circuito de alimentación de una lámpara y comprobar su funcionamiento intercambiando las conexiones.

4.7. Conectar un transistor al circuito de alimentación de una lámpara y medir las corrientes de colector y base.

4.8. Efectuar la verificación de diversos componentes eléctricos y electrónicos.

Generadores de impulsos, sensores y computadoras

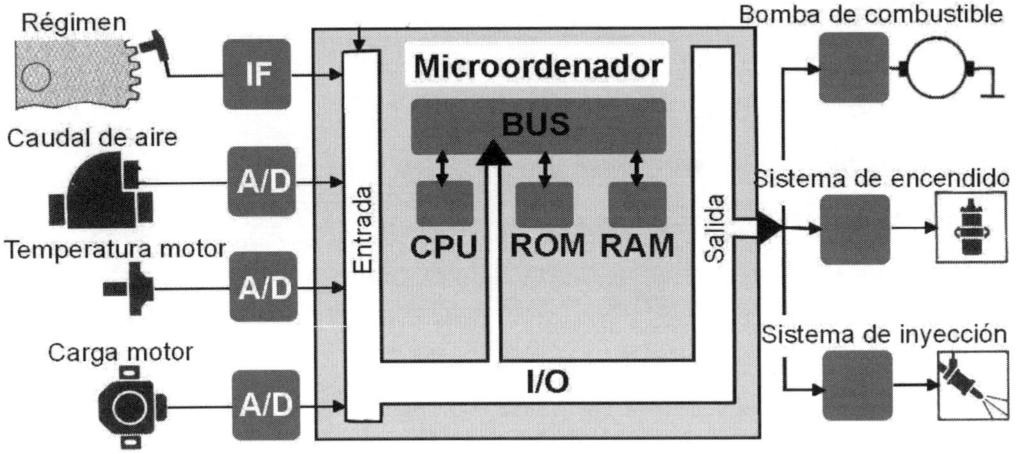

Contenidos

5.1 Señales eléctricas.

5.2 Generadores de impulsos (sensores).

5.3 Funcionamiento básico de las computadoras.

5.4 Redes multiplexadas.

5.5 Comprobación de señales eléctricas.

5

Objetivos

- *Estudiar la estructura y funcionamiento de los generadores de señales eléctricas.*
- *Conocer los diferentes tipos de sensores.*
- *Estudiar el funcionamiento básico de las computadoras.*
- *Conocer la estructura y componentes de las computadoras.*
- *Conocer la estructura de las redes multiplexadas.*

Introducción

La aplicación de la electrónica a los automóviles actuales ha permitido ejercer un control preciso de los diferentes mecanismos y sistemas, mejorando el rendimiento de los mismos, a la vez que permiten que en caso de deficiencias de funcionamiento de alguno de ellos se provoquen las oportunas señales de alerta, evitando con ello que la avería pueda terminar en rotura de piezas o accidentes del vehículo.

Los sistemas electrónicos de control utilizan como elemento fundamental una computadora que recibe las señales eléctricas de diferentes sensores, cada uno de los cuales detecta un determinado estado de funcionamiento de un mecanismo. Estas señales son procesadas en la computadora, que a partir de ellas genera las pertinentes corrientes eléctricas de mando que precisan los diferentes mecanismos para ser puestos en funcionamiento.

Cada sistema dispone su propia computadora, como la inyección de combustible, el sistema de control de tracción y estabilidad, el ABS, la climatización, el regulador de velocidad, el equipo de sonido, etc. A su vez, las computadoras se unen por medio de una red multiplexada que les permite compartir las señales generadas por diversos sensores, evitándose con ello la duplicidad y reduciendo el cableado.

5.1 Señales eléctricas

Las tensiones y corrientes eléctricas de pequeños valores, como son las generadas o modificadas por sensores, sondas, captadores, etc., son conocidas con el término general de "señales" y en muchos casos se aplican directamente a los dispositivos electrónicos de control; pero en otros es preciso tratarlas convenientemente para su utilización.

Las señales eléctricas se caracterizan por la frecuencia y el período (Figura 5.1), magnitudes éstas que se miden en Hercios y ciclos por segundo, respectivamente. El período o ciclo determina la forma característica de la señal y se repite sucesivamente. La frecuencia indica la cantidad de veces que un período se repite en un segundo. Así pues, la frecuencia es la inversa del período, que a su vez es el tiempo necesario para completar un ciclo.

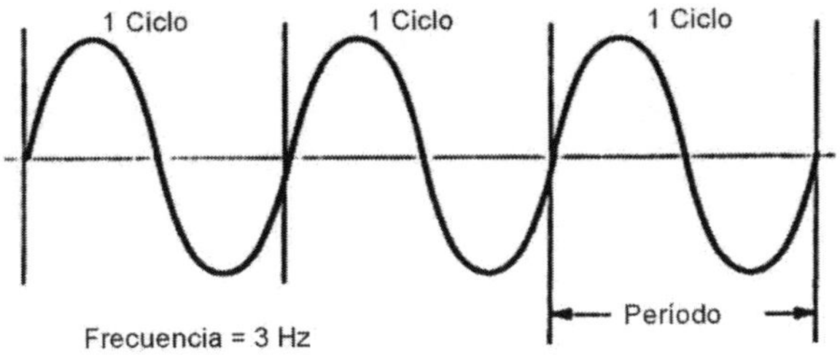

Figura 5.1

Las señales eléctricas pueden ser visualizadas y analizadas por medio de un osciloscopio, en cuya pantalla se refleja la forma gráfica de la señal, que puede ser comparada con la traza patrón para determinar las anomalías existentes. Los parámetros fundamentales son: la tensión, la frecuencia y el Dwell, que también pueden medirse con un polímetro.

En el circuito eléctrico la Figura 5.2, mientras el interruptor permanece abierto, por la lámpara no circula corriente eléctrica y el voltímetro conectado a ella no indica tensión alguna, lo que se ha representado en el gráfico A de la Figura por una línea horizontal a la altura de cero voltios. Si ahora se cierra el interruptor, quedan aplicados a la lámpara los doce voltios de la batería y por ella circula corriente eléctrica, lo que se ha representado en el mismo gráfico por una línea horizontal a la altura de los doce voltios.

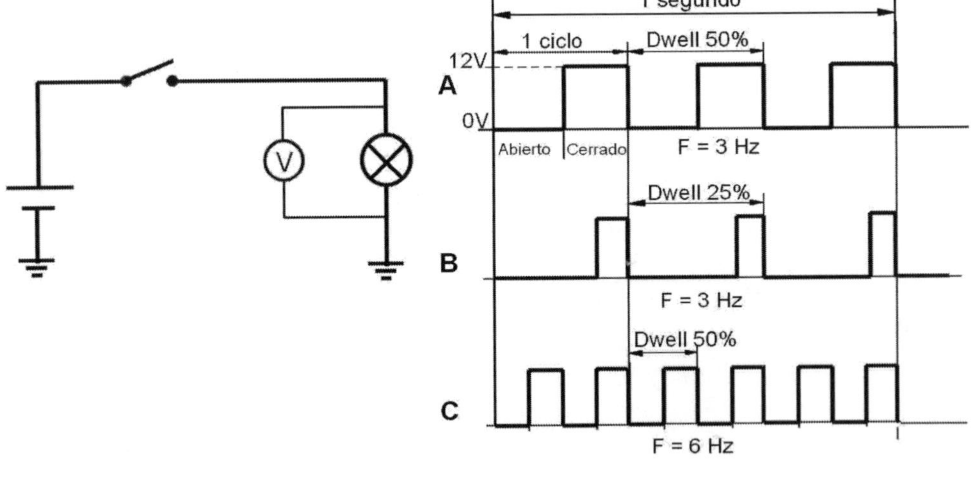

Figura 5.2

Cerrando y abriendo sucesivamente el interruptor se obtiene la gráfica representada en A, donde puede verse que los tiempos de apertura y cierre son idénticos, lo que significa que en las maniobras se mantiene el mismo tiempo el interruptor abierto, que cerrado.

Un ciclo comprende los tiempos de apertura y cierre del interruptor y, en el caso representado, se han realizado tres ciclos completos en un segundo, lo que significa que la señal generada de esta forma tiene una frecuencia de 3Hz. Por otra parte, el porcentaje de tiempo dentro de un período que el circuito está activado, es igual al que está desactivado, por lo cual se dice que el porcentaje Dwell es del 50%.

La gráfica B de la misma Figura muestra que la frecuencia de la señal sigue siendo la misma (3 Hz), pero el Dwell es ahora del 25%. El interruptor está más tiempo abierto que cerrado en esta nueva secuencia de maniobras. La gráfica C muestra una variación de la frecuencia de la señal, que implica una mayor rapidez en las maniobras de apertura y cierre del interruptor. Como los tiempos de apertura y cierre de éste son similares en este caso, el Dwell es del 50%.

5.2 Generadores de impulsos (sensores)

Con el nombre de generadores de impulsos o sensores se designan los mecanismos eléctricos capaces de generar pequeñas tensiones eléctricas. De entre ellos podemos citar los siguientes:

Generador de inducción

Se utiliza frecuentemente en los sistemas de encendido electrónico y está formado por una rueda dentada C (Figura 5.3) que produce durante su rotación una variación del flujo magnético del imán permanente A, mediante la cual se induce una tensión eléctrica en la bobina B. En el giro de la rueda, a medida que se acerca cada uno de sus dientes al imán, la tensión eléctrica inducida en la bobina va creciendo cada vez con más rapidez hasta alcanzar su máximo valor cuando el diente está justo enfrente del imán. Al alejarse el diente siguiendo el giro, la tensión cambia muy rápidamente de sentido y asciende a su valor negativo máximo. De esta manera se obtiene una señal eléctrica como la representada en la misma Figura.

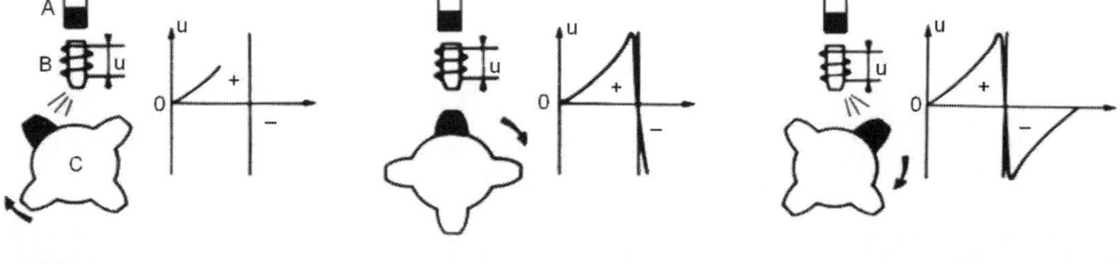

Figura 5.3

La Figura 5.4 muestra una aplicación del generador de impulsos para el sistema de encendido electrónico. La rueda dentada forma parte de un eje que gira arrastrado por el motor de combustión del vehículo, de manera que los dientes de la rueda pasan por delante del conjunto de imán y bobina del sensor produciendo variaciones del entrehierro que generan una tensión eléctrica en la bobina por los efectos propios de la inducción electromagnética. Esta tensión es enviada a la correspondiente unidad de control electrónico, que en función de la misma comanda el sistema de encendido para hacer saltar la chispa en la bujía en el instante preciso.

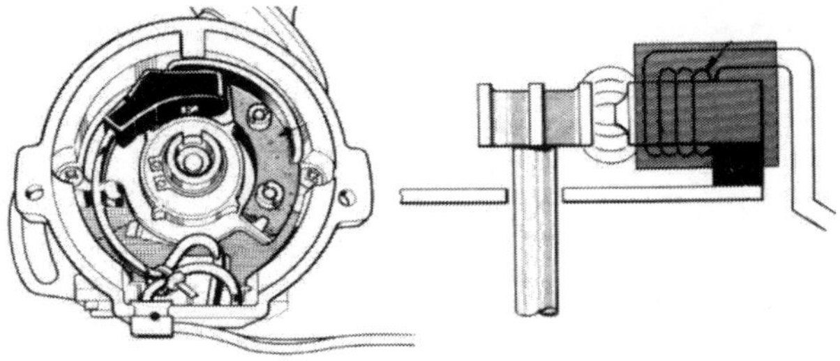

Figura 5.4

Una variante del generador de impulsos de inducción la constituye el captador magnético utilizado como medidor del régimen de giro del motor. Este tipo de generador (Figura 5.5) lo constituye una corona dentada, frente a la que se coloca un captador magnético, formado por un imán permanente alrededor del cual está arrollada una pequeña bobina, donde se induce una tensión para cualquier variación del entrehierro.

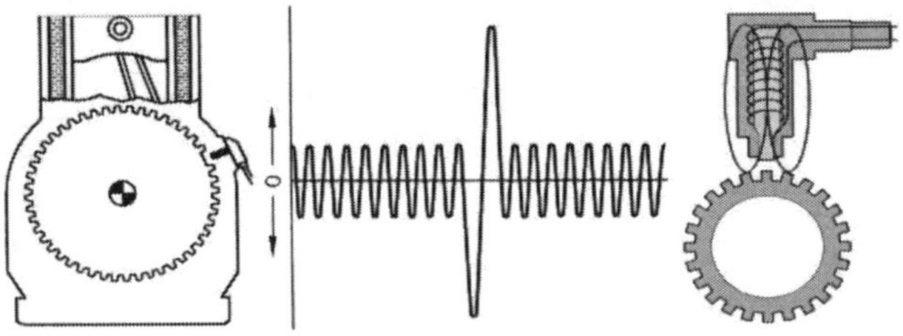

Figura 5.5

De esta manera, el giro continuado de la corona produce sucesivas variaciones del flujo debidas al paso de sus dientes o huecos frente al captador, en cuya bobina se induce una tensión alterna, que toma la forma representada en la Figura. Cuando en la corona dentada se dispone un diente y su correspondiente hueco más largo que los demás, el paso de ellos frente a la bobina genera una tensión mayor que la del resto de los dientes. Este tipo de generador, utilizado como sensor del régimen de giro del motor, se dispone de manera que el diente largo pase frente al captador cuando el pistón del primer cilindro llega al p.m.s., con lo cual, puede detectarse este instante para determinar el momento en que debe producirse el encendido.

Generador de efecto Hall

Este generador basa su funcionamiento en el llamado efecto Hall, mediante el cual, cuando se hace pasar una corriente eléctrica a través de una placa de semiconductor y, a su vez, se la somete a la acción variable de un campo magnético, se induce una tensión eléctrica.

La Figura 5.6 muestra en esquema un generador de efecto Hall, constituido por una placa de material semiconductor posicionada entre dos imanes N-S. A dicha placa de semiconductor se le aplica una tensión entre sus caras C y D para obtener una corriente I_V de valor constante, que es perpendicular a las líneas de fuerza del campo magnético. Si ahora se hace variar este campo, se induce una tensión entre los extremos A_1 y A_2 de la placa semiconductora o capa de Hall.

Manteniendo constante la intensidad de corriente I_V, a través de la capa de semiconductor, la tensión U_H o tensión de Hall depende solamente del campo magnético B, cuyas variaciones de flujo pueden lograrse interponiendo una pantalla entre la capa de semiconductor y los imanes, de manera que en algunos momentos la capa de semiconductor esté expuesta a la acción del campo magnético y en otros no.

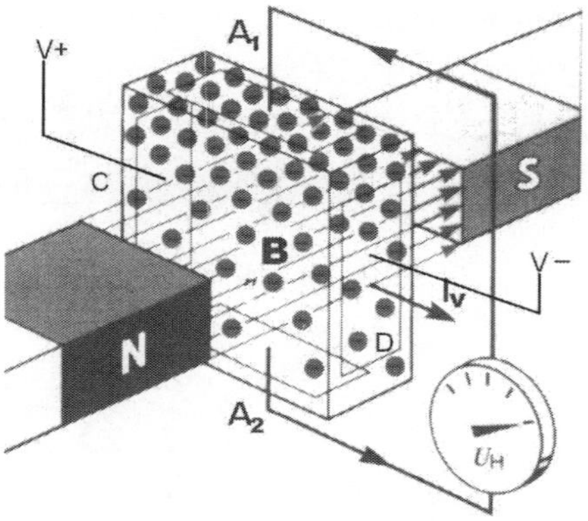

Figura 5.6

La Figura 5.7 muestra la estructura y esquema de un generador Hall, constituido por un imán permanente 2 situado frente al circuito integrado 3 de semiconductor Hall. Cuando una de las pantallas 1 del tambor obturador, en el giro, se sitúa en el entrehierro 4 de la barrera magnética, desvía el campo magnético impidiendo que afecte al semiconductor Hall, lo que anula la tensión inducida en él, diciéndose entonces que el circuito integrado Hall desconecta. Cuando la pantalla del tambor obturador abandona el entrehierro, el campo magnético atraviesa de nuevo la capa Hall y la tensión en bornes del generador es activa, es decir, se induce tensión. Con el giro continuado del tambor obturador se obtiene así una tensión pulsatoria del tipo de onda cuadrada, como la representada en la gráfica de la Figura.

En su realización práctica, el tambor obturador se une a un eje, del que recibe movimiento. En su aplicación a los encendidos electrónicos, este eje toma el movimiento directamente desde el motor de combustión.

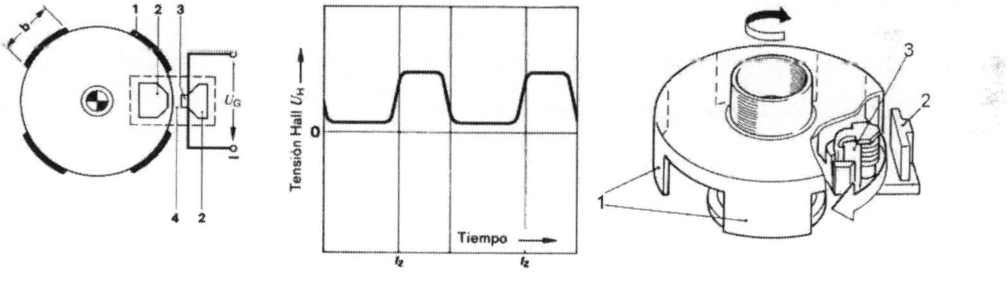

Figura 5.7

Sensor de revoluciones magnetorresistivo

En los sistemas ABS, para medir el régimen de giro de las ruedas del vehículo, actualmente están siendo empleados los sensores de revoluciones activos, de material magnetorresistivo, cuya característica esencial es que presentan una resistencia variable en función del campo magnético que los atraviesa. Esta resistencia eléctrica aumenta o disminuye en función del sentido del campo magnético que atraviesa el material. La Figura 5.8 muestra la estructura de este sensor 2, que se posiciona frente a un anillo 1, con extensiones polares magnéticas alternadas a lo largo del borde. Haciendo girar al anillo por delante del material magnetorresistivo, se produce una variación de la resistencia eléctrica del mismo y, puede obtenerse así una señal de onda cuadrada, como muestra la gráfica de la Figura, polarizando el sensor con una tensión de 5V.

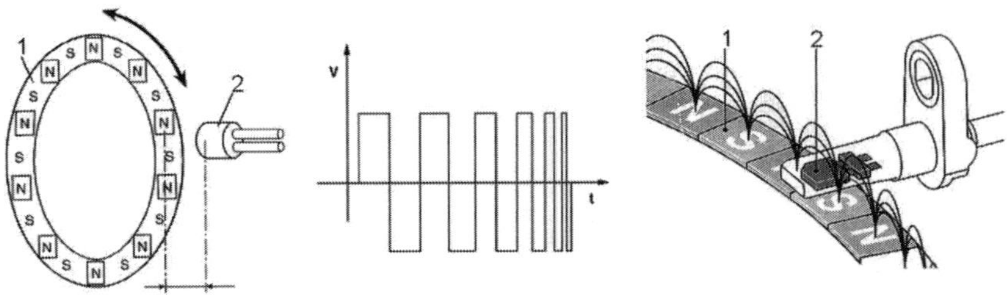

Figura 5.8

Sensor de aceleración

En los sistemas de control de tracción y de estabilidad de los vehículos, suelen emplearse sensores de aceleración, tanto longitudinal como transversal, como el representado en la Figura 5.9, capaces de detectar cualquier movimiento del vehículo en estas direcciones. Estos sensores están constituidos por un muelle laminar 3 puesto de canto, fijado por uno de sus extremos, mientras que en el opuesto se monta un imán permanente 2, que constituye la masa sísmica, sometida a los movimientos de aceleración transversal o longitudinal, según su posición de montaje en el vehículo.

Por encima del imán permanente 2 se posiciona un sensor Hall 1 alimentado con tensión de 5V (como es lo habitual en estos sensores), que está sometido a la acción del campo magnético del imán, de manera que los movimientos de éste con las aceleraciones, producen variaciones del flujo magnético que afecta al semiconductor Hall, en el que se induce una tensión proporcional a estas variaciones de flujo, lo que supone que la señal generada es función de la aceleración producida.

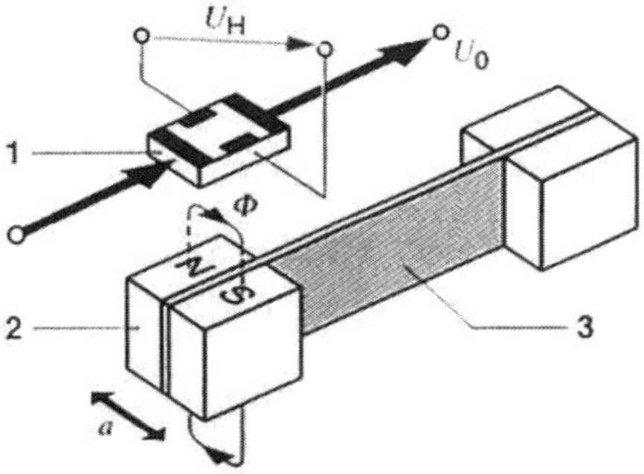

Figura 5.9

Sensor de giro

Los movimientos de giro de un vehículo sobre su eje vertical (trompo) pueden ser detectados por un sensor específico de tipo giroscópico, cuyo funcionamiento está basado en las propiedades de los materiales piezoeléctricos, que son capaces de generar una tensión eléctrica cuando se les aplica un esfuerzo de deformación, como ya ha sido explicado. La Figura 5.10 muestra la estructura de un sensor de giro, constituido por un diapasón, cuyos brazos están formados por dos láminas flexibles cada uno, colocadas transversalmente una con respecto a la otra, y sobre las que se posicionan unas plaquitas de material piezoeléctrico.

En el funcionamiento, se aplica una tensión a las placas de material piezoeléctrico ubicadas en la zona inferior de los brazos del diapasón, lo cual produce una oscilación de los mismos en el sentido longitudinal, como se ha representado en la Figura. Si el vehículo marcha en línea recta, estas oscilaciones no sufren alteración alguna; pero cuando toma una curva, las láminas superiores se deforman en el sentido transversal, de manera que en combinación con las oscilaciones longitudinales se produce una torsión de las láminas superiores, que es transmitida a los elementos piezoeléctricos fijados a ellas, en los que se genera una tensión proporcional a la torsión experimentada, detectando de esta manera el movimiento de giro del vehículo.

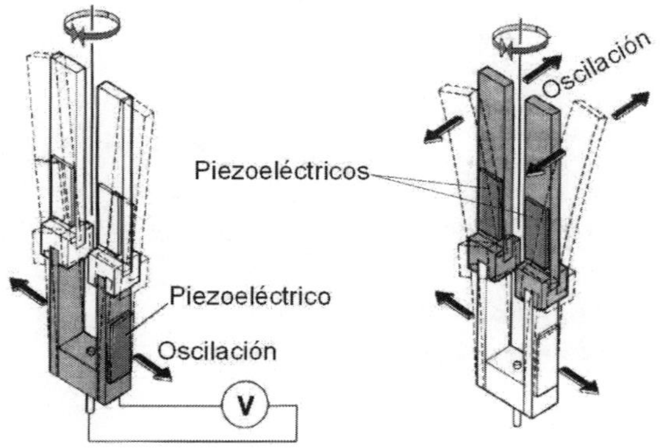

Figura 5.10

Captador de presión

Este tipo de captador es capaz de suministrar una imagen eléctrica de la presión reinante en el colector de admisión. En su disposición más sencilla está constituido por una cápsula neumática cuya membrana se une al núcleo móvil de la bobina de un oscilador (Figura 5.11), cuya frecuencia varía en función de la posición del núcleo en el interior de la bobina, con lo cual, la señal captada está relacionada con la presión reinante en el colector de admisión, es decir, la carga del motor. En otros casos se utiliza para esta misma función un captador de tipo piezoeléctrico, compuesto esencialmente por una masa de aceleración, acoplada contra una arandela de cerámica piezoeléctrica. Los efectos mecánicos comunicados por la masa bajo el efecto de la presión, crean una tensión variable entre los bornes A y B de la arandela, de manera que el impulso eléctrico generado es función de la presión.

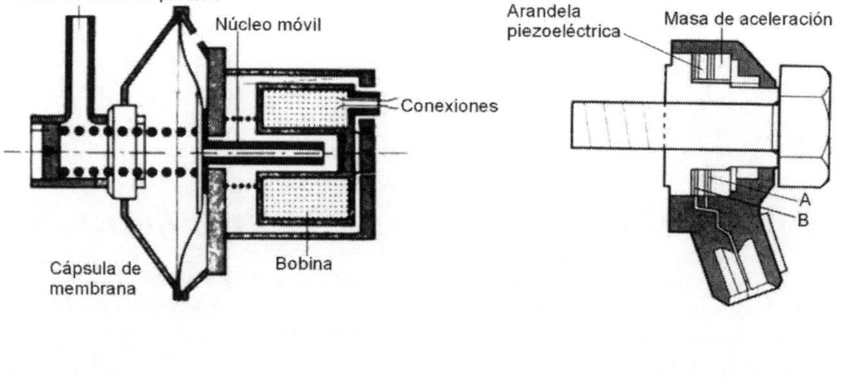

Figura 5.11

Sonda Lambda

Con objeto de reducir el contenido de emisiones tóxicas en los gases de escape, los sistemas de inyección de gasolina disponen en general un dispositivo de regulación del dosificado de gasolina, gobernado por una sonda Lambda, que se instala en el sistema de escape, en el tubo de bajada al silenciador, y es capaz de medir el contenido de oxígeno de los gases de escape, lo cual indica si la relación aire/combustible con la que se ha realizado la combustión es la adecuada, y en función de ello genera una señal eléctrica que es enviada a la unidad electrónica, que modifica el dosificado de la mezcla adaptándolo a las necesidades del motor. De esta manera, adecuando la riqueza de mezcla al valor conveniente, se consiguen combustiones completas que proporcionan los mínimos contenidos de gases tóxicos.

La Figura 5.12 muestra la estructura de una sonda Lambda, también llamada sonda de oxígeno, cuyo soporte metálico se monta roscado en el tubo de escape, de manera que la sonda 2 con su casquillo de protección 1 quede sumergida en la corriente de los gases de escape, que a su paso lamen la parte externa de la sonda, que constituye uno de los electrodos (expuesto a la corriente de gases), mientras que la parte interna de la misma forma el otro, que está en contacto por el cuerpo interior con el aire ambiente, a través de un orificio de aireación. Los dos electrodos así formados se unen eléctricamente al conector 4, de donde se toma la señal generada para transmitirla al módulo electrónico de mando.

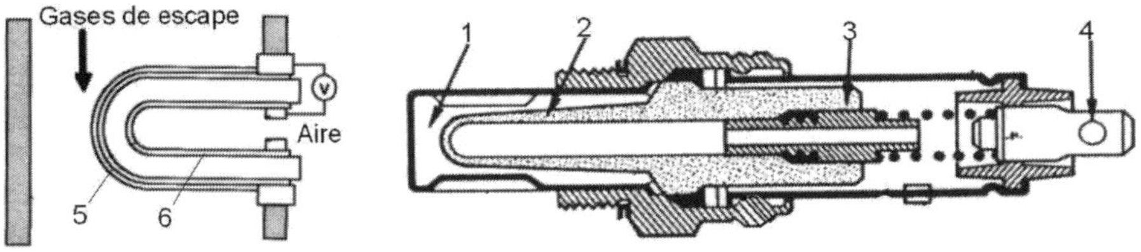

Figura 5.12

Cuando el material cerámico alcanza una temperatura superior a los 300 ºC, adquiere ciertas características de conductividad que le permiten transportar iones de oxígeno desde la superficie interna 6 en contacto con el aire ambiente, hasta la opuesta 5 (la que está en contacto con los gases de escape), generándose una diferencia de potencial eléctrico entre ambos electrodos, que es función del contenido de oxígeno de los gases de escape, lo que a su vez depende de la riqueza de la mezcla que se ha quemado en la cámara de combustión. Esta tensión eléctrica varía de 100 a 1.000 mV, correspondiendo los valores más altos a mezclas ricas, mientras que para mezclas pobres (alto contenido de oxígeno) la tensión eléctrica de la sonda toma los valores inferiores.

Funcionando de esta manera la sonda lambda, la tensión generada en ella varía de acuerdo con la riqueza de la mezcla suministrada al motor, de manera que la señal generada y enviada a la central electrónica pueda servir para efectuar la regulación de la riqueza de la mezcla, adecuándola a las necesidades del motor.

5.3 Funcionamiento básico de las computadoras

Una computadora es un dispositivo electrónico capaz de procesar diferentes señales eléctricas, emitidas por diversos sensores, analizándolas y comparándolas con los datos almacenados en su memoria, tratándolas adecuadamente y dando salida a corrientes de mando para diversos sistemas actuadores, como motores eléctricos, relés, etc.

Los automóviles actuales están equipados con una gran cantidad de computadoras, que controlan el funcionamiento de los diferentes sistemas eléctricos y mecánicos, como la inyección de combustible, la climatización, los sistemas de tracción, los frenos, etc. Cada una de ellas se estructura en una unidad conocida con el nombre de unidad electrónica de control (UCE), a la que se conectan los diversos sensores, de los que recibe la pertinente información, y los actuadores que comanda.

Las computadoras son máquinas lógicas que imitan el comportamiento de las reacciones humanas. Veamos un ejemplo: Se toca con la mano un objeto caliente. El sentido del tacto pasa esta información inmediatamente al cerebro, el cual la analiza y compara con ayuda de la memoria, determinando si el hecho es normal o no. Seguidamente se prepara una estrategia de respuesta adecuada, cursando a los músculos la orden pertinente, que en este caso sería la de retirar la mano del objeto caliente. El funcionamiento simplificado de una unidad electrónica de control es muy similar. Los sentidos son sustituidos por sensores o captadores, cuya información se hace llegar a la computadora, que la procesa y analiza comparándola con los datos almacenados en su memoria. Seguidamente establece la corriente de mando para el correspondiente actuador.

La Figura 5.13 muestra en esquema de bloques algunas de las funciones realizadas por la unidad electrónica de control del sistema de inyección de un vehículo, donde una serie de sensores recoge información permanentemente de las condiciones de funcionamiento del motor, que se hacen llegar a la unidad electrónica de control, en la que se realiza un proceso de conformación de las señales y tratamiento de las mismas, para dar salida posteriormente a una corriente de mando de los diversos actuadores.

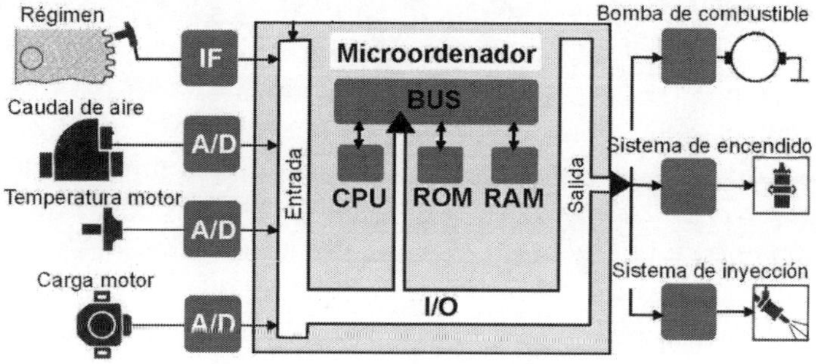

Figura 5.13

En este supuesto, la señal captada por el sensor de régimen pasa por los correspondientes circuitos conformadores de impulsos (IF) de la unidad de control. Otras señales, como la de caudal de aire, temperatura y carga del motor, son conformadas por un circuito electrónico A/D (convertidor analógico-digital) de la unidad de control, y después pasan, junto a la de régimen, al microordenador, constituido por una unidad CPU, una memoria RAM y otra ROM. Aquí se da el tratamiento adecuado a las señales de entrada y se establece una señal de salida para cada uno de los actuadores de las etapas finales, que en este caso son las correspondientes a la bomba de combustible, el encendido y la inyección. Las memorias del microordenador determinan las corrientes de mando para los actuadores en función de las señales de entrada, de acuerdo con un programa almacenado en las memorias.

Las computadoras basan su funcionamiento en principios de la electrónica digital, que opera sobre valores de tensión discretos. En este aspecto es preciso hacer una distinción entre lo analógico y lo digital. Analógico significa algo que varía de forma continua, es decir, la señal de voltaje analógica puede tomar infinitos valores de tensión entre un máximo y un mínimo, variando progresivamente a lo largo del tiempo, como ocurre con las señales de los sensores de régimen, temperatura, etc. Digital significa algo puntual, es decir, este tipo de señal solo tiene dos valores de tensión sin ningún valor intermedio en su progresión en el tiempo, como encendido-apagado, o alto-bajo. El interruptor eléctrico es la creación digital más sencilla, pues solamente tiene dos magnitudes de combinación: abierto y cerrado. Los relojes son un claro ejemplo de analógico y digital: las agujas de un reloj común o analógico se mueven continuamente, mientras que los números de un reloj digital cambian de repente.

La Figura 5.14 muestra las gráficas de las señales analógica y digital, donde se aprecia que esta última tiene la forma de onda cuadrada, puesto que la transmisión de un nivel de voltaje a otro es muy brusca, mientras que en la analógica se suceden los valores de forma progresiva. Las aperturas y cierres del interruptor en el circuito representado en la derecha de la Figura dan origen a una señal digital, como es conocido. En este caso concreto, con el interruptor cerrado la señal en el punto de conexión del voltímetro es de cero voltios y, cuando se abre el interruptor, se obtiene un valor de la señal de 5V.

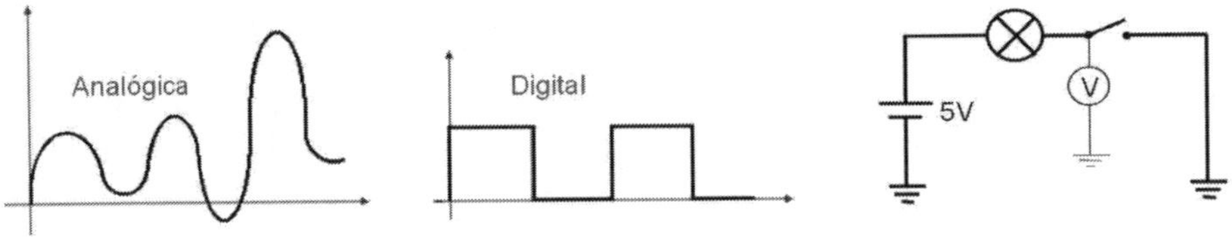

Figura 5.14

El elemento básico de la electrónica digital es el *bit*, que es la representación de los dos posibles estados que puede ocupar el interruptor de la Figura anterior y que puede tomar el valor "*1 lógico*" cuando la tensión es de 5V (interruptor abierto en este caso) y "*0 lógico*" que equivale a un valor de tensión de 0V (interruptor cerrado). De esta manera, los valores de tensión pueden ser representados por dígitos y a partir de ellos puede crearse un código binario mediante la agrupación de *bits*. La computadora convierte la señal digital al código binario, traduciendo los valores por encima de uno en el dígito 1, y los que están por debajo de ese valor en el dígito 0. Cada uno o cero representa un bit de información y éste puede ser procesado, almacenado y transmitido en forma de señal eléctrica.

Una agrupación de ocho bits se denomina *byte* (también llamado octeto). Como múltiplos del byte se utilizan el kilobyte (1024 byte), megabyte (1024 kb), gigabyte (1024 Mb) y terabyte (1024 Gb).

En el sistema binario, que es el utilizado por las computadoras, se emplean solamente dos guarismos (0 y 1) para el cálculo, y cualquier número está formado por un conjunto de bits, cuyo valor aumenta de derecha a izquierda según las potencias de 2. En este sistema, los números se agrupan y leen de derecha a izquierda, pero dado que se utilizan solamente dos dígitos (0 y 1), la columna que presenta un cero no tiene valor, mientras la que presenta un uno vale 1 si es la primera columna empezando por la derecha, dos si es la segunda, cuatro si es la tercera, ocho si es la cuarta, y así sucesivamente. De este modo, el número uno está representado, al igual que en el sistema decimal, por la cifra uno; pero para escribir el valor del número dos, debe utilizarse la segunda columna o posición y así, se representa por 10 (un uno en la segunda columna por la derecha y cero unos en la primera columna). Continuando, un 3 sería representado por 11 (un uno en la segunda columna y un uno en la primera). La siguiente tabla muestra la equivalencia de números binarios con respecto a los diez números básicos del sistema decimal.

Decimal	0	1	2	3	4	5	6	7	8	9
Binario	0000	0001	0010	0011	0100	0101	0110	0111	1000	1001

Así pues, para convertir un número del sistema binario al sistema decimal, se debe multiplicar cada dígito binario por la potencia de dos que corresponde a su posición, empezando por la derecha. Ejemplo: el número binario 110100 es equivalente al decimal 52.

$$1 \cdot 2^5 + 1 \cdot 2^4 + 0 \cdot 2^3 + 1 \cdot 2^2 + 0 \cdot 2^1 + 0 \cdot 2^0 = 58$$

Una computadora puede leer solamente señales de voltaje traducidas al lenguaje del sistema binario, para lo cual, los programas utilizados están grabados en circuitos integrados (chips), usando una secuencia de números que representan las diferentes combinaciones de valores.

Las computadoras digitales utilizadas en los automóviles actuales no reconocen las señales analógicas de los sensores y, por ello, necesitan disponer un interface de entrada que las transforme en digitales. Del mismo modo, algunos de los actuadores comandados por la computadora necesitan para su funcionamiento una señal analógica, por lo cual es preciso disponer un conversor de salida digital a analógica (D/A). El sistema binario utilizado por las computadoras permite convertir cualquier cifra en estados de pasa o no pasa corriente.

La Figura 5.15 muestra en esquema el proceso de transformación y adaptación de una señal por la computadora. La señal analógica, en este caso del sensor, pasa a una etapa de conversión constituida por el interface de entrada, que convierte la señal analógica en digital para enviarla al microprocesador, que realiza la comparación de esta señal con la almacenada en su memoria, realizando el adecuado tratamiento y conversión de la misma, para dar salida a los impulsos de tensión necesarios para la activación del actuador, al que se envían dichos impulsos pasando por el interface de salida, conversor digital analógico D/A y la correspondiente etapa de potencia.

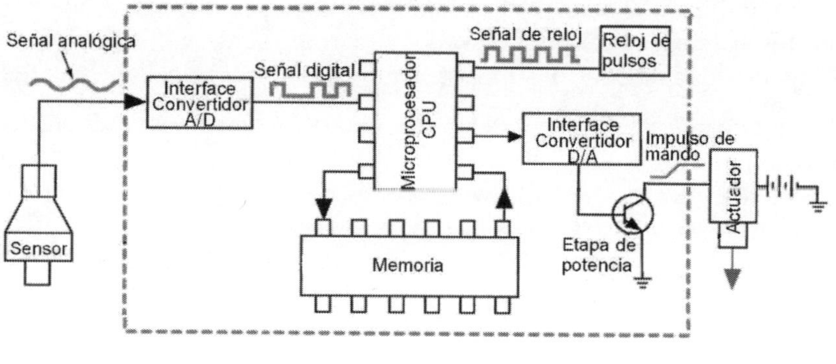

Figura 5.15

El tratamiento de los datos en el microprocesador está comandado por las memorias ROM, RAM y PROM de la computadora, que a su vez se combinan con un reloj de pulsos, que es un oscilador de cristal que genera un pulso de tiempo constante. Dicho reloj marca un crecimiento ordenado de la información a través de los circuitos de la computadora, transmitiendo un bit de código binario en cada pulso. De este modo la computadora es capaz de distinguir en el código binario un 101 de un 1001.

Cada uno de los bits de información recibidos por la computadora son transformados en estados de pasa o no pasa corriente, lo que consiste en hacer conducir un diodo o un transistor, o por el contrario bloquearlo, según que el bit sea 1 o 0. Para hacer esta operación, la máquina tiene grabadas las correspondientes instrucciones de funcionamiento y, según el tipo de microordenador utilizado para grabar una cifra se utilizan ocho, dieciséis, treinta y dos o sesenta y cuatro bit. La cifra almacenada es el de byte, que es igual a ocho, dieciséis, treinta y dos o sesenta y cuatro bit, según el sistema utilizado.

Las computadoras incorporan multitud de transistores y circuitos integrados formando las llamadas puertas lógicas, que efectúan el tratamiento y conversión de las señales, tanto de entrada como de salida. La unidad central de proceso (CPU) es el cerebro de la computadora, de la que forman parte importante también las memorias, que pueden ser de tipo permanente o temporal. Estas memorias tienen la función de almacenar distintos tipos de información y están constituidas por chips que agrupan miles de transistores, de los que unos están en estado de conducción y otros de bloqueo, estableciendo de esta manera unos códigos de número binarios que conforman la información memorizada.

Atendiendo a la clasificación de las memorias, tomando como referencia el modo de acceso permitido, se establecen dos grandes grupos: las memorias de lectura y escritura (RAM) y las de sólo lectura (ROM). La primera de ellas almacena información temporal que puede ser leída o escrita por la computadora y, en ella, los datos son retenidos tanto tiempo como se mantenga alimentada de corriente eléctrica. La memoria ROM es de tipo permanente y contiene el programa de funcionamiento de la computadora pero no puede escribir en ella ni modificarla.

5.4 Redes multiplexadas

La técnica moderna del sistema multiplexado aplicada a las instalaciones eléctricas, se creó para solucionar los problemas de peso y espacio ocupado por los cada día más voluminosos mazos de cableado, que conforman la instalación eléctrica del automóvil, en el que se incluyen un elevadísimo número de componentes eléctricos y electrónicos para el control funcional del vehículo, la confortabilidad, la seguridad de marcha, etc. Cada una de las unidades electrónicas que gobiernan estos sistemas precisa un elevado número de sensores, cuyo conexionado eléctrico con la respectiva unidad de control supone un aumento notable del cableado del vehículo.

Un sistema multiplexado realiza la función de enlazar distintas unidades electrónicas de control, permitiendo un intercambio de información entre ellas a gran velocidad. Con esta técnica se evita duplicar un buen número de sensores y se simplifica el cableado eléctrico, utilizando la señal generada en cada sensor para las unidades electrónicas que la precisen. Así, por ejemplo, la señal del sensor de temperatura del motor es utilizada para los sistemas de inyección, encendido, cuadro de instrumentos, climatización, etc.

Por otra parte, los sistemas multiplexados posibilitan la función de autodiagnóstico de la instalación, dado que a través de la conexión de la unidad electrónica de control con cada uno de los sensores y actuadores, ésta detecta cualquier tipo de anomalía en ellos, que es comunicada inmediatamente al conductor por medio de indicaciones en el cuadro de mandos.

La Figura 5.16 muestra la estructura de una red multiplexada, donde puede verse la conexión entre sí de las diversas centrales electrónicas de un vehículo, cada una de las cuales, a su vez, está enlazada con sus respectivos sensores y actuadores, como en un sistema convencional. La conexión en red, denominada BUS, se realiza por medio de un par de cables trenzados (para reducir las interferencias electromagnéticas) o la fibra óptica. El detalle de la derecha de la Figura muestra la conexión de dos centrales electrónicas al BUS.

A través de esta red multiplexada circula la información que se intercambian las distintas unidades electrónicas y, por ello, dicha red ha de ser capaz de transmitir los datos desde una unidad de control al resto de ellas y, al mismo tiempo, aceptar información de otras centrales electrónicas, para lo cual es preciso utilizar un determinado lenguaje entre ellas, de manera que la información transmitida y recibida sea interpretada correctamente. A la técnica utilizada en comunicaciones para transmitir simultáneamente, a través de una sola línea, varias señales diferentes, se la denomina red multiplexada. Para mantener la integridad de cada una de las señales, el sistema multiplexado permite separarlas por tiempo, espacio o frecuencia.

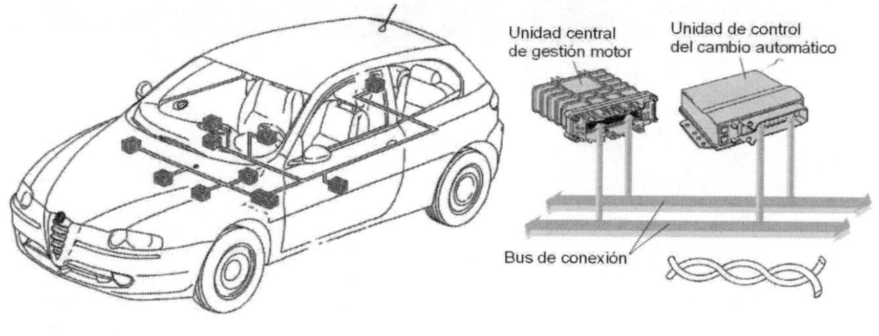

Figura 5.16

La Figura 5.17 muestra la estructura en bloques de un sistema multiplexado en el cual, cada una de las unidades electrónicas conectadas al BUS puede emitir o recibir información. Si en un momento determinado una de ellas emite un mensaje, las otras se disponen en modo de recepción, aceptando el mensaje si le concierne para el funcionamiento de sus propios sistemas o ignorándolo en caso contrario.

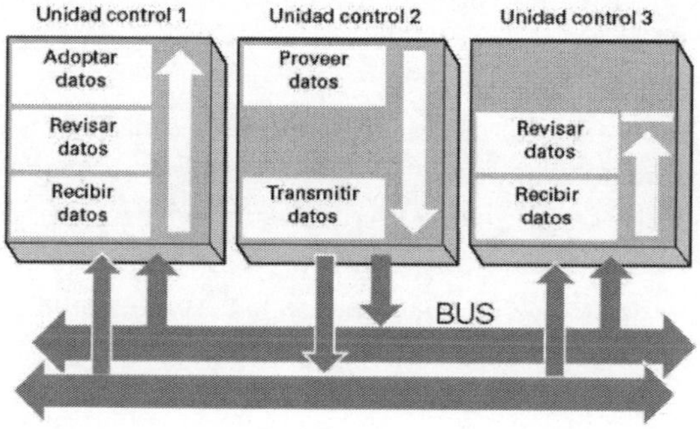

Figura 5.17

En el proceso de transmisión, la unidad electrónica de control que emite el mensaje, realiza un tratamiento previo de la información que recibe de sus sensores, como la temperatura del motor, cuyo valor numérico es transformado en código binario, en paquetes de 8, 16, 32 o 64 bits, según la potencia del procesador, para ser enviados posteriormente en serie según la cadencia de un reloj, por el multiplexor integrado en la unidad electrónica de control, por una línea única, a las demás unidades electrónicas. Cada una de éstas dispone un desmultiplexor, que recupera los bits que llegan y descifra, siguiendo un proceso inverso de multiplexado, la codificación de la información. Este proceso es bidireccional, y cada unidad electrónica puede ser receptora o emisora en función de las necesidades.

La Figura 5.18 muestra el diagrama de flujo y tratamiento de una señal, en este caso del sensor de régimen, que es recibida por la unidad de control del motor y tratada convenientemente, para determinar en función de ella el mando de los inyectores y las bobinas de encendido del motor; pero al mismo tiempo, la unidad de control del motor realiza un tratamiento complementario de esta señal , por medio de un controlador y un transmisor integrados en ella, que transforman la señal en un mensaje, para pasarlo al BUS de transmisión de datos, al que se conectan el resto de unidades de control, que de esta manera pueden recibir dicha señal.

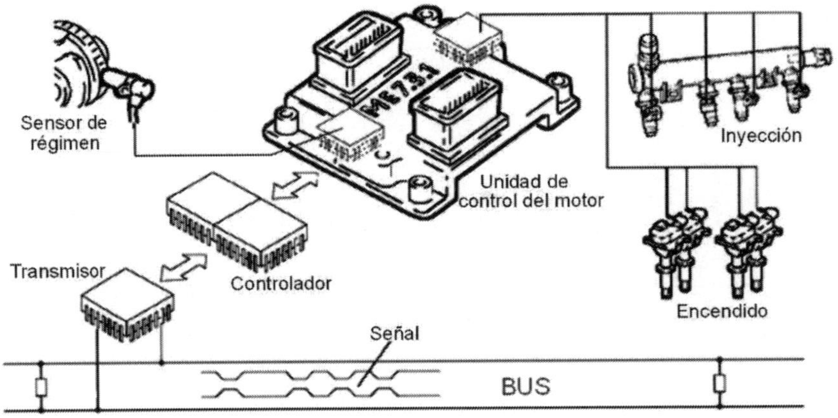

Figura 5.18

La comunicación entre las diferentes unidades electrónicas se realiza utilizando un protocolo que regula diversos parámetros, como la codificación de la información y la velocidad de transmisión. Los más utilizados son: CAN (Controller Area Network) y VAN (Vehicle Area Network). Cualquiera de ellos permite enviar secuencias compactas de datos, cuyas tramas están formadas por bloques o paquetes de bips, que integran el mensaje y la dirección del mismo.

El sistema multiplexado de los automóviles actuales incluye varias redes o buses de comunicación, utilizándose generalmente una red CAN de alta velocidad para los sistemas de gestión del motor y una red CAN o VAN de baja velocidad para los sistemas auxiliares como elevalunas, climatización, equipo de sonido, etc. Dado que los protocolos utilizados por estas dos redes son diferentes, se hace necesario disponer un sistema, digamos traductor, capaz de entender y traducir las señales de un protocolo a otro. A esta unidad electrónica central se la denomina frecuentemente BSI o BSH o también Body Computer. La Figura 5.19 muestra la configuración que presenta una red CAN de alta velocidad y otras VAN de baja velocidad, conectadas a la unidad central BSI.

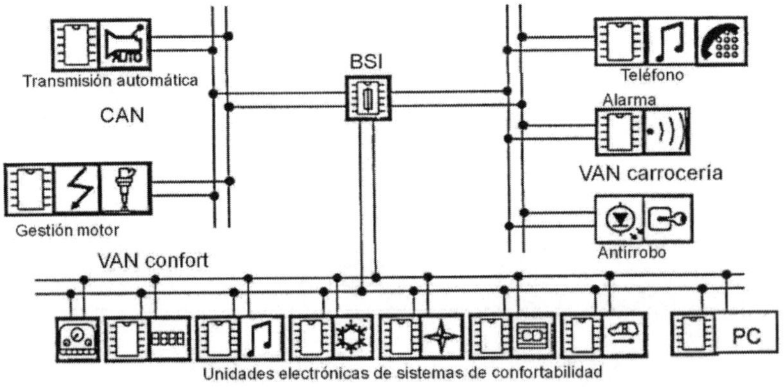

Figura 5.19

La Figura 5.20 muestra el proceso de transformación y transmisión de la señal del sensor de régimen en este caso, cuya señal inductiva analógica 2 es debidamente amplificada en 3 y transformada en 4 en una señal digital, que pasa al contador binario 5 que las numera (un impulso por diente) combinándolas con la señal de reloj 6 para pasarlas al microprocesador 7, que elabora los datos utilizando la correspondiente memoria, transformándolos en impulsos de tensión que son enviados al BUS por medio del controlador 8 y el transmisor 9, los cuales los adaptan en forma de trama de código binario, capaz de ser leída e interpretada por el resto de unidades de control conexionadas a la red.

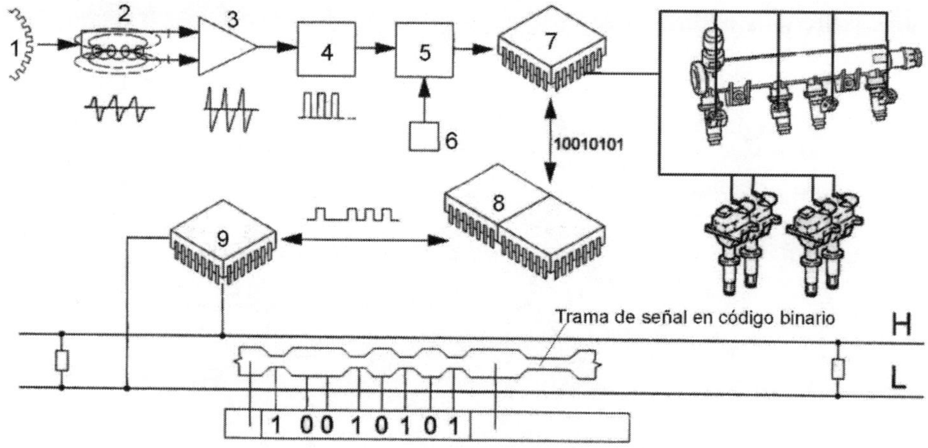

Figura 5.20

En el sistema CAN, la información en forma de impulsos eléctricos que circula por el BUS se analiza midiendo la diferencia de tensión entre los dos cables, de los cuales, al que toma valores altos de tensión durante la transmisión se le denomina CAN H, mientras que al de los valores bajos se le llama CAN L. Este proceso asegura una buena protección contra interferencias externas y permite codificar dos estados lógicos distintos: si la tensión en CAN H menos la tensión en CAN L es igual o superior a 2V, el bit se encuentra a 0 (dominante), mientras que si la tensión en CAN H menos la de CAN L es inferior a 2V, el bit se encuentra a 1 (recesivo). En la Figura se ha representado una trama de señal binaria que circula por el BUS.

En el protocolo VAN los cables del BUS se denominan, respectivamente, Data y Data B, siendo opuestas las tensiones en cada uno de ellos. Si la tensión Data menos la tensión Data B es mayor que cero, el bit se encuentra a 1, mientras que si la tensión Data menos la tensión Data B es menor que cero (valor negativo), el bit se encuentra a cero (Figura 5.21). Este sistema funciona con los mismos principios que la red CAN, en la cual, como se ha descrito, las señales sobre el bus no son complementarias, sino simétricas respecto a una tensión media.

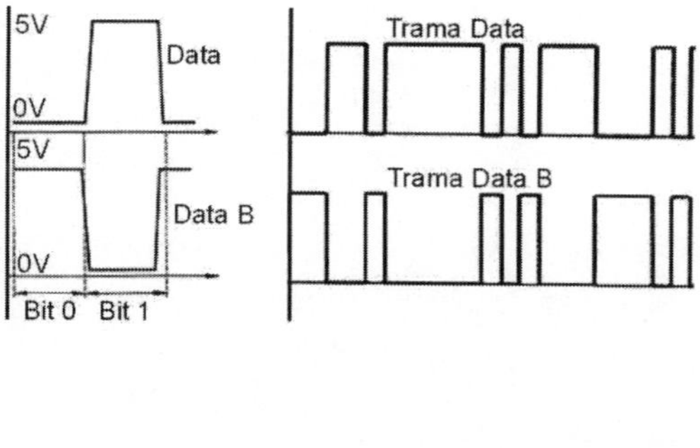

Figura 5.21

5.5 Comprobación de señales eléctricas

Las señales eléctricas generadas por los diversos sensores que se disponen en los automóviles actuales, son de diferentes tipos y pueden ser medidas utilizando el polímetro o el osciloscopio. Por medio de este último se visualiza la traza de la señal, que puede ser comparada posteriormente con la traza patrón para establecer si es correcta o no. Esta es la secuencia seguida en los procesos de detección de averías.

Sensor inductivo de régimen

La señal de este sensor puede medirse por medio de un polímetro o con un osciloscopio, pero en cualquiera de los casos, la conexión del comprobador se efectúa de igual manera. Sin soltar las conexiones al cableado, se pincha con las puntas de prueba en ambos hilos del sensor, como muestra la Figura 5.22, estando el motor en funcionamiento, pudiendo comprobar la presencia de una señal de algunas centenas de milivoltios en tensión alterna. Si la medida se realiza con el osciloscopio, se obtiene una señal del tipo representado en el detalle de la misma Figura.

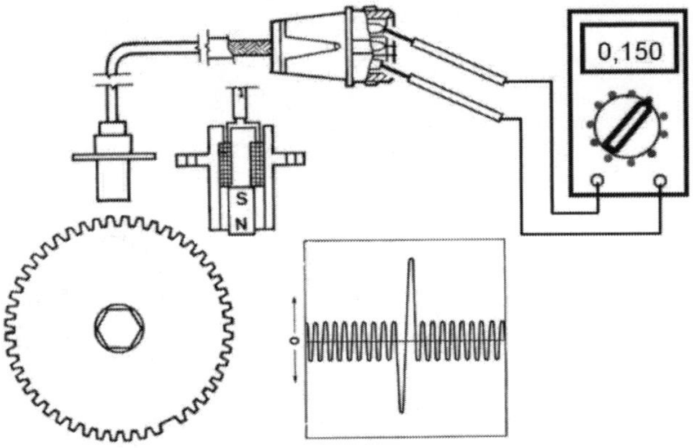

Figura 5.22

Estando el sensor desmontado del motor, cuando se le acerca y aleja alternativamente un destornillador o cualquier varilla metálica, se obtiene una señal alterna de algunos milivoltios, que puede medirse con un polímetro, como muestra la Figura 5.23.

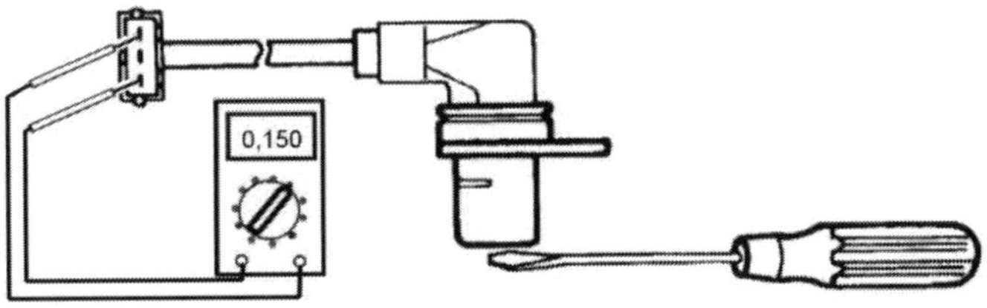

Figura 5.23

Sensor Hall

Al igual que en el caso anterior, la señal emitida por un generador de efecto Hall puede comprobarse por medio de un polímetro o un osciloscopio, cuyas puntas de prueba se conectan al sensor como muestra la Figura 5.24, es decir, la punta de pruebas roja al borne de señal (marcado 0) y la negra al negativo de batería. En este tipo de generador es preciso disponer una conexión de alimentación del sensor para lograr su funcionamiento, como se ha representado en la Figura, en la que puede verse la conexión de ambos bornes de la batería auxiliar a los homólogos del sensor. En esta situación, la señal captada por el polímetro pasa sucesivamente de cero a cinco voltios al compás del giro del rotor.

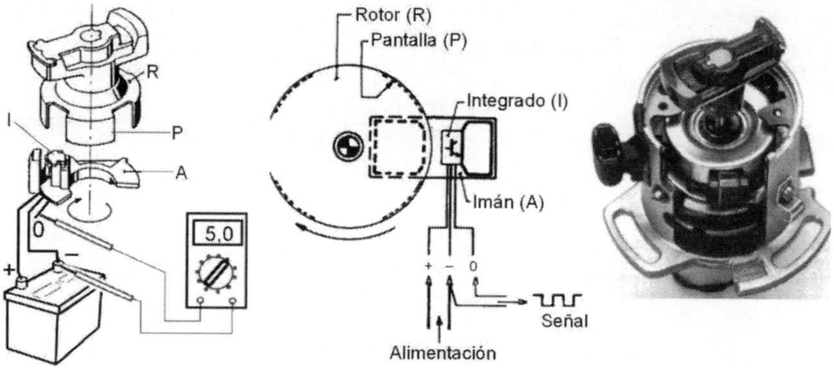

Figura 5.24

Sustituyendo el polímetro por un osciloscopio, conectado del mismo modo, con el motor en funcionamiento la señal captada es del tipo de onda cuadrada, como muestra el detalle de la misma Figura.

Electroválvula

Ciertos actuadores de los dispositivos electrónicos, como las electroválvulas de los sistemas de inyección de combustible, son activados por la unidad de control correspondiente mediante impulsos de corriente variables en frecuencia y Dwell. Este tipo de señales de mando pueden ser medidas por medio del polímetro, en el que debe seleccionarse previamente el tipo de medición requerido, o por medio del osciloscopio, que captará la correspondiente señal de onda cuadrada.

La Figura 5.25 muestra la conexión de un polímetro a una de las electroválvulas del sistema de inyección. Seleccionando la medida de frecuencias, se verá que ésta varía en función del régimen del motor, al igual que ocurre cuando se selecciona la medida del Dwell. Estos valores pueden ser cotejados con los datos del fabricante, para determinar si el funcionamiento del sistema es correcto o existe alguna deficiencia.

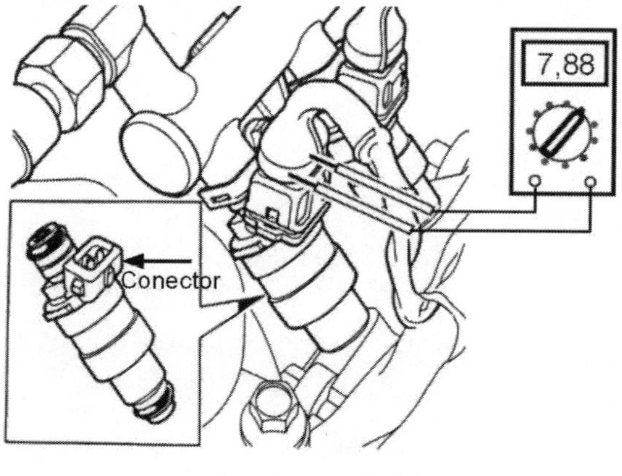

Figura 5.25

Cuestiones

5.1. ¿A qué llamamos señal eléctrica?

5.2. Explica qué es el Dwell de una señal eléctrica.

5.3. Explica el funcionamiento de un generador de inducción.

5.4. Comenta el funcionamiento de un sensor de efecto Hall.

5.5. ¿Cómo funciona un sensor de revoluciones magnetorresitivo?

5.6. Cita alguna aplicación del sensor de aceleración.

5.7. Comenta la estructura de un sensor de giro.

5.8. Explica el funcionamiento de una sonda lambda.

5.9. Explica el funcionamiento básico de una computadora.

5.10. ¿Cuál es la diferencia entre una señal analógica y otra digital?

5.11. ¿Qué es un *byte?*

5.12. Cita las ventajas de una red multiplexada.

5.13. ¿En qué consiste el protocolo CAN?

5.14. Efectuar la medida de las señales emitidas por diferentes sensores empleando un osciloscopio.

5.15. Verificar la señal de mando para una electroválvula, con polímetro y con osciloscopio.

Actividades propuestas

5.1. Construye un circuito eléctrico con lámpara e interruptor y efectúa en él las medidas del Dwell maniobrando el interruptor con diferentes velocidades y tiempos de apertura.

5.2. Localiza en un vehículo los diversos tipos de sensores que lo equipan y los sistemas a los que pertenecen.

5.3. Efectúa la medición de la señal emitida por una sonda lambda durante el funcionamiento del motor.

5.4. Comprueba sobre un vehículo la señal emitida por diversos sensores, como el de giro de una rueda, el de presión de colector, etc.

5.5. Analiza la estructura y el conexionado de una central electrónica.

5.6. Localiza en un vehículo la red multiplexada que enlaza las diferentes unidades de control.

5.7. Analizar la estructura de una red multiplexada y localizar los componentes en el vehículo.

5.8. Efectúa la medida de las señales generadas por diversos tipos de sensores.

5.9. Efectúa la verificación de una electroválvula en un vehículo.

Acumuladores para automóviles

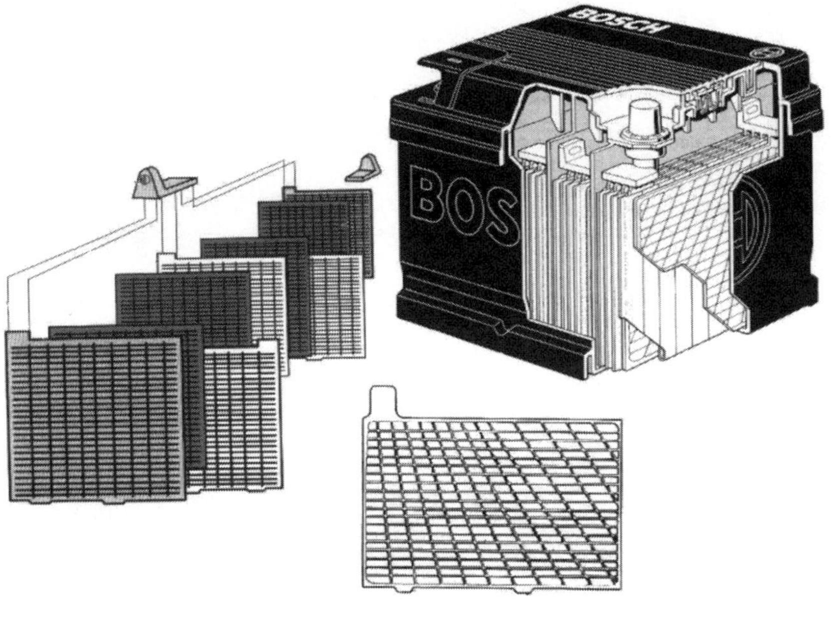

Contenidos

6

Objetivos

- *Estudiar los principios fundamentales que rigen las transformaciones electroquímicas de energía y su aplicación a los acumuladores.*
- *Conocer la estructura de las baterías de acumuladores usadas en automoción, sus características y procesos de carga y descarga.*
- *Efectuar las operaciones de mantenimiento de los acumuladores.*
- *Conocer los procesos de verificación y control de los acumuladores.*
- *Conocer los procesos de carga de las baterías con el cargador.*

Introducción

En el automóvil hay una serie de componentes eléctricos que necesitan energía eléctrica para su funcionamiento. Esta energía la suministra un generador eléctrico que es el alternador, el cual transforma la energía de rotación que se le comunica en energía eléctrica, pero ello ocurre solamente con el motor del vehículo en marcha, por lo cual, es preciso disponer de otra fuente de energía cuando el motor está parado y esa fuente es la batería de acumuladores, la cual es capaz de abastecerse de la energía que produce el alternador y acumularla, para suministrarla después cuando sea requerida y el motor del vehículo está parado.

La acumulación de energía eléctrica en la batería se produce por medio de una serie de reacciones químicas en su interior, entre un electrolito ácido y unas placas de plomo. Con el motor del vehículo en marcha, la batería recibe energía eléctrica y la almacena a través de la pertinente reacción química. Esta reacción es reversible y se invierte cuando la batería suministra energía eléctrica.

6.1 Batería de acumuladores

La energía eléctrica necesaria para el funcionamiento de los diferentes sistemas eléctricos del automóvil es suministrada por un generador, que arrastrado por el motor de combustión, produce la energía precisa. Esta energía solamente está disponible mientras el motor de combustión esté en marcha, por cuya causa, es necesaria una fuente adicional de energía eléctrica de las mismas características para las situaciones de motor parado, en las que es necesario suministrar energía a ciertos sistemas eléctricos, como los de alarma, cierre de puertas, radio, etc. Esta fuente de alimentación la constituye la batería de acumuladores, la cual es capaz de almacenar energía eléctrica en su interior, y suministrarla después.

Así pues, en el automóvil, la batería tiene la misión de recoger y almacenar la energía eléctrica que produce el generador, para suministrarla después a los diferentes órganos que la necesiten cuando el motor está parado. Entre ellos, el principal es el motor de arranque, cuyo funcionamiento entraña un gran consumo de energía, que es suministrada por la batería en la maniobra de arranque para poner en marcha el motor de arranque, quien transmite su giro al motor de combustión del vehículo hasta que comienza a funcionar por sus propios medios.

La batería de acumuladores se ubica generalmente en el cofre motor o en el maletero, como se muestra en la Figura 6.1, conectándose por medio de dos cables de gran sección a la instalación eléctrica del vehículo: uno de estos cables une su borne negativo a masa y el otro conecta el positivo directamente al motor de arranque y al resto de la instalación eléctrica.

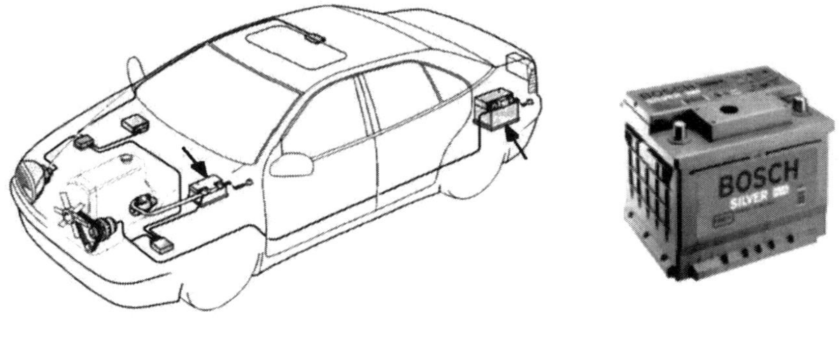

Figura 6.1

La Figura 6.2 muestra un circuito de agua como ejemplo claro del funcionamiento de un acumulador. Aquí, una bomba impulsa el agua por el conducto A hacia los consumidores, conectados en el conducto B. Cuando la cantidad de agua enviada por la bomba es superior a la consumida, el agua se va almacenando en el depósito C, del cual puede salir hacia los consumidores por el conducto B cuando las necesidades sean mayores que el suministro por parte de la bomba. De esta manera, mediante el empleo de este depósito acumulador se consigue una mayor regularidad en el consumo, sin golpes ni oscilaciones del agua que circula por el conducto de paso. Del mismo modo, en los circuitos eléctricos se conecta la batería en paralelo con el generador, y ambos se unen por su borne positivo a los consumidores, con un enlace directo al motor de arranque, efectuando la batería la función esencial de amortiguación de los picos de tensión que puedan producirse en los diferentes circuitos, como consecuencia de la conexión y desconexión de los mismos, fundamentalmente.

En automoción se utilizan acumuladores de plomo, capaces de transformar la energía eléctrica en química mediante una reacción, para dejarla almacenada mientras no sea necesaria su utilización, pudiendo igualmente deshacer la reacción para obtener nuevamente energía eléctrica.

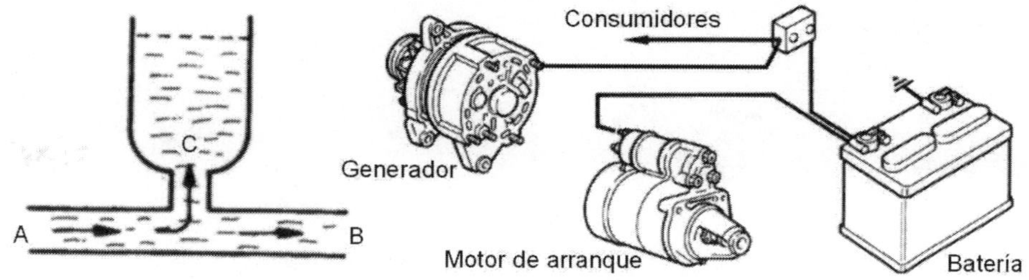

Figura 6.2

En la Figura 6.3 se ha representado una batería de acumuladores seccionada, con los distintos elementos que la componen. Podemos distinguir una caja monobloque de ebonita o polipropileno, dividida en compartimentos o celdas, en cuyo interior se alojan unos paquetes de placas, que descansan en resaltes dispuestos en el fondo de la caja, dejando un espacio para sedimentos entre ellas y el fondo. Las celdas se rellenan de un electrolito en el que quedan sumergidas las placas, compuesto por una mezcla de agua y ácido sulfúrico. Cada elemento tiene la propiedad de almacenar energía eléctrica a una tensión nominal de 2 V.

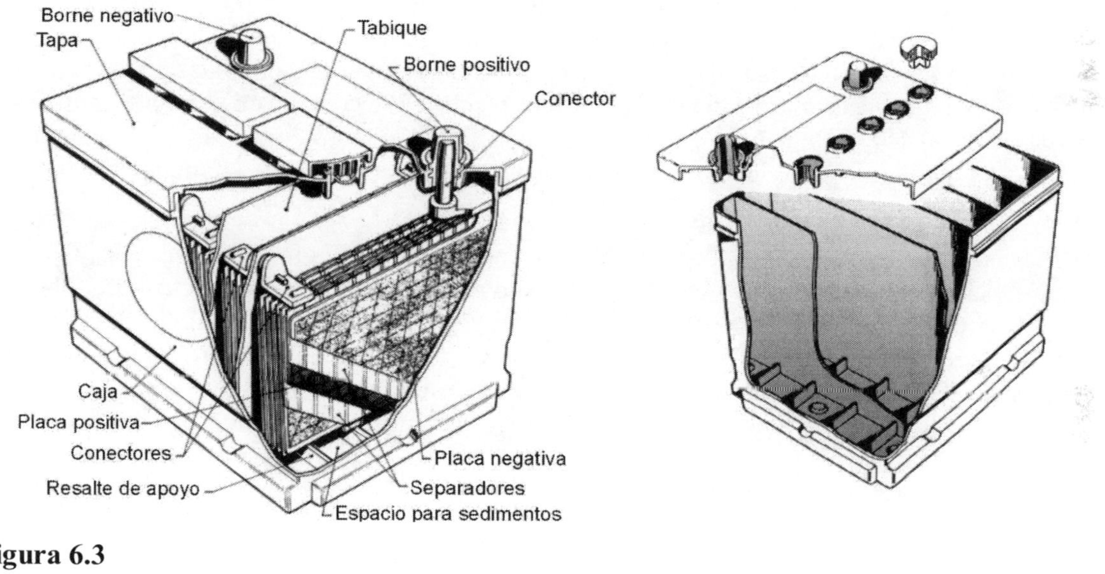

Figura 6.3

La parte superior de la caja se cierra con una tapa provista de orificios para cada vaso, necesarios para el vertido del electrolito y el rellenado con agua en las operaciones de mantenimiento, como se verá más adelante. A través de la tapa pasan los bornes de conexión por otros dos orificios. La parte inferior de la caja dispone un saliente que forma el talón de fijación de la batería en el receptáculo del vehículo.

En cada una de las celdas, llamadas también vasos o acumuladores, se alojan una serie de placas, cada una de las cuales está constituida (Figura 6.4) por un armazón de aleación de plomo y antimonio (que hace la función de endurecedor del plomo) en forma de rejilla, en cuyos huecos se incrusta una pasta llamada *materia activa*. La rejilla desempeña también la misión de distribuir la corriente uniformemente en toda la placa, evitando al mismo tiempo que la materia activa se desprenda de ellas por los cambios de volumen que experimenta durante la carga y la descarga. Actualmente se utilizan las llamadas rejillas radiales, como la representada en el detalle de la Figura, con las que se obtiene menor resistencia interna y, consecuentemente, mejor rendimiento en el arranque.

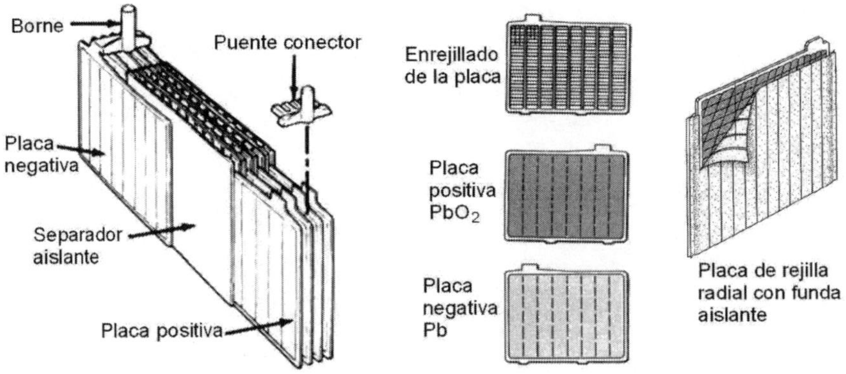

Figura 6.4

De las placas que hay en un acumulador, unas son positivas y otras negativas, diferenciándose entre sí por su color. La materia activa que rellena las rejillas de las placas positivas es peróxido de plomo (PbO_2) y la de las negativas es plomo esponjoso (Pb). Todas las placas positivas se unen entre sí, en sus patillas, por mediación de un puente o conector y lo mismo se hace con las negativas, intercalándose las unas entre las otras. En todos los acumuladores y por razones de eficacia hay siempre una placa más negativa que positiva. El conjunto de placas así formado se aloja en el vaso, sumergido en un líquido (electrolito), compuesto por ácido sulfúrico y agua destilada. A mayor tamaño y cantidad de placas por elemento corresponde una mayor capacidad del acumulador y una menor caída de tensión en las descargas de arranque.

Entre una placa positiva y las negativas contiguas, se interpone un aislante o separador para evitar el contacto eléctrico entre ellas, impidiendo así la conducción metálica entre las placas de distinta polaridad y permitiendo, gracias a su porosidad, la conducción electrolítica libre, es decir, que el electrolito pueda atravesar su estructura para reaccionar químicamente con las placas. Los separadores se fabrican de diversos materiales, como el caucho micro poroso, el plástico perforado, la lana de vidrio, etc. Los nervios de que están dotados algunos separadores se posicionan del lado de la placa positiva, reduciéndose así al mínimo el contacto con la materia activa. En algunos casos, el separador forma una bolsa porosa en la que en introduce la placa positiva, como muestra el detalle de la Figura.

Debajo de la tapa se disponen los puentes de conexiones entre los elementos (Figura 6.5), los cuales están colocados de manera que dichos elementos queden conectados en serie, es decir, positivo de un elemento con negativo del siguiente, etc. De esta manera se suman las tensiones, resultando que un acumulador de seis elementos (el más usual) tiene una tensión nominal de 12 V. Los puentes de conexiones deben ser lo bastante resistentes para poder soportar sin sobrecalentarse el paso de las altas corrientes requeridas en el arranque.

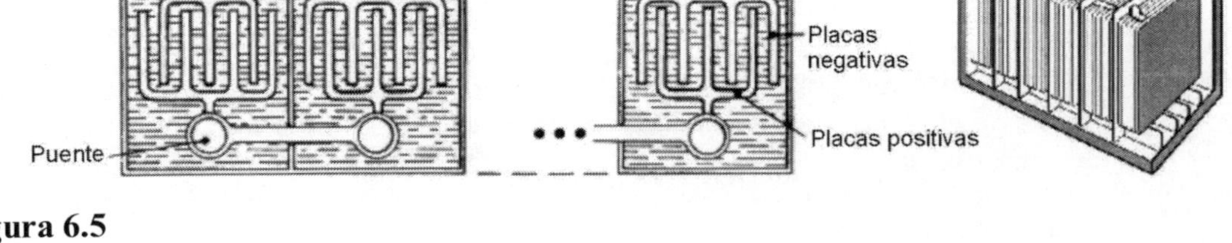

Figura 6.5

La Figura 6.6 muestra tres tipos diferentes de puentes de conexión entre dos elementos contiguos. Los representados a la izquierda y centro de la figura son los más utilizados, ya que permiten una conexión corta y directa que reduce la resistencia interna del acumulador. El tipo de conexión representado en la derecha de la Figura es el sistema tradicional, que en la actualidad no se utiliza apenas.

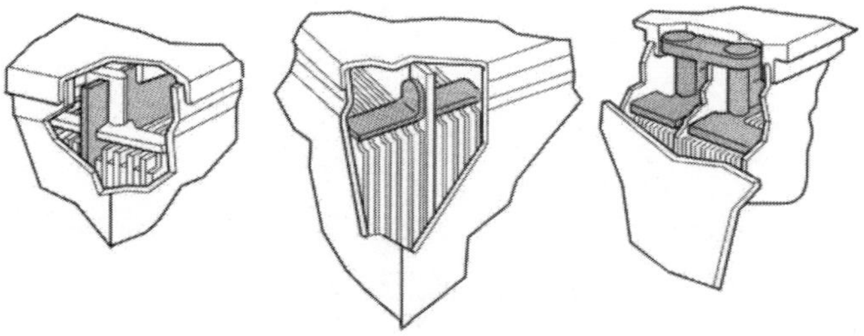

Figura 6.6

La barra de unión de las placas positivas del primer elemento se une al borne positivo de la batería, mientras que la barra de unión de las placas negativas del último elemento está unida al borne negativo. Cada uno de estos bornes sobresale de la tapa de cierre superior y son de un diseño especial, generalmente cónicos y de dimensiones estandarizadas, siendo el borne positivo ligeramente más ancho que el negativo para evitar la posibilidad de conectar la batería con los bornes cambiados. Actualmente se emplean también un tipo de bornes planos a los que se conectan los terminales con una fijación por tornillo roscado. La Figura 6.7 muestra tres tipos de bornes de las baterías actuales.

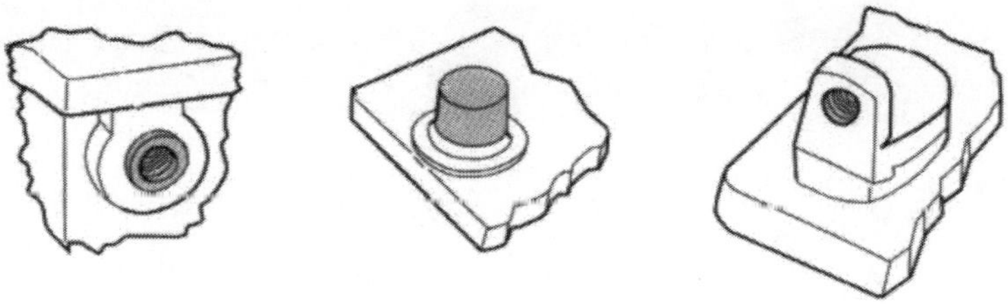

Figura 6.7

Para que las placas de un acumulador puedan generar energía, es necesario que se encuentren bañadas en ácido sulfúrico, dado que éste suministra el sulfato que al combinarse con la materia activa de las placas, produce la reacción química necesaria para obtener dicha energía. El electrolito es el conductor de la corriente entre las placas y, por ello, su nivel debe sobrepasar a éstas en un centímetro al menos.

El electrolito del acumulador completamente cargado es una solución concentrada de ácido sulfúrico (de densidad 1,835) en agua (densidad 1,00). Su peso específico es aproximadamente de 1,280 a 20ºC, lo que significa que la solución contiene aproximadamente un 36% de ácido sulfúrico y un 64% de agua. Cuando el acumulador está descargado, el electrolito está compuesto aproximadamente por un 12% de ácido sulfúrico y un 88% de agua.

En cada vaso se prevé un orificio central para el tapón de llenado, como se ha dicho, que puede entrar en él a presión o roscado. Dicho tapón tiene un orificio que permite la salida al exterior de los gases que se producen en el interior de los elementos como consecuencia de las reacciones de carga y descarga. El diseño de este orificio impide el rebose de electrolito. La Figura 6.8 muestra la estructura y ubicación de un tapón de llenado.

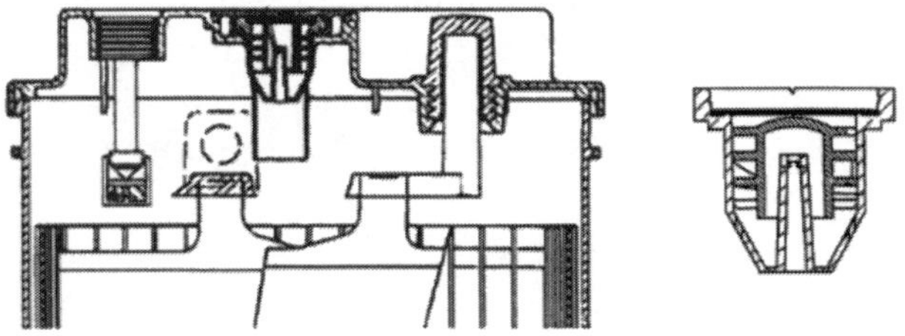

Figura 6.8

6.2 Carga y descarga del acumulador

En un electrolito cualquiera, hay un número elevado de moléculas que están disociadas, convertidas en iones, que en el caso del ácido sulfúrico SO_4H_2, son: por un lado los iones positivos H_2^{++} y por otro los iones negativos SO_4^{--}, lo que hace conductor de la electricidad al electrolito y posibilita el paso de corriente a su través.

Cuando se sumerge un electrodo metálico en un electrolito, tiene lugar una reacción química, que produce un intercambio de cargas eléctricas entre ellos, que implica la aparición de una diferencia de potencial entre ambos elementos (el electrolito y el electrodo). Si en el electrolito formado por ácido sulfúrico y agua (SO_4H_2) se sumergen dos placas de distinta naturaleza, como el dióxido de plomo PbO_2 y el plomo Pb, la diferencia de potencial entre ambos electrodos es de 2,2V, que es el caso de un elemento de batería.

Cuando al elemento de batería así constituido se le conecta un consumidor, se establece un circuito eléctrico exterior y, debido a la diferencia de potencial existente entre los electrodos, se produce una corriente de descarga (Figura 6.9), circulando los electrones desde el borne negativo al positivo por el exterior del acumulador (corriente electrónica) y desde positivo a negativo por el interior, a través del electrolito. Como consecuencia de ello, las moléculas de ácido sulfúrico SO_4H_2 disociadas toman caminos diferentes, pasando el sulfato SO_4 a combinarse con el plomo Pb de ambas placas, formando en ellas sulfato de plomo SO_4Pb, mientras que el hidrógeno liberado H_2 se combina con el oxígeno O_2 de la placa positiva para formar agua H_2O.

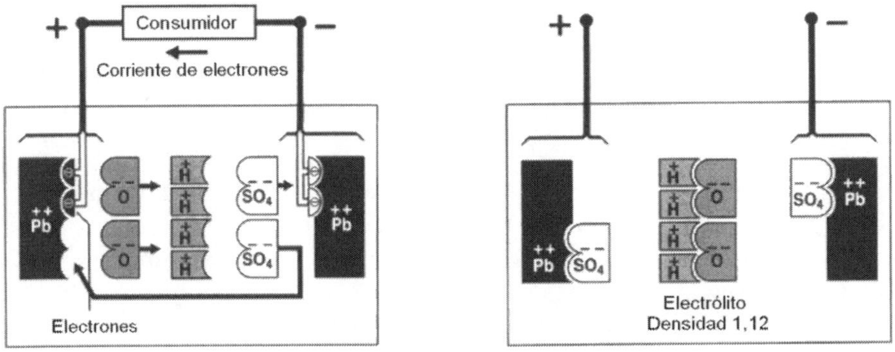

Figura 6.9

Con el paso del tiempo, en ambas placas hay cada vez más sulfato de plomo y en el electrolito más agua diluida con el ácido, lo que implica una disminución de la densidad del mismo. Simultáneamente, la diferencia de potencial entre ambas placas disminuye, dado que la composición química de las mismas se va haciendo cada vez más similar, a medida que se prolonga la corriente de descarga. Si ésta llegara a ser excesiva, el sulfato se adhiere al plomo de las rejillas de las placas, por no quedar ya más masa activa con la que combinarse, deteriorándolas y dejando la batería inservible (batería sulfatada).

Estando el acumulador descargado, cuando se conecta entre sus bornes un generador (Figura 6.10), se establece la corriente de carga, de sentido contrario a la anterior, en la que los electrones son impulsados por el generador hacia la placa negativa, pasando de ésta a la positiva a través del electrolito, para cerrar el circuito exterior con el generador. El efecto químico generado ahora es el contrario al anterior: el agua del electrolito H_2O se descompone en sus dos elementos (electrólisis) y el sulfato SO_4 combinado con el plomo Pb de ambas placas se desprende de ellas. Ahora, el hidrógeno H_2 pasa a combinarse con el sulfato SO_4 de las placas para formar nuevamente ácido sulfúrico SO_4H_2, mientras que el oxígeno O liberado del agua pasa a combinarse con el plomo de la placa positiva, formando dióxido de plomo PbO_2 en ella. La energía eléctrica puesta en juego por la corriente de carga, se ha convertido en energía química que queda almacenada en el acumulador.

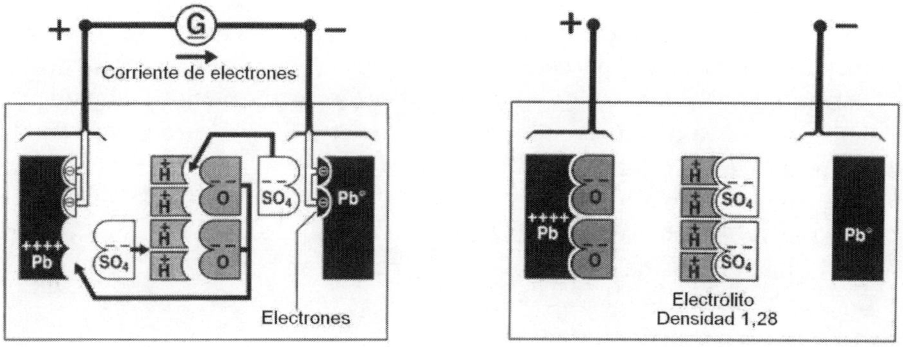

Figura 6.10

A medida que se prolonga la corriente de carga se desprende más sulfato SO_4 de ambas placas, que pasa al electrolito aumentando su densidad. En la placa positiva se va formando cada vez más óxido de plomo, mientras la negativa es de plomo solamente, lo que supone un aumento de la diferencia de potencial entre ellas. Si se prolonga en exceso la corriente de carga, el oxígeno liberado del agua ya no encuentra más plomo en la masa activa de la placa positiva con el que combinarse y lo hace con el de la rejilla, deteriorando la placa. Por otra parte, el oxígeno y el hidrógeno que resultan de la descomposición del agua, se desprenden en forma de burbujas que suben a la superficie del electrolito, por lo que cada vez hay menos agua en éste cuando se prolonga la carga, que es necesario reponer con adiciones periódicas. Los gases que se desprenden al final de la carga constituyen un riesgo de explosión en presencia de llama o chispa, que debe ser tenido muy en cuenta durante la manipulación de la batería.

6.3 Características de las baterías

Fundamentalmente, un acumulador se define por su tensión nominal y por la cantidad de electricidad capaz de suministrar. Estas dos características están relacionadas directamente con la construcción del acumulador, en cuanto se refiere al tipo de materiales empleados y la cantidad de sustancia activa utilizada. El dimensionado es la otra característica.

Tensión nominal

La tensión total de una batería es el producto de la tensión de un elemento por el número de ellos conectados en serie. La tensión de un elemento no es una magnitud constante, sino que depende del estado de carga y de la temperatura del electrolito. En los acumuladores de plomo, la tensión de reposo puede alcanzar los 2,2 V cuando está totalmente cargado, manteniéndose sensiblemente constante a circuito abierto, es decir, sin que exista corriente de carga o de descarga. Ello significa que para una batería de seis elementos, la tensión en bornes es de $2{,}2 \cdot 6 = 13{,}2$ V. Sin embargo, se considera que un elemento tiene una tensión nominal de 2 V, por lo cual, las baterías de seis elementos se dice que son de una tensión nominal de 12 V.

Cuando la batería es sometida a una corriente de descarga, su tensión en bornes disminuye debido a la caída de tensión que se produce como consecuencia de su resistencia interna, es decir, la resistencia eléctrica del electrolito y de las placas, puentes de conexión y separadores. La tensión por elemento queda en un valor aproximado de 2 V para corrientes de descarga normales, como las que se producen en el funcionamiento de los diferentes circuitos eléctricos del automóvil, salvo el circuito de arranque, que requiere grandes intensidades de corriente.

Cuando la batería es sometida a una corriente de carga, las reacciones en el seno del electrolito hacen aumentar la concentración de ácido, con lo que disminuye la resistencia interna. La tensión por elemento crece rápidamente hasta 2,2 V, aumentando después lentamente a medida que la resistencia interna va disminuyendo, hasta alcanzar los 2,6 V por elemento al final de la carga. Posteriormente, la tensión baja a 2,2 V cuando cesa la corriente de carga y se alcanza la estabilización de reposo. Todo ello significa que la medida de la tensión de una batería no supone por sí sola una información fiable de su estado de carga. Una batería casi descargada puede suministrar una tensión de más de 2V por elemento medida en reposo.

Capacidad de la batería

Una propiedad de los acumuladores químicos es que la cantidad de corriente extraíble (capacidad) depende de la magnitud de la corriente de descarga, siendo así que cuanta más alta es dicha corriente, menor es la capacidad disponible con una tensión final determinada. Puede definirse la capacidad de una batería como la cantidad de energía capaz de almacenar, o dicho de otra forma, la cantidad de energía capaz de suministrar cuando está completamente cargada.

La capacidad de las baterías se mide en Amperios-hora (Ah). Cuando se indica la capacidad, es necesario precisar para qué régimen de descarga o tiempo en horas es válido este dato. En general, la capacidad nominal de una batería de arranque es dada para una descarga en 20 horas hasta una tensión de 1,7 V por elemento, estando el electrolito a una temperatura de 25ºC. Dividiendo la capacidad nominal por 20 se obtiene entonces la "corriente nominal" correspondiente.

La capacidad nominal figura en las etiquetas adosadas a las baterías (por ejemplo 12 V 84 Ah 280 A), donde 84 Ah es la capacidad nominal y 280 A el régimen máximo de descarga capaz de suministrar. La capacidad de un acumulador depende de varios factores, de entre los que podemos destacar las dimensiones de las placas, el número de ellas por elemento, cantidad de materia activa que contienen, volumen del electrolito y densidad del mismo estando el acumulador cargado, temperatura del electrolito, etc.

Actualmente suele medirse también la capacidad de los acumuladores en régimen de descarga rápida, lo que supone conocer su poder de arranque. La intensidad de descarga es la correspondiente al consumo del motor de arranque y la prueba se realiza efectuando dicha descarga durante un tiempo de treinta segundos y a una temperatura de -18ºC.

La capacidad del acumulador que equipa a un vehículo, está determinada fundamentalmente por el problema de arrancar el motor en tiempo frío, por lo cual, cuanto mayor sea el motor (más potencia) se precisa en general una batería de mayor capacidad en régimen de descarga rápida. Esta capacidad viene indicada por la última cifra de la denominación de la batería, grabada en su etiqueta identificativa.

Una batería, después de haber sido sometida a una descarga continuada hasta que la tensión descienda a 1,5 V por elemento, puede proporcionar una nueva descarga si se la deja reposar durante un tiempo. La primera descarga se llama inicial, y la suma de las sucesivas descargas, residual. Algunas veces se da la capacidad de las baterías como la suma de la capacidad inicial más la residual.

Si una batería es capaz de admitir durante la carga 100 Ah, cuando llegue el momento de suministrar corriente no devuelve los 100 Ah, sino algo menos (por ejemplo 80 Ah). Se dice entonces que el rendimiento de esta batería es del 80% y este es, generalmente, el valor del rendimiento de las baterías. De la misma forma, una batería de 80 Ah de capacidad nominal requiere 100 Ah para cargarla totalmente.

Dimensionado

El dimensionado de la batería en cuanto a sus magnitudes fundamentales de tensión y capacidad, esta determinado por diversos factores y características de la instalación eléctrica, entre los que cabe destacar la potencia de los consumidores, la entrega de corriente por parte del generador (alternador) y el valor de tensión suministrado, y la velocidad del motor de combustión requerida para el arranque, así como la temperatura mínima a la que se realiza.

La tensión nominal de las baterías utilizadas en los vehículos de turismo actuales, es en todos los casos de 12 V, mientras que la capacidad varía de manera importante de unos a otros, estando determinada esencialmente por la corriente necesaria para el arranque. Dado que en la marcha del vehículo, la energía eléctrica necesaria para abastecer a los diferentes consumidores es proporcionada por el generador, la batería queda limitada en su trabajo a las maniobras de arranque, lo que implica ajustar su dimensionado fundamentalmente para estas condiciones, por lo que la capacidad está determinada básicamente de acuerdo con ello.

Evolución de las baterías

Al igual que ocurre con otros componentes del automóvil, las baterías de arranque han evolucionado de una manera importante en los últimos años, gracias al desarrollo tecnológico y aplicación de nuevas técnicas de fabricación. Las baterías actuales utilizan un modelo de placas más finas y de mayor superficie, con rejilla de tipo radial y separadores de polietileno micro poroso, de menor resistencia eléctrica, que a la vez disponen los puentes de unión entre placas y elementos más cortos, mejorándose con ello el arranque en frío.

Actualmente se fabrican baterías de las llamadas de *bajo mantenimiento*, en las que se reduce de forma importante el porcentaje de antimonio empleado en el armazón de las placas, con lo que se logra reducir considerablemente la auto descarga y la evaporación de agua en las fases de carga, por lo que llega a ser prácticamente innecesaria la adición periódica de agua, pudiendo suprimirse los tapones de llenado, que son sustituidos por una cubierta que cierra totalmente la batería, dejando un único orificio como respiradero, cuyo recorrido es sinuoso para evitar proyecciones de electrolito al exterior.

Un paso más en la evolución de los acumuladores ha sido la fabricación de placas utilizando rejillas de aleación plomo-calcio, en lugar de las convencionales de plomo-antimonio. Este tipo de acumuladores (Figura 6.11) se comercializan bajo la denominación de *baterías sin mantenimiento*. La materia activa está aleada con plata que mejora la conductividad favoreciendo el suministro de altas corrientes de descarga. Los elementos están cerrados por una tapa única, provista de un sistema especial de ventilación formando un laberinto, que retiene al máximo los vapores producidos en las reacciones de carga y descarga, sin dejar salir al exterior proyecciones. En algunos casos, se dispone un tubo de plástico para el desgaseado (derecha en la Figura), que canaliza y vierte al exterior los pocos vapores que puedan producirse.

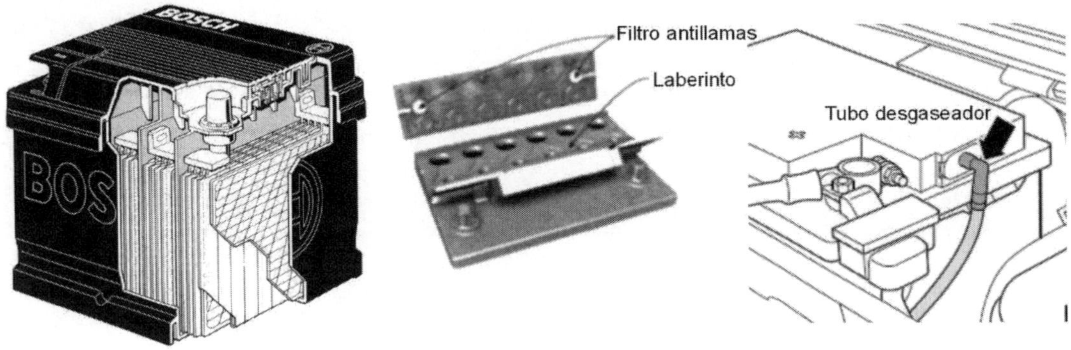

Figura 6.11

En los vehículos actuales con sistema start-stop, en los que se produce la parada y arranque del motor de manera automática cuando el vehículo se detiene en los semáforos, por ejemplo, el sistema de arranque empleado requiere una batería de acumuladores diferente de la convencional, con una capacidad de descarga superior, alta potencia de arranque y capaz de soportar muchos ciclos de carga y descarga. La Figura 6.12 muestra una batería de este tipo, conocida por la denominación AGM que lleva grabada en su etiqueta identificativa.

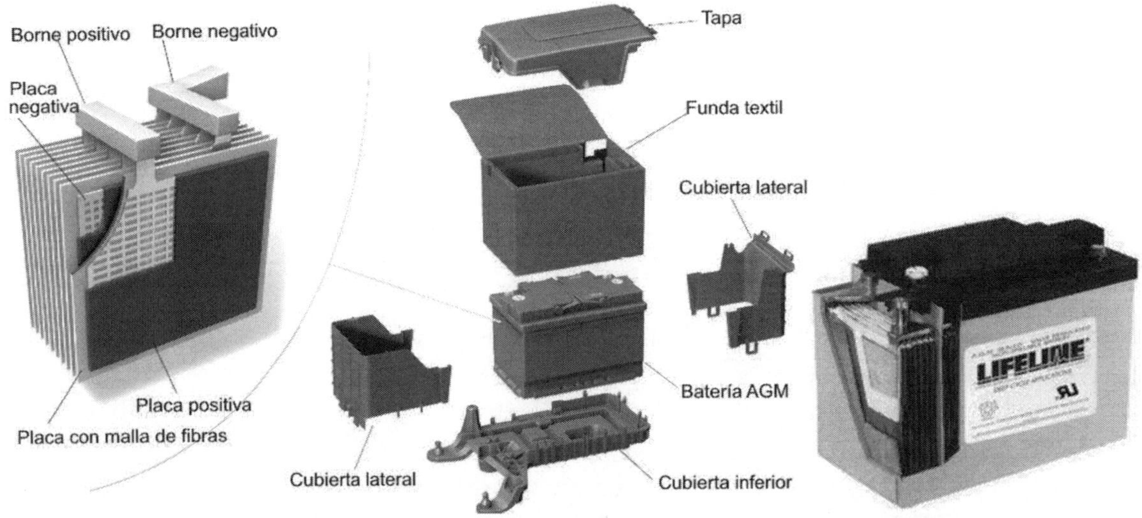

Figura 6.12

Este tipo de baterías dispone las placas en un bloque, revestidas con malla de vidrio absorbente rellena de electrolito, el cual no está en estado líquido, sino absorbido por la malla de fibras micro porosas situada entre las placas. Esta tecnología aporta ventajas esenciales como una mayor vida útil, más potencia de arranque, menor efecto de auto descarga, etc. Su mayor inconveniente es que su rendimiento se ve afectado de forma importante cuando la temperatura a la que está sometida es superior a los 55º C. Por esta causa, en algunas aplicaciones se aloja en una funda textil con protecciones de plástico, en los casos en que se ubica en el cofre motor.

6.4 Mantenimiento de acumuladores

Debido a las características técnicas de un acumulador, es lógico pensar que está sometido a un envejecimiento progresivo que es consecuencia de las reacciones de carga y descarga, a causa de las cuales, la materia activa de las placas se deteriora y parte de ella se desprende haciendo disminuir la capacidad del acumulador. Por otra parte, los sedimentos se van depositando en el fondo de la caja de la batería (Figura 6.13), en el espacio dispuesto para ello, hasta que llegado un punto, cuando alcanzan la altura de las placas, ponen a estas en cortocircuito inutilizando el elemento concreto.

Otro efecto negativo en las baterías es la sulfatación de las placas producida por descargas intensas, con las que el sulfato propio de la reacción se agarra no solo a la materia activa, sino también al plomo de la rejilla de las placas, debilitándola y propiciando el desprendimiento de residuos de la misma. La adición de agua natural en lugar de destilada aporta impurezas que perjudican al acumulador y aceleran su envejecimiento. Estas y otras razones hacen que al cabo de unos pocos años sea necesario cambiar la batería.

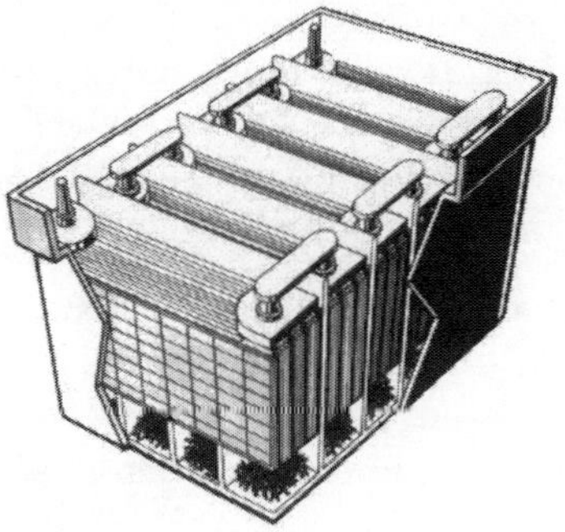

Figura 6.13

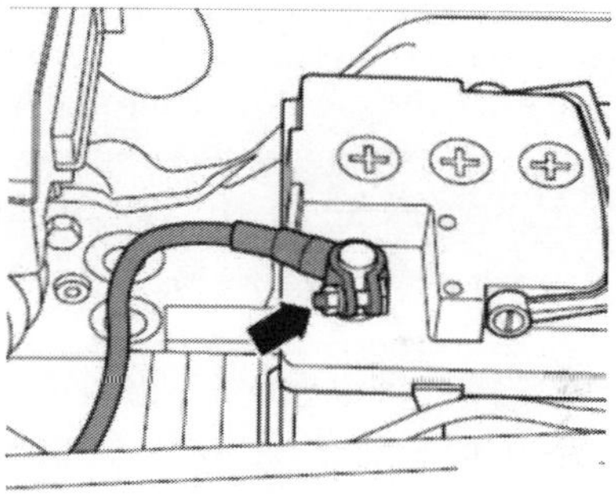

Figura 6.14

Cuando se desmonta el acumulador viejo del vehículo, es conveniente revisar las zonas próximas al alojamiento del mismo por si hubiera corrosiones debidas a pérdidas de electrolito. Las partes dañadas pueden lavarse con bicarbonato disuelto en agua y volverlas a pintar con pintura antiácida.

Los bornes y terminales del acumulador (Figura 6.14) no deben rasparse en la operación de limpieza. Ésta debe hacerse con bicarbonato disuelto en agua. Una vez conectados los terminales a los bornes (ya limpios) se recubren ambos con una ligera capa de vaselina que impide su corrosión. En la operación de montaje y conexionado de los terminales, éstos no deben golpearse sobre los bornes, sino introducirlos presionándolos. Primero se conecta el borne positivo y después el negativo, mientras que en la desconexión debe retirarse primero el terminal negativo.

La vida o duración de una batería dependerá, además de su diseño y construcción, del uso y cuidados que reciba durante su servicio. Se considera que una batería de arranque, a la que se de un uso adecuado y un correcto mantenimiento, tendrá una vida útil de al menos cinco años. Para conservar las baterías en perfecto estado de funcionamiento, deben tenerse presentes algunas normas que pasamos a enumerar:

- Cuando el nivel del electrolito se encuentre bajo, se corregirá añadiendo agua destilada hasta dejarlo a uno o dos centímetros por encima de las placas. En muchos casos, el orificio donde se aloja el tapón dispone de un asiento plano interior de plástico que determina el nivel óptimo del electrolito, como muestra la Figura 6.15. Si el descenso de nivel no se compensa, quedan al descubierto parte de las placas, que se oxidan al contacto con el aire.

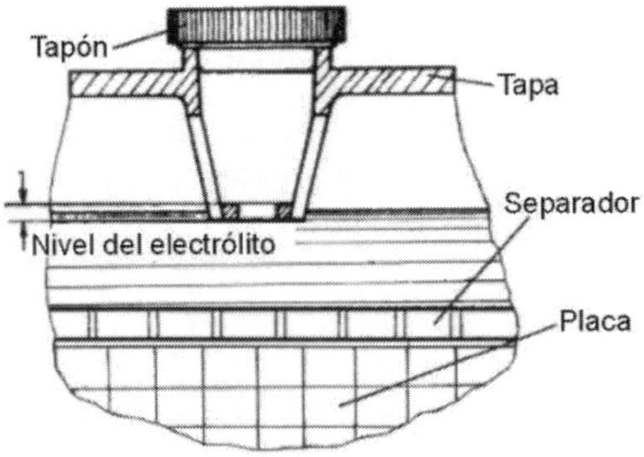

Figura 6.15

- Nunca debe rellenarse un acumulador con ácido, pues éste no se evapora con las reacciones de carga y descarga, y una mayor proporción de la debida sería perjudicial, pues una concentración alta del electrolito puede carbonizar y desintegrar los separadores, en cuyo caso se produce el cortocircuito entre las placas.
- No debe emplearse para rellenar baterías más que agua destilada, pues las impurezas que contiene el agua natural pueden corroer las placas, acelerar la formación de sulfato de plomo o depositarse en los poros de las placas, acortando el tiempo útil de vida de la batería.
- Tan perjudicial es no mantener el nivel del electrolito, como añadir agua en exceso, pues en este caso, a causa de los movimientos de la batería con el vehículo y la salida de gases, parte del electrolito saldría al exterior, dañando soportes y elementos contiguos y sulfatando bornes y terminales. Asimismo se pueden originar falsos contactos en bornes, dificultando o impidiendo el arranque del vehículo o su funcionamiento eléctrico correcto. La Figura 6.16 muestra un ejemplo de corrosión del terminal positivo de la batería.

Figura 6.16

- Deberán mantenerse limpios los respiraderos de los tapones de llenado, para permitir la libre evacuación de los gases que se producen como consecuencia de las reacciones de carga y descarga. Los bornes deben limpiarse periódicamente y engrasarlos con vaselina, cuidando, además, que los terminales estén en perfectas condiciones.

- Es importante mantener la batería bien sujeta en su alojamiento en el vehículo, evitando que se golpee con las vibraciones producidas con la marcha, pues se producen desprendimientos de materia activa que provocan cortocircuitos, además del consiguiente peligro de rotura. La Figura 6.17 muestra el sistema de fijación de una batería por su talón a la caja del vehículo (zona marcada con flecha).

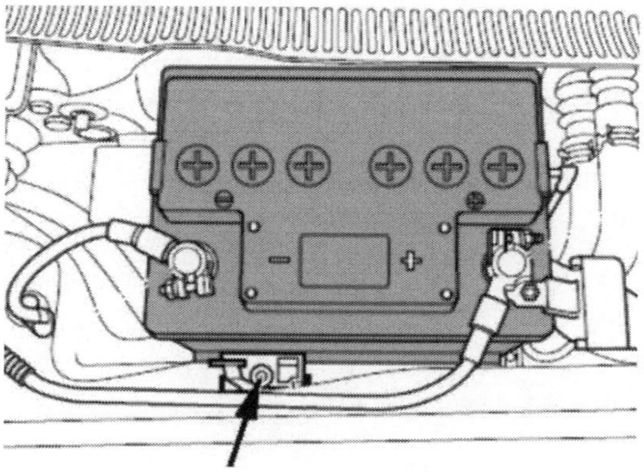

Figura 6.17

- Nunca deben dejarse encima de la batería útiles ni herramientas por el peligro de cortocircuito que se ocasionan.
- Deberá mantenerse limpia la parte superior del acumulador. La suciedad y humedad en esta zona propicia las fugas de corriente, que tienen como consecuencia la corrosión de los bornes y la auto descarga de la batería.
- En la manipulación de las baterías debe tenerse presente el riesgo de explosión que existe cuando se acerca a ella una llama o se provocan chispas, como ocurre en la conexión y desconexión de bornes estando en funcionamiento algún consumidor. Los gases desprendidos en las reacciones de carga y descarga quedan parcialmente acumulados entre la tapa y la zona alta de las placas, haciendo posible su explosión cuando se producen chispas o se acerca llama a las proximidades.

Cuando se desea almacenar un acumulador por algún tiempo, deberá tenerse presente que con anterioridad es necesario comprobar el nivel del electrolito, que debe estar comprendido entre uno y dos centímetros por encima de las placas. Los acumuladores deben almacenarse completamente cargados, es decir, a una tensión mínima de 2,15 V por elemento. La densidad debe estar comprendida entre 1,250 y 1,280 a 25 ºC. El acumulador debe estar protegido de los rayos solares y almacenado en lugar seco, con temperatura lo más uniforme posible y que no exceda de 30 ºC.

Algunas baterías nuevas se almacenan cargadas en seco y cuando hayan de ser puestas en servicio hay que rellenarlas con electrolito, tras lo cual quedan listas para ser utilizadas, sin necesidad de someterlas a carga alguna. Dado el carácter sumamente corrosivo del ácido sulfúrico, ha de manipularse el electrolito con sumo cuidado de no tocarlo con las manos ni verterlo sobre superficies metálicas ni tejidos. Si esto ocurriera deberán lavarse inmediatamente con agua las superficies manchadas.

Se dan síntomas en el acumulador, fácilmente apreciables por el usuario, que son indicios de anomalías. Un consumo excesivo de agua (superior a 100 cm^3 cada 10.000 Km.) da esta indicación. Si este consumo se produce en un sólo vaso, la avería más probable es la de cortocircuito.

6.5 Verificación y control de las baterías

Los síntomas que presenta una batería envejecida suelen manifestarse en el momento del arranque del motor, durante el cual, su giro se hace lento y, por tanto, insuficiente para lograr su puesta en marcha. Cuando se observen estos síntomas, se probará a encender las luces de carretera y, en estas condiciones, accionar el arranque. Si las luces decaen notablemente en su brillo, la batería es defectuosa y necesita ser recargada o sustituida. No obstante es conveniente verificar las conexiones de sus bornes, donde la suciedad o formación de sales de color blanquecino o verdoso indican un mal contacto de los mismos, que implican el desmontaje y limpieza utilizando un paño humedecido en agua con bicarbonato.

Cuando se haya descargado la batería por olvido de apagar las luces o cualquier otro circuito eléctrico, puede procederse al arranque del motor con otra batería, cuyos bornes se conectarán a la del vehículo como muestra la Figura 6.18, uniendo los de la misma polaridad. Lograda la puesta en marcha, se retira la batería auxiliar y se efectúa un recorrido lo más largo posible con el vehículo, con el fin de conseguir que el generador recargue la batería.

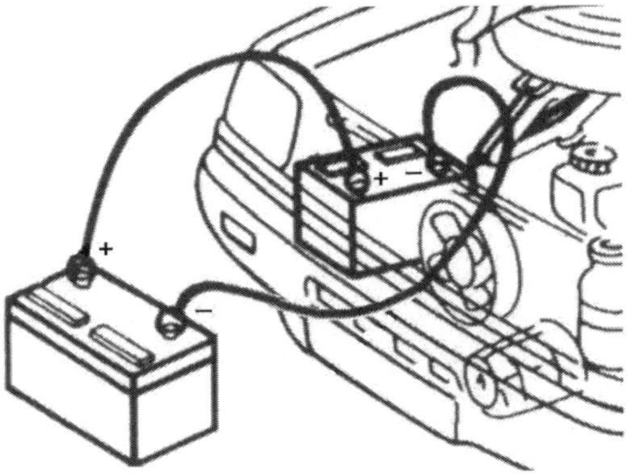

Figura 6.18

En los casos en que no se consigue la recarga total de la batería en el vehículo, o cuando se produce la descarga espontánea de la misma a vehículo parado, deberá procederse a la comprobación de su estado por medio del voltímetro y el densímetro y, en caso necesario, a la verificación del circuito eléctrico. Para ello se desconecta la batería y se acopla un amperímetro entre uno de los bornes y el terminal correspondiente (en serie). En estas condiciones, teniendo desconectados todos los circuitos eléctricos, se conectará nuevamente la batería, observando si se produce alguna indicación del amperímetro, en cuyo caso es síntoma de que algún circuito eléctrico es defectuoso y es quien produce la descarga de la batería. Debe tenerse en cuenta que ciertos circuitos eléctricos están conectados permanentemente, como el sistema de alarma antirrobo, el cierre centralizado, el reloj horario, etc. Estos circuitos tienen un consumo mínimo en reposo, inferior a 0,5 A en total.

Aunque el diagnóstico más fiable del estado de una batería debe realizarse midiendo la densidad del electrolito, puede efectuarse una primera prueba comprobando la tensión en bornes por medio de un voltímetro, que estando en reposo la batería debe indicar una lectura superior a 12,5 V. Si el valor de tensión es inferior al indicado, se procederá a verificar la densidad, y si es inferior a 1,250, la batería está descargada y debe procederse a su recarga con un cargador, durante la cual se observará el calentamiento que se produzca, lo que sería síntoma de envejecimiento. Partiendo del valor de densidad mencionado, la batería debe estar totalmente cargada al cabo de cuatro horas. Si la densidad del electrolito no sube de 1,150 y la batería se calienta en exceso durante la carga, es indicio de una gran sulfatación, que implica la sustitución.

Si la densidad de un elemento es notablemente más baja que la de los demás, es síntoma de que está comenzando a producirse desprendimiento de materia activa, que posteriormente producirá cortocircuito dejándola inservible. En algunas ocasiones, este defecto se detecta también al efectuar la medida de densidad y extraer el electrolito con el densímetro, observando un color parduzco del mismo. En cualquiera de estos casos debe sustituirse la batería.

Cualquier diagnóstico de batería efectuado mediante la medición de la densidad, es conveniente corroborarlo con una medición de la tensión en descarga. Lecturas inferiores a 7,5 V indican que la batería está descargada.

Medida de la tensión de la batería

La tensión de una batería se mide generalmente en condiciones de reposo de la misma, aunque también suele medirse en descarga, obteniéndose en el voltímetro lecturas diferentes, según las condiciones en que se efectúa la medida.

Si la batería está en reposo, es decir, ha transcurrido un tiempo superior a 15 minutos después de la última carga o descarga, las tensiones obtenidas son: 13,2 V estando totalmente cargada, 12 V si está a media carga y 9 V cuando está descargada. Si la medición se realiza al tiempo que se la somete a una descarga intensa del orden de 100 A), se obtienen 10 V cuando la batería está totalmente cargada, 9 V si está a media carga y menos de 7,5 V si está descargada.

Para medir la tensión en descarga, puede emplearse un voltímetro convencional y efectuar la lectura mientras se está accionando el motor de arranque. En otros casos se utiliza un voltímetro especial (Figura 6.19), que dispone una resistencia entre las puntas de prueba, capaz de producir una descarga del acumulador en el tiempo que se realiza la medición. El uso de este tipo de voltímetro no debe prolongarse por más tiempo que el estrictamente necesario para realizar la lectura, pues se provoca una importante descarga con él. No obstante, es el más apropiado para diagnosticar el estado de la batería, pues si el acumulador no responde adecuadamente a esta descarga, es que se encuentra en mal estado. Los modernos comprobadores electrónicos de batería, como el de la derecha en la Figura permiten efectuar la medida y realizar directamente el diagnóstico, que se indica seguidamente en la pantalla y puede ser impreso.

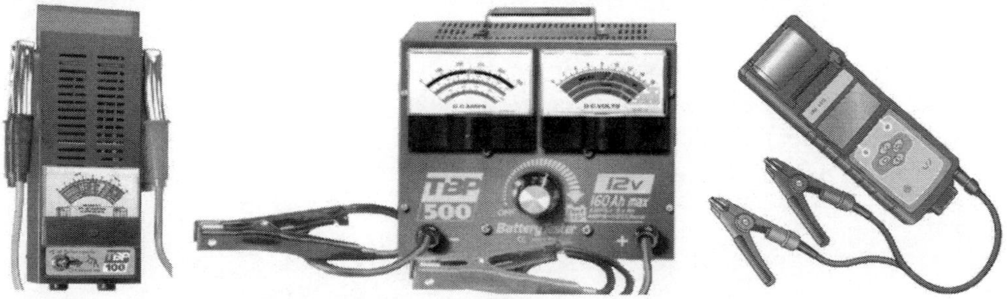

Figura 6.19

Medida de la densidad del electrolito

Dado que cuando un acumulador se descarga el ácido sulfúrico se combina con las placas, se comprende que midiendo la densidad específica del resto del electrolito se puede calcular la cantidad de energía eléctrica que nos queda en el acumulador.

La concentración del electrolito se mide con el densímetro, también llamado hidrómetro, del que existen varios modelos, como los representados en la Figura 6.20. Está compuesto este comprobador por una probeta de cristal que recibe por su parte superior una pera de goma y por la inferior un tubo de goma también. En el interior de la probeta se aloja un tubo de vidrio, con escala graduada, en cuyo interior se dispone un contrapeso consistente en unas pequeñas bolas de plomo depositadas en el fondo. En otros casos, en el interior de la probeta se aloja un flotador capaz de desplazar una aguja por una escala graduada.

Este flotador, al igual que el tubo descrito anteriormente, se sumerge en el electrolito introducido en la probeta, tanto más cuanto menor sea su densidad. En su manejo, se succiona el electrolito mediante la pera de goma hasta llenar la probeta, posicionándolo verticalmente para que el flotador no roce con las paredes. En estas condiciones, el nivel de líquido alcanza una determinada altura en la escala graduada, indicando la densidad del mismo.

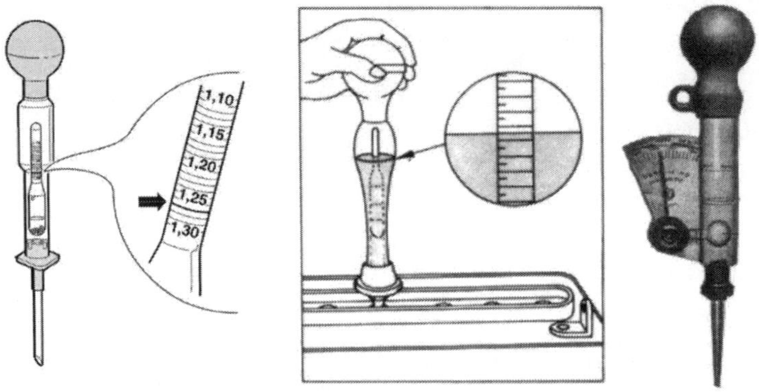

Figura 6.20

La medición de densidad no es correcta si se realiza inmediatamente después de una aportación de agua, pues es preciso dejar pasar un tiempo no inferior a 30 minutos para que el agua se difunda y mezcle con el ácido. Las mediciones deben realizarse en cada uno de los elementos.

Una densidad comprendida entre 1,270 y 1,290 indica que el acumulador está completamente cargado. Un valor comprendido entre 1,200 y 1,240 indica media carga del acumulador, y valores inferiores a 1,150 indican que el acumulador está descargado. Todos estos valores están referidos a una temperatura del electrolito comprendida entre 20 y 25ºC. Para temperaturas diferentes a esta, debe efectuarse una corrección mediante el empleo de tablas apropiadas. Aproximadamente cada 5 grados de variación de la temperatura supone una corrección de 0,0035 unidades, que se suman en el caso de temperaturas inferiores. Algunos densímetros, como el representado en la Figura 6.21 llevan incorporado un termómetro, cuya doble escala indica directamente la cantidad a añadir o restar de la densidad obtenida en la lectura.

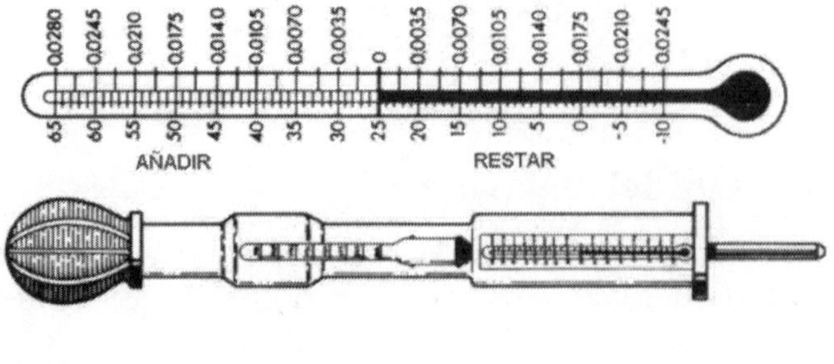

Figura 6.21

La medición de la densidad no debe realizarse después de una fuerte descarga del acumulador, pues la concentración del ácido en el interior y próximo a las placas se debilita. La densidad del electrolito tiene gran influencia en las características del acumulador, y es por ello que jamás debe añadirse o quitar ácido supliéndolo por agua, pues una concentración menor que la estipulada disminuye la capacidad del acumulador, al no poder reaccionar toda la materia activa por falta de ácido, mientras que una concentración excesiva por falta de agua, adición de ácido, u otras causas, puede destruir los separadores y dañar las placas. La cantidad de electrolito tomada de un acumulador para medir su densidad debe ser devuelta una vez efectuada la medida.

En ciertos tipos de baterías actuales, como son las exentas de mantenimiento, la tapa de cierre del acumulador no dispone de tapones y en cambio está provista de un indicador óptico de nivel y de concentración del electrolito, como el representado en la Figura 6.22, que consiste en un tubo de plástico con tapa transparente en la parte superior, al final del cual se dispone una bola coloreada (verde) de densidad 1,235 encerrada en una caja y que puede verse a través del visor. Si el nivel del electrolito y la densidad del mismo son correctos, la bola flota, situándose en la posición marcada 1 en el detalle de la Figura, taponando el orificio del tubo, por cuya causa la mirilla toma un color verdoso, indicativo de batería cargada y nivel de electrolito correcto.

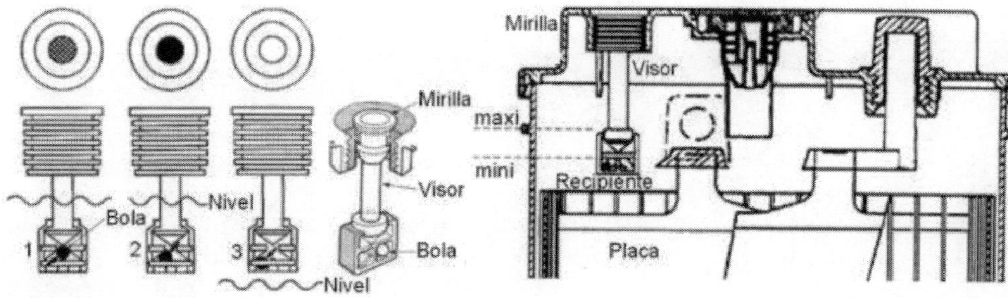

Figura 6.22

Cuando la concentración del electrolito es baja, como ocurre cuando la batería está descargada, la bola se sumerge hasta la posición 2 y en la mirilla se refleja un color oscuro del área del recipiente. Si el nivel del electrolito está bajo, la bola desciende aun más hasta la posición 3 y en la mirilla se observa un color claro, consecuencia de la refracción de la luz en el recipiente en esas condiciones.

6.6 Recarga de las baterías

Algunos vehículos, debido al uso que de ellos se hace, tienen un consumo muy grande de energía, como ocurre en los destinados a reparto en ciudad, taxis, etc. En ellos se ocasionan frecuentes detenciones debidas al tráfico, recorridos cortos y paradas que implican la entrada en funcionamiento del motor de arranque. Del mismo modo y en circulación nocturna, están funcionando largo tiempo los sistemas de alumbrado, calefacción, limpiaparabrisas, etc.

Dadas estas condiciones tan adversas de funcionamiento, no es de extrañar que en algunas ocasiones el generador sea incapaz de recargar la batería durante la marcha, para compensar la descarga que de ella se ha hecho estando el vehículo parado o a ralentí y, así, poco a poco la batería va perdiendo carga, debiendo recurrir a un medio externo al vehículo para recargarla. Por esta razón entre otras, se utilizan los cargadores de baterías.

La Figura 6.23 muestra dos modelos de cargadores de baterías actuales, que disponen un panel central con indicadores y mandos, mediante los cuales se ajustan los parámetros de carga a los valores convenientes en cada caso. Un selector de tensión permite ajustar ésta para la carga de una sola batería o de varias. La intensidad de la corriente de carga suministrada es medida por un amperímetro y puede ser regulada mediante un reóstato. El cargador de la izquierda puede suministrar elevadas intensidades de corriente (del orden de 80 A), mientras que el de la derecha solamente puede suministrar una intensidad de corriente máxima de 12 A.

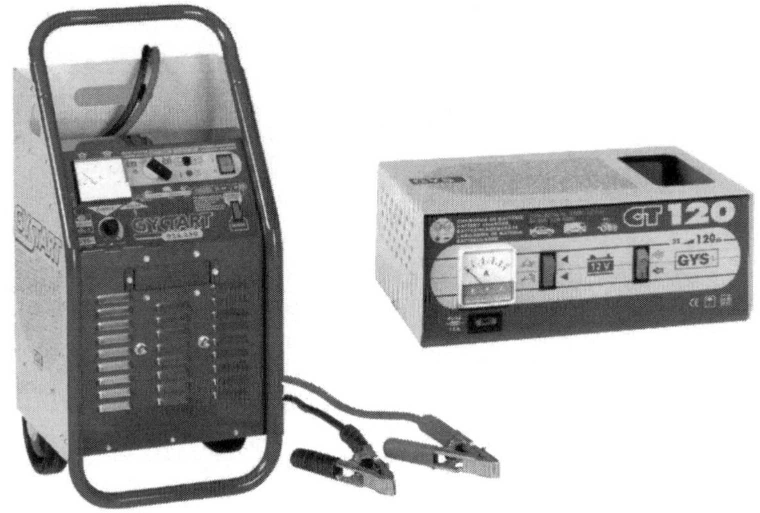

Figura 6.23

El cargador de baterías está constituido básicamente por un transformador, cuyo primario se conecta a la red de alumbrado. En los diferentes secundarios del transformador se obtiene una tensión eléctrica apropiada para la carga de baterías, rectificando la corriente alterna generada. La Figura 6.24 muestra el esquema de un cargador, constituido por un transformador, un grupo rectificador, un conmutador de tensión y un reóstato. En el secundario se dispone una conexión de manera que, mediante el conmutador de tensión, puede seleccionarse el funcionamiento del arrollamiento completo (24 V), o bien una porción de él para obtener solamente 12 V. Mediante el reóstato puede regularse la intensidad de la corriente que se establece en el circuito externo, desde el borne positivo al negativo del cargador. Esta corriente es medida por el amperímetro A.

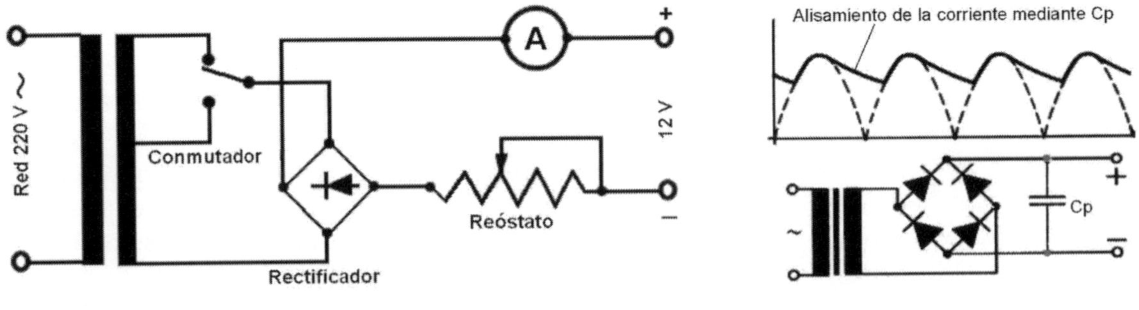

Figura 6.24

El rectificador utilizado en los cargadores de baterías es del tipo de onda completa y está constituido por cuatro diodos conectados como muestra el detalle de la Figura. Con esta disposición se consigue rectificar las dos fases de la corriente alterna inducida en el secundario, obteniendo una corriente continua pulsatoria en los bornes de salida, cuya onda es aplanada por la acción del condensador *Cp* (conectado entre estos bornes).

A los dispositivos básicos de un cargador de baterías, como son el transformador y el rectificador, se añaden otros de tipo electrónico mediante los cuales se estabiliza la tensión suministrada, evitando los picos de tensión que puedan producirse. Esta característica hace que pueda conectarse el cargador a la batería directamente para la recarga, sin necesidad de desembornarla de la instalación del vehículo, en la seguridad de que no se sobrepasarán los 14,5 V aplicados ni se producirán picos de tensión que pudieran afectar a los sistemas eléctricos, como el airbag, que pueden dispararse por esta causa.

Muchos cargadores electrónicos están provistos de un dispositivo salva memorias, mediante el cual puede efectuarse la sustitución de la batería, sin que por ello se pierdan las memorias de los distintos componentes eléctricos del automóvil, como la radio, el teléfono, etc. Para ello se conecta el cargador a los terminales de la batería y, a continuación, se procede a la desconexión de la misma y la sustitución. El cargador suministra a la instalación la tensión necesaria para conservar alimentados los circuitos impidiendo el borrado de las memorias por desconexión.

Los cargadores de grandes potencias pueden ser utilizados para la ayuda al arranque del motor del vehículo, en sustitución de la batería auxiliar para estos casos. Para ello se conecta a la batería del vehículo y se selecciona en el cargador la opción de ayuda al arranque, en la que se suministra la corriente necesaria para realizarlo.

Procesos de carga

Antes de iniciar la carga de una batería en el cargador, es preciso efectuar las siguientes operaciones:

- Lavar exteriormente la batería con agua, cuidando que no entre dentro de los vasos, para lo cual, se taparán los respiraderos de los tapones con cinta plástica adhesiva.
- Limpiar los bornes cuidando de no introducir residuos de corrosión en el interior de los vasos.
- Comprobar el nivel del electrolito y rellenar con agua destilada, en caso necesario, hasta la altura preconizada por el fabricante (generalmente hasta un centímetro por encima de las placas).
- Durante la carga se dejarán quitados los tapones de los vasos.
- Conexionar correctamente los bornes del cargador a los de la batería, es decir, positivos y negativos entre sí. Téngase en cuenta que la inversión de las conexiones puede destruir la batería. Si se duda la polaridad del acumulador, recuérdese que el borne positivo es el más grueso y de color más oscuro.

Una vez efectuadas estas operaciones previas, puede procederse a la carga de las baterías. Al cargador pueden conectarse varias a la vez y cargarse por dos procedimientos distintos: en régimen de intensidad constante o de intensidad variable. El primero consiste en hacer que durante todo el tiempo que dura la carga, esté pasando por la batería la misma intensidad de corriente, que debe ser la que corresponde al 10% de su capacidad nominal. El segundo procedimiento consiste en hacer pasar por la batería, en una primera fase, una corriente de carga dos veces superior a la que correspondería aplicar en régimen de intensidad constante. Finalizada esta fase (2 horas aproximadamente), se reduce la intensidad de la corriente de carga a la mitad de la que correspondería con régimen constante, continuando así hasta finalizar la carga.

El número de baterías conectadas al cargador y la forma de hacerlo (en serie o en paralelo) depende del tipo de cargador y del sistema de carga elegido. No obstante, cuando las baterías no están igual de descargadas, se recomienda conectarlas en serie. En cualquier caso, el tipo de conexión de las baterías se determina en función de la corriente de carga requerida por ellas (que depende de su capacidad) y, como hemos dicho, de las características del cargador. Es importante destacar que para conectar dos baterías en paralelo, es preciso que ambas estén sensiblemente igual de descargadas, pues su resistencia interna varía grandemente con la carga y, en consecuencia, el reparto de corriente que proporciona el cargador para una cierta intensidad seleccionada, puede ser muy diferente en ambas baterías.

Supongamos que se desea cargar dos baterías a la vez, de capacidades de 45 y 60 Ah respectivamente y tensiones nominales de 12 V en ambas. Conectándolas en serie al cargador, debe seleccionarse una tensión de 24 V y una intensidad de corriente de carga comprendida entre 4,5 y 6 A (10% de la capacidad nominal), que es la correspondiente a un régimen de carga a intensidad constante. Para una carga a intensidad variable, debería darse una intensidad aproximada de 10 A al inicio, bajándola a 3 A al final de la carga. Estas condiciones de carga determinan la necesidad de utilizar un cargador capaz de suministrar una tensión de 24 V y una intensidad de 10 A, características éstas que cumplen cualquiera de los cargadores descritos anteriormente. La Figura 6.25 muestra la conexión en serie de dos baterías a un cargador de pequeña potencia.

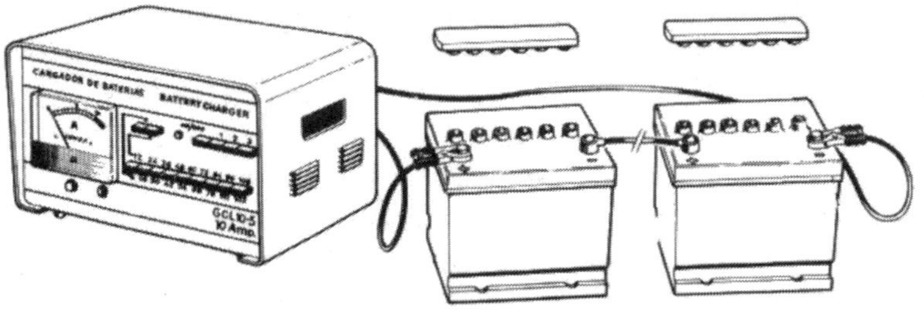

Figura 6.25

Si estas mismas baterías se conectan en paralelo, la tensión seleccionada en el cargador debe ser de 12 V, mientras que la intensidad de corriente ha de ser la suma de la necesaria para cada batería (conexión en paralelo), es decir, 10 A aproximadamente, de los cuales, pasarán 5 A por cada una, todo ello para un régimen de carga a intensidad constante. Si la carga se realiza en régimen de intensidad variable, se aplicarán 20 A en el inicio de la carga y 5 A al final. Para estas últimas condiciones de carga, no puede ser utilizado el cargador anterior, puesto que puede proporcionar una intensidad máxima de corriente de 12 A. Ahora se requiere un cargador de gran potencia, del tipo representado en la figura 6.26, donde puede verse el conexionado de las baterías.

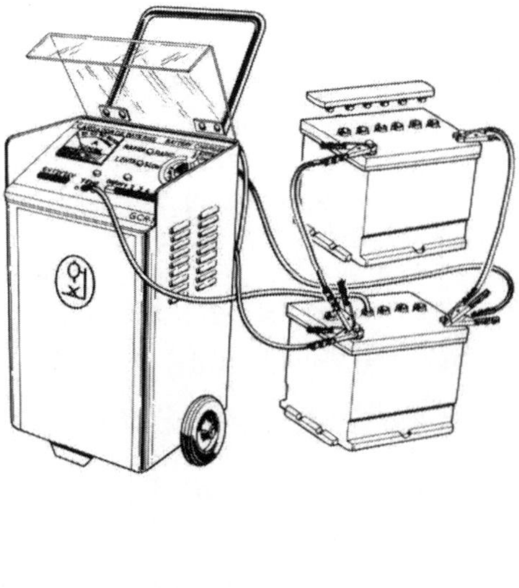

Figura 6.26

Con independencia del método de carga elegido, es necesario comprobar periódicamente la temperatura del electrolito. La óptima es de 25 a 30 ºC. La carga debe ser interrumpida cuando se alcancen los 50 ºC y restablecida cuando se haya enfriado hasta la temperatura ideal.

Un acumulador se considera completamente cargado, cuando con la intensidad de corriente de carga prescrita, los valores de la tensión y la densidad del electrolito, no varían de forma apreciable durante una hora al final de la carga. Otro de los síntomas de que el acumulador está cargado es un vivo desprendimiento de gases al final de la carga, formándose unas gotitas alrededor de los orificios de llenado de los vasos.

La tensión de un acumulador completamente cargado, medida durante el proceso de carga, inmediatamente después de la desconexión del cargador, es de 14,5 V. Cuando se interrumpe la carga, esta tensión va disminuyendo poco a poco hasta alcanzar un valor de 13,2 V al cabo de 20 minutos aproximadamente. La densidad de un acumulador completamente cargado es de 1,270 a 1,290 a 25ºC.

Durante el tiempo que dura la carga de baterías, debe comprobarse periódicamente la lectura del amperímetro del cargador, pues la resistencia interna de un acumulador varía en función de la carga, y lo mismo ocurre con la tensión, con lo cual, como la tensión aplicada a la batería es fija mientras no se varíe la posición del reóstato, ello implica que la intensidad de corriente ha de ir variando. Así ocurre que cuando empieza la carga, la resistencia interna de la batería es grande (acumulador descargado) y, por ello, la intensidad obtenida es pequeña y hay que regular el reóstato para obtener mayor intensidad; pero a medida que el acumulador va tomando carga, su resistencia interna disminuye muy rápidamente, por cuya causa, la intensidad de corriente aumenta y hay necesidad de proceder a la regulación con el reóstato. Por el contrario, cuando la batería está casi cargada, su tensión es alta y, en consecuencia, al haber menor d.d.p. entre los bornes del cargador y los de la batería, se obtiene una corriente de carga menor, lo que significa que es necesario actuar de nuevo en el reóstato para regular la corriente de carga y mantenerla dentro de los valores establecidos.

Con los cargadores de grandes potencias puede efectuarse una carga rápida de las baterías. Dichos cargadores están dotados a este efecto de un dispositivo de relojería, que permite aplicar a las baterías una carga de gran intensidad durante cierto tiempo, transcurrido el cual, automáticamente desciende la intensidad de la corriente de carga. Generalmente se gradúa el mecanismo de relojería para un tiempo de una hora, durante la cual el cargador proporciona una intensidad de corriente de carga comprendida entre 30 y 60 A, regulable a voluntad por medio del reóstato. Transcurrido este tiempo, salta el dispositivo de relojería y de forma inmediata el cargador proporciona una intensidad de corriente diez veces menor.

Este tipo de carga exige una vigilancia mayor que la necesaria en la carga lenta y sólo debe aplicarse en casos de gran necesidad y si el acumulador está en perfecto estado. La intensidad de la corriente en carga rápida no debe sobrepasar el valor de la capacidad nominal de la batería.

Si a una batería completamente cargada se la extrae el electrolito y se tapan los respiraderos de los tapones, queda cargada en seco y mantiene la carga durante mucho tiempo, cosa que no ocurre con una batería conservada en estado normal, pues pierde poco a poco la carga debido a la inactividad. Para poner en servicio nuevamente estas baterías, basta llenarlas de electrolito y dejarlas reposar durante un corto espacio de tiempo (aproximadamente 20 minutos).

Por lo general, en los procesos de carga de baterías con el cargador deben seguirse las siguientes recomendaciones:

- Cuando se cargan varios acumuladores de distinta capacidad, conectándolos en serie, debe hacerse al régimen de intensidad que corresponda al de menor capacidad.

- Por lo menos una de las paredes de la sala donde se efectúa el proceso de carga debe permitir la ventilación natural mediante aberturas apropiadas. La ventilación forzada solamente debe emplearse en los casos de extrema necesidad.
- Debe evitarse el empleo de recipientes metálicos para contener el agua destilada destinada al rellenado de los elementos, dado que son susceptibles de provocar cortocircuitos con los terminales de la batería o chispas que pueden ser causantes de explosiones.
- La sala de carga debe mantenerse en un ambiente lo más fresco posible.
- Nunca debe acercarse una llama a los orificios de respiración de los tapones del acumulador, dado que los gases desprendidos durante la carga son una mezcla de hidrógeno y oxígeno procedentes de la descomposición del agua, y explotan violentamente en presencia de llama. El desprendimiento de hidrógeno se produce aun con el acumulador en reposo, por lo que el peligro de explosión está siempre presente.
- La batería debe recargarse tan pronto como quede fuera de servicio, pues si se tiene mucho tiempo descargada, sobreviene la sulfatación de las placas.
- La temperatura de la batería durante la carga no debe sobrepasar en ningún caso los 50 ºC, pues se producen desprendimientos de sustancias químicas de las que están compuestos los separadores, que destruyen las placas.

6.7 Averías en los acumuladores

El funcionamiento incorrecto de una batería suele ser debido a causas internas, como desgaste de los separadores, pérdida de masa activa de las placas, interrupción o rotura de conectores, etc., lo cual implica la sustitución de la batería. El cortocircuito entre las placas se pone de manifiesto por grandes diferencias de densidad del electrolito entre los diferentes elementos. Cuando hay una interrupción parcial en los conectores, la batería es capaz de seguir suministrando intensidades de corriente pequeñas, pero cuando se le solicitan grandes descargas, como en el arranque, la tensión cae bruscamente hasta valores ínfimos.

Fuertes y continuadas descargas de la batería provocan la sulfatación de las placas, que puede llegar a ser irreversible, inutilizando la batería. Si la sulfatación no es excesiva, puede regenerarse la batería sometiéndola a una pequeña y prolongada corriente de carga. La pérdida de carga de una batería al cabo de algunos días de inactividad, es síntoma de agotamiento total de la misma, que por ello debe ser sustituida.

Podemos establecer tres tipos de averías en los acumuladores: las de origen exterior a ellos, las puramente mecánicas y las de origen interior.

Las primeras de ellas, provienen del sistema eléctrico y se traducen en un trabajo excesivo e inadecuado de la batería, como en particular ocurre con la sobrecarga producida por un funcionamiento defectuoso del circuito de carga, permitiendo corrientes excesivas. Una batería continuamente sobrecargada, quedará destruida en poco tiempo a causa de la corrosión y desprendimiento de materia activa de las placas, o por alabeo o cortocircuito de las mismas a consecuencia de la excesiva sedimentación.

Los síntomas de la sobrecarga son la necesidad de añadir agua frecuentemente y el calentamiento de los puentes de conexión después de un largo recorrido con el vehículo. También es síntoma de sobrecarga el observar alrededor de los tapones de llenado pequeñas gotas de vapor. El remedio en estos casos es la reparación del circuito de carga.

Igualmente es una avería exterior la carga deficiente, que se pone de manifiesto sobre todo en el momento del arranque del motor. En este caso es preciso revisar las conexiones del circuito de carga y bornes del acumulador, así como el estado del generador.

Cuando una batería recibe una carga normal y después de dos o tres días de inactividad es incapaz de mover el motor de arranque, cabe suponer que pierde su carga, lo que puede tener su origen dentro de la batería o en su exterior, es decir en la instalación eléctrica del vehículo, lo cual puede ser comprobado como ya se ha detallado. Si esta pérdida de carga es propia de la batería, deberá procederse a recargarla y posteriormente dejarla en reposo al menos 48 horas, después de lo cual se verificará nuevamente su estado para constatar si se produce pérdida de carga, en cuyo caso deberá ser sustituida la batería.

Como averías mecánicas más frecuentes podemos citar las de roturas de la caja debidas a golpes o manipulación incorrecta, pérdida de tapones que permiten la salida de electrolito, desprendimiento de materia activa de las placas, puentes de conexión desoldados, etc.

Las averías interiores más frecuentes son: separadores defectuosos que permiten el cortocircuito, sedimentos depositados en el fondo de la caja, impurezas, sulfatación de placas, etc. Estas averías se detectan al efectuar las verificaciones detalladas anteriormente.

6.8 Baterías de tracción para vehículos eléctricos

Tanto los vehículos eléctricos como los híbridos precisan para el accionamiento del motor eléctrico una batería especial, capaz de suministrar las elevadas intensidades de corriente requeridas para el arrastre el motor eléctrico. A este tipo de baterías se las denomina baterías de potencia o de tracción.

La batería de potencia puede formarse con una serie de elementos de níquel e hidruro metálico que poseen una extraordinaria densidad energética, es decir, es capaz de almacenar gran cantidad de electricidad. En otros casos se emplean las baterías de iones de litio, también denominadas baterías Li-Ion, dispositivo éste diseñado para almacenamiento de energía eléctrica que emplea como electrolito una sal de litio que procura los iones necesarios para la reacción electroquímica reversible que tiene lugar entre el cátodo y el ánodo. Dado que el litio es el metal con el menor peso molecular y un alto potencial eléctrico (3,045 V), permite una capacidad de acumulación de electrones especialmente elevada.

La Figura 6.27 muestra la estructura de una célula de iones de litio, constituida por unas rejillas de carbono y óxido de cobre o manganeso, que constituyen ambos electrodos (ánodo y cátodo, respectivamente), en las que se incrustan los iones de litio, quedando el conjunto sumergido en un electrolito sólido, constituido por una sal de litio que procura los iones necesarios para la reacción electroquímica reversible que tiene lugar entre el cátodo y el ánodo. La célula está dividida en dos por un tabique poroso

En el proceso de descarga, al conectar un consumidor a los bornes del elemento acumulador, los iones litio cambian espontáneamente del electrodo negativo al electrolito y de éste al electrodo positivo. El electrolito permite el paso de iones pero no de electrones. Al mismo tiempo, los electrones fluyen espontáneamente del electrodo negativo al positivo a través del único camino que les dejamos libre, el circuito eléctrico. A medida que avanza la descarga, el potencial eléctrico de cada electrodo cambia de forma que su diferencia (ddp) disminuye y cae por tanto el voltaje de la celda.

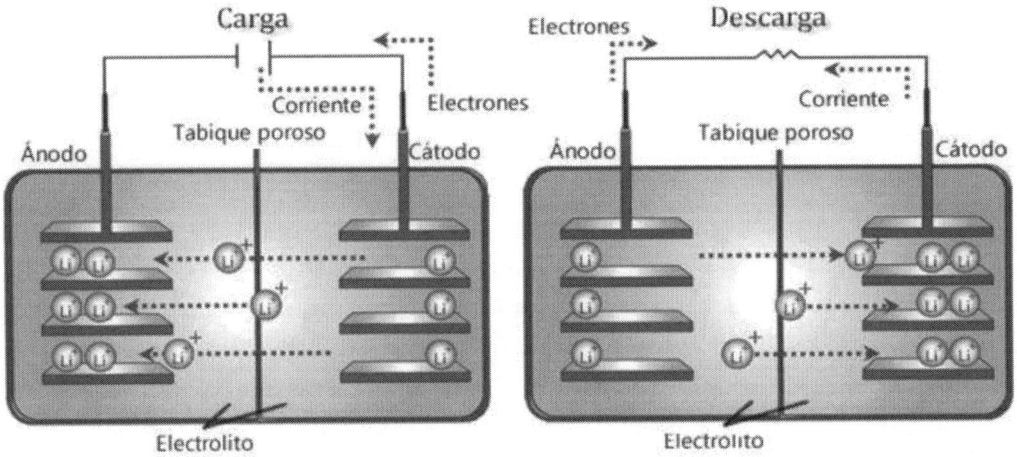

Figura 6.27

En la carga se fuerza el paso de electrones del electrodo positivo al negativo. Hacemos por tanto el electrodo negativo más negativo y el positivo más positivo y aumentamos así la diferencia de potencial entre ellos, o, lo que es lo mismo, el voltaje de la celda. Este proceso fuerza también a los iones litio a salir del electrodo positivo y a intercalarse en el negativo.

Las baterías de litio presentan indudables ventajas frente a las convencionales de plomo y otras como las de níquel-cadmio. Poseen una elevada densidad de energía y acumulan mayor carga por unidad de peso y volumen. Soportan grandes descargas y son de larga duración.

Las baterías de litio se utilizan en vehículos eléctricos, cuya característica fundamental es la ausencia de consumo de combustible y, consecuentemente la nula contaminación. Este tipo de vehículos está diseñado para circulación por ciudad, fundamentalmente, con una autonomía de marcha de aproximadamente 100 Km. La Figura 6.28 muestra la estructura de un vehículo eléctrico, cuyos componentes esenciales son la batería de iones de litio, el motor eléctrico, el dispositivo de control del mismo y el sistema de recarga enchufable a la red doméstica de 220 V.

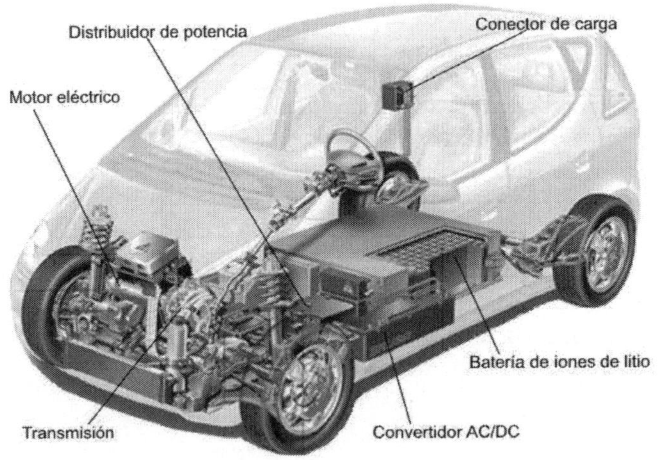

Figura 6.28

El acumulador de iones de litio utilizado en estos vehículos suele tener una capacidad total superior a 35 kilowatios/hora, con un peso de alrededor de 260 Kg. Su tensión nominal es de 380 V, generalmente. En el caso representado en la Figura 6.29, el acumulador consta de 88 células que forman 48 módulos, que constituyen los elementos de la batería, y que están distribuidos óptimamente en el habitáculo. Un ventilador, accionado automáticamente, se ocupa de mantener una temperatura de funcionamiento constante.

Figura 6.29

La recarga del acumulador de iones de litio desde el exterior puede lograrse, por lo general, en cualquier enchufe de la red eléctrica, aunque en algunos casos se precisa una toma especial que permite corrientes de carga de 60 amperios, con las que se logra una carga rápida del acumulador en menos de dos horas. De cualquier forma, el tiempo necesario para la recarga depende de la tensión y la intensidad disponibles en la red.

Las baterías de litio se utilizan también en vehículos híbridos que combinan un motor eléctrico con otro de combustión, como el representado en la Figura 6.30.

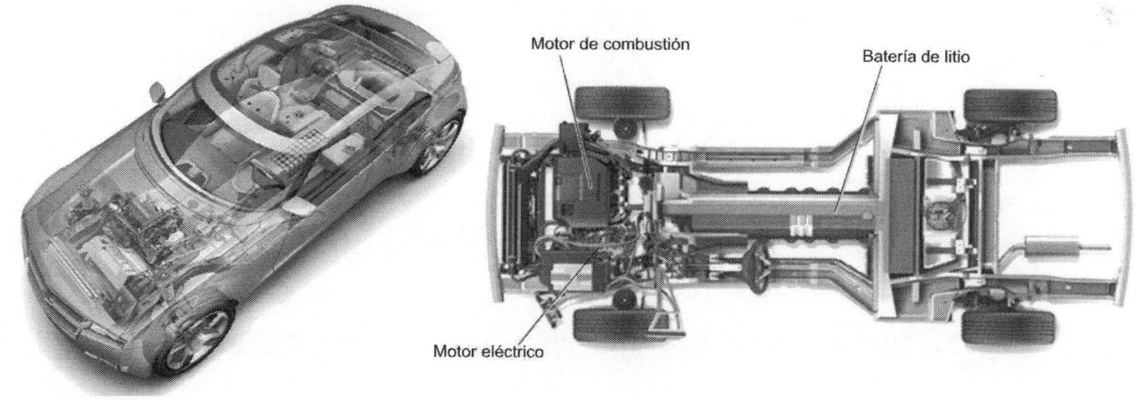

Figura 6.30

Cuestiones

6.1. Describe la función de un acumulador.

6.2. Detalla la constitución de las placas de un acumulador.

6.3. Cita las características de los puentes de conexiones de un acumulador.

6.4. ¿Cómo se unen eléctricamente los elementos de un acumulador?

6.5. ¿Cuál es la composición del electrolito de una batería?

6.6. Describe los procesos de carga y descarga de un acumulador.

6.7. ¿Es igual la concentración del electrolito en la carga que en la descarga?

6.8. ¿Cuando se dice que una batería está sulfatada?

6.9. Cita las características fundamentales de una batería.

6.10. Describe las operaciones de mantenimiento de los acumuladores.

6.11. Dibuja el esquema de un cargador de baterías elemental y cita sus componentes.

6.12. Cita las operaciones que deben realizarse antes de conectar la batería al cargador.

6.13. ¿En qué consiste la carga a régimen variable?

6.14. Relaciona los valores de tensión e intensidad que corresponden a batería cargada, a media carga y descargada.

6.15. ¿Cuál es el método de medida de tensión de batería más adecuado?

Actividades propuestas

6.1. Efectuar las tareas de mantenimiento de los acumuladores.

6.2. Realizar la revisión y limpieza de baterías, bornes, terminales, tapones, etc.

6.3. Controlar las características eléctricas de varias baterías por medio de las etiquetas identificativas.

6.4. Realizar la sustitución de la batería de un vehículo prestando especial atención a su fijación.

6.5. Efectuar los procesos de carga de baterías con diferentes tipos de cargador y procesos de carga.

6.6. Conexionar varias baterías en serie y paralelo a diferentes tipos de cargadores según sus características.

6.7. Efectuar la medida de tensión en una batería en condiciones de reposo y en descarga.

6.8. Medir la densidad del electrolito en diferentes baterías.

Sistemas de arranque del motor

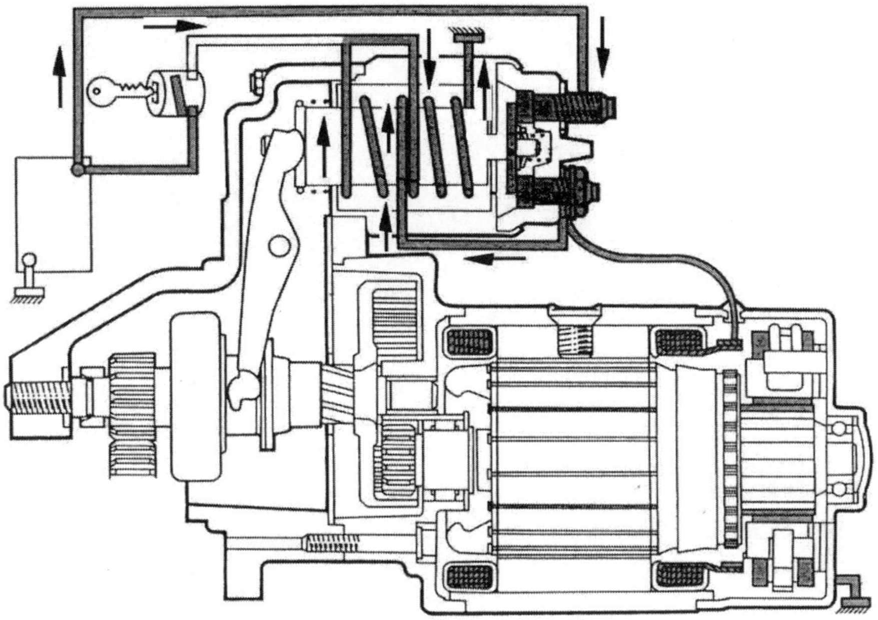

Contenidos

7

Objetivos

- *Estudiar la estructura y funcionamiento del motor de arranque.*
- *Analizar los componentes del motor de arranque y sus características fundamentales.*
- *Identificar los componentes de un motor de arranque.*
- *Diferenciar los tipos de motor de arranque en función de su conexionado y estructura.*
- *Analizar el funcionamiento del motor de arranque.*
- *Conocer los procesos de verificación y reparación de los motores de arranque.*
- *Analizar las averías que pueden producirse en un motor de arranque y las reparaciones que deben efectuarse.*
- *Aprender a realizar las pruebas de funcionamiento del motor de arranque.*

Introducción

Para lograr el arranque de un motor de combustión interna es preciso hacerle girar a un régimen mínimo con el que se logre comprimir la mezcla de aire y gasolina de una manera eficaz que permita el desarrollo de las explosiones con las que se consigue el giro autónomo del motor de combustión.

El motor de arranque cumple la función de impulsar al motor de combustión hasta que se consiga la puesta en marcha del mismo. Este trabajo presenta una dificultad considerable, sobre todo cuando el arranque ha de realizarse con temperaturas bajas en las que los rozamientos de los componentes del motor son elevados, lo cual implica que al motor de arranque haya de aplicársele una intensidad de corriente considerable (entre 100 y 160 amperios).

La detección y localización de las averías que pueden producirse en el interior del motor de arranque, se logra a través de un proceso de verificaciones que debe ser realizado siguiendo un método establecido y utilizando los comprobadores adecuados. Seguidamente se procede a la reparación de la avería encontrada y al montaje y prueba de funcionamiento del motor de arranque. Los procesos de verificación y reparación han de efectuarse siguiendo las pautas establecidas por el fabricante en los correspondientes manuales de reparación.

7.1 Sistema de arranque

Los motores de combustión interna precisan un sistema auxiliar de arranque que les arrastre en rotación hasta lograr su funcionamiento autónomo. Este dispositivo lo constituye un motor eléctrico, que es activado por el conductor en la maniobra de arranque y, mediante un piñón del que está provisto, transmite su giro a la corona del volante del motor, con la que engrana en la maniobra. La Figura 7.1 muestra el posicionamiento del motor de arranque sobre el bloque del motor de combustión en dos detalles.

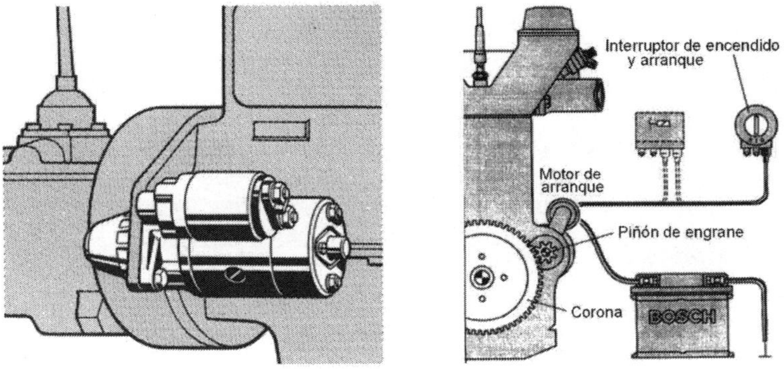

Figura 7.1

El arranque empieza a un número de revoluciones relativamente bajo. Durante el giro inicial del motor de combustión va disminuyendo la resistencia que opone a ser movido y se producen las primeras explosiones, débiles e irregulares; pero el calentamiento que éstas producen reduce aun más la resistencia debida al rozamiento de los órganos móviles. El motor sigue siendo arrastrado cada vez a mayor velocidad y las explosiones van siendo más fuertes y se producen con mayor regularidad, hasta que el motor se pone definitivamente en marcha.

Este hecho hace que la intensidad de corriente consumida por el motor de arranque sea alta en el inicio de la maniobra y disminuya a medida que aumenta la velocidad de rotación. El par desarrollado por el motor de arranque ha de ser suficiente y depende del tipo de motor de combustión que haya de mover, lo cual determina la potencia del motor de arranque empleado y la capacidad del acumulador que ha de suministrar la energía necesaria.

En automoción se utilizan los motores eléctricos de corriente continua y excitación en serie, cuya constitución y características proporcionan los requisitos de robustez, fiabilidad, poco peso y larga vida útil. La gran relación de desmultiplicación entre el piñón de arrastre y la corona del volante motor, permite que un motor eléctrico de pequeña potencia pueda arrastrar a un motor de combustión de grandes dimensiones. Los motores de arranque para vehículos de turismo son, generalmente, de potencias inferiores a 2Kw y proporcionan un par de arrastre de hasta 30 Nm.

La Figura 7.2 muestra el conexionado de los componentes de un sistema de arranque, en el cual, la batería aporta la energía eléctrica necesaria y el motor de arranque la transforma en energía mecánica de rotación, que impulsa al motor de combustión. El interruptor da paso a la energía eléctrica desde la batería hasta el motor de arranque, a voluntad del conductor.

El interruptor de arranque, accionado por el conductor, debe establecer la conexión eléctrica del motor de arranque en el tiempo que dura la maniobra y cortarla inmediatamente después de que se logre el arranque del motor de combustión, pues de otro modo, este último arrastraría al de arranque a una velocidad tan elevada (debida a la relación de desmultiplicación entre ambos) que produciría su destrucción. Es el conductor quien determina el instante de finalización de la maniobra, al escuchar el ruido de funcionamiento del motor de combustión, pero el motor de arranque está provisto de un dispositivo de desacoplo mecánico de transmisión, como se verá más adelante. Por otra parte, durante la maniobra, el interruptor de arranque corta la corriente para cualquier otro consumidor que no sea el sistema de arranque, e impide un nuevo accionamiento del mismo hasta que no se desconecte el contacto para parar el motor de combustión.

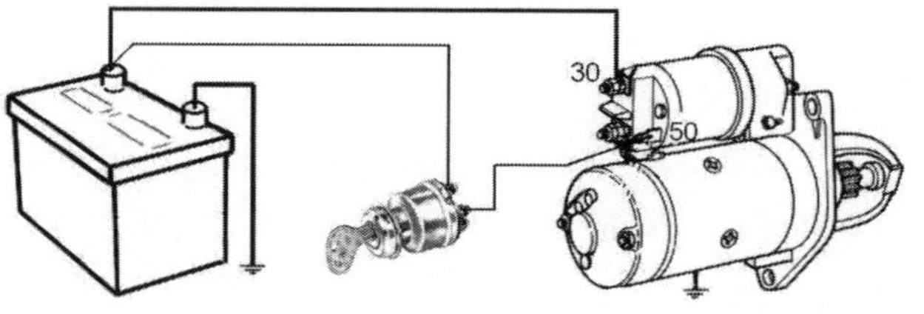

Figura 7.2

En la actualidad se utilizan sistemas de arranque con control electrónico, en los que la maniobra de arranque está comandada por una central electrónica, que al recibir la señal de inicio de maniobra, enviada desde el interruptor de arranque (llave de contacto), con un simple impulso del mismo, activa el paso de corriente para el motor de arranque y determina el funcionamiento de éste hasta la puesta en marcha del motor de combustión (que es detectada por un sensor de régimen), cortando la corriente en cuanto se logra el funcionamiento de dicho motor. El mando electrónico, además, impide que pueda efectuarse el arranque sin utilizar la llave de contacto, constituyendo así un sistema antirrobo. También evita la conexión del motor de arranque estando el de combustión en funcionamiento.

Principio de funcionamiento del motor de arranque

El motor de arranque de corriente continua basa su funcionamiento en principios electromagnéticos que hacen referencia a magnitudes de campos magnéticos. Un conductor recorrido por la corriente eléctrica, y sumergido en un campo magnético (Figura 7.3), está sometido a una fuerza que tiende a expulsarlo de él. La energía eléctrica de la corriente se transforma de esta manera en energía mecánica de movimiento.

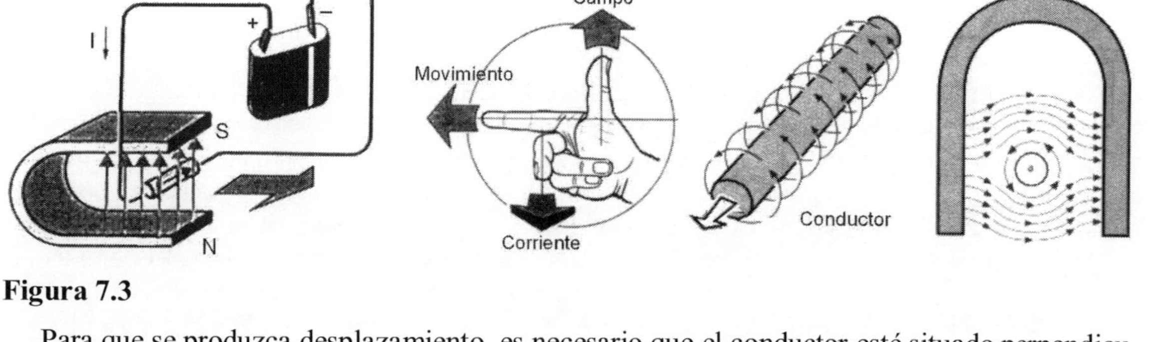

Figura 7.3

Para que se produzca desplazamiento, es necesario que el conductor esté situado perpendicularmente a las líneas de fuerza del campo magnético N-S y que sea recorrido por una corriente eléctrica. Se puede conocer el sentido de la fuerza que actúa sobre el conductor por la regla de la mano derecha. Colocando los dedos pulgar, índice y medio de esta mano de manera que formen entre sí ángulos de noventa grados, al orientar el pulgar en el sentido del campo magnético y el medio en el de paso de la corriente, el índice nos indica el sentido de movimiento del conductor.

La razón por la que se obtiene el movimiento citado del conductor, es porque el paso de corriente por él crea a su alrededor un campo magnético, como es conocido, cuyas líneas de fuerza producen una deformación del campo magnético del imán en el que está sumergido el conductor, tal como se muestra en la derecha de la Figura. De esta manera, las líneas de fuerza del campo magnético del conductor se suman a las del imán en la parte inferior, en la cual llevan el mismo sentido, mientras que se restan en la superior, puesto que tienen sentidos contrarios. Como consecuencia, el campo magnético creado por el imán se deforma, tendiendo en todo momento a volver a su posición primitiva, y esto que podríamos llamar elasticidad de las líneas de fuerza, es lo que empuja al conductor, tendiendo a sacarlo del campo magnético del imán.

El empuje sufrido por el conductor citado es tanto mayor, cuanto más lo sea el campo magnético en el que está sumergido, más largo el conductor y mayor la intensidad de la corriente que lo atraviesa. Sin embargo, para que se produzca el desplazamiento, es necesario que el conductor esté situado perpendicularmente a las líneas de fuerza del campo del imán, pues si se coloca paralelo a ellas, la deformación del campo magnético del imán no da lugar a empuje alguno, como puede deducirse en la Figura. Si se corta la corriente en el conductor, desaparece el campo magnético a su alrededor, creado por esa corriente, por lo que ya no existe deformación del campo magnético del imán, y el conductor tampoco es desplazado.

Si en lugar de un conductor recto, se coloca una espira, haciéndole pasar una corriente eléctrica del sentido marcado en la Figura 7.4, el lado A de la misma es empujado hacia abajo y el lado B hacia arriba. Por tanto, las fuerzas actuantes sobre la espira están en oposición y forman un par que la hacen girar. Cuando esto sucede y se encuentra en la posición perpendicular a la anterior, las fuerzas actuantes están en oposición y, por tanto, se contrarrestan, quedando la espira en posición de equilibrio.

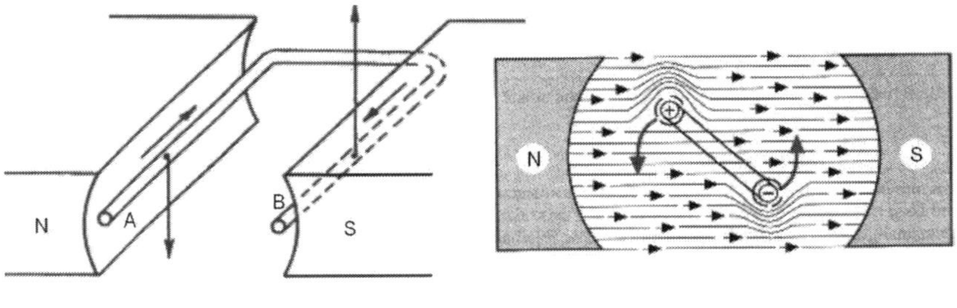

Figura 7.4

Los extremos de la espira pueden unirse a unos semianillos (Figura 7.5), sobre los cuales rozan dos escobillas, que se mantienen fijas en la posición representada, y a través de las cuales pasa la corriente a la espira, como se indica en la Figura, ya que los semianillos están aislados entre sí. El paso de corriente por la espira, junto a la acción del campo magnético del imán, producen el giro de ésta, acompañada por los semianillos, hasta que ocupa una posición horizontal donde se detiene. Si además de esta espira se disponen otras (derecha en la Figura), de forma simétrica, cuyos extremos se unen a las porciones de semianillo que forman el conmutador, cuando la primera de ellas se ha alejado de la posición vertical, la escobilla abandona el semianillo al que va unida esta espira para pisar en el siguiente, haciendo pasar la corriente a otra espira, que ahora ocupa una posición próxima a la vertical y es ella en este momento la que sufre el empuje. De esta forma se consigue un giro continuado, tanto más cuanto mayor sea el número de espiras que se disponga. No obstante, para aprovechar el empuje que se produce en todas las espiras en un instante dado, en la realidad no se conectan como se han representado en esta Figura, sino en serie entre sí, como veremos más adelante.

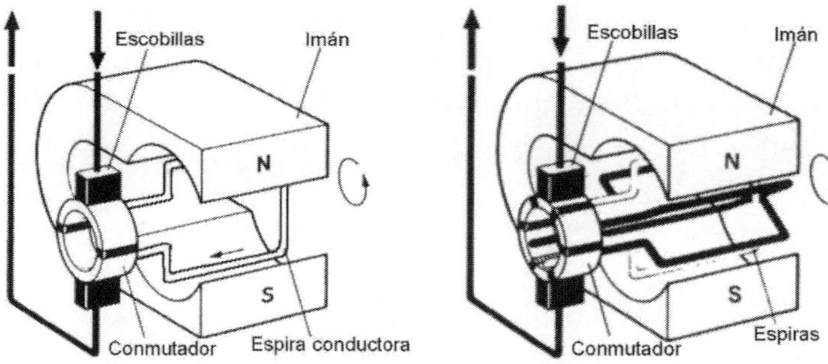

Figura 7.5

7.2 Estructura del motor de arranque

Una de las principales exigencias en la fabricación de los motores de arranque es su tamaño. Deberá ser lo más pequeño y compacto posible para su mejor acoplamiento al motor de combustión y, al mismo tiempo, resultar robusto y de poco peso. Para satisfacer estas condiciones, resulta particularmente apropiado el motor eléctrico de corriente continua, que en la maniobra de arranque se acopla al volante de inercia del motor de combustión, como ya se ha comentado.

Así pues, de acuerdo con las exigencias expuestas, un motor de arranque deberá estar compuesto básicamente por un motor eléctrico de corriente continua, un sistema de activación o interruptor y un dispositivo de engrane y desengrane. La Figura 7.6 muestra en sección la estructura de un motor de arranque convencional de los utilizados actualmente.

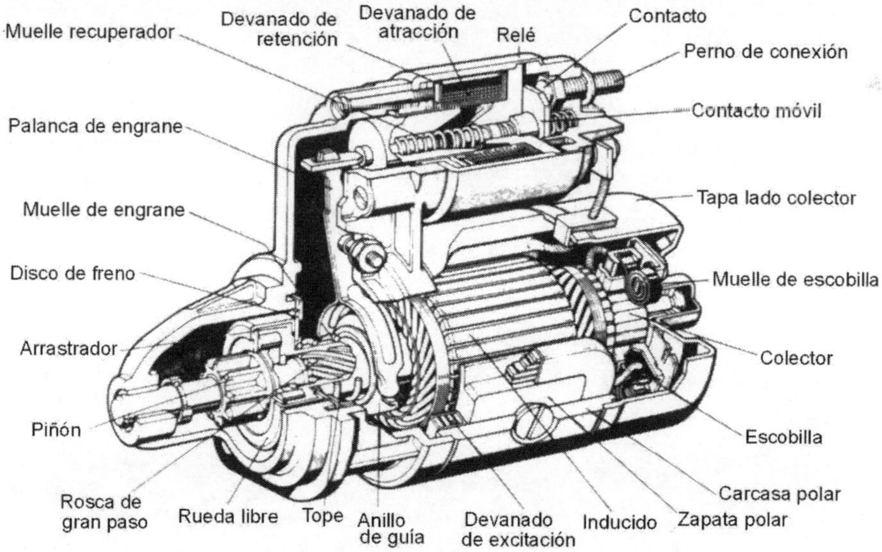

Figura 7.6

En la Figura 7.7 puede verse el despiece de componentes de este mismo modelo de motor, constituido por un rotor o inducido 19 que gira en el interior del estator 10 apoyado en ambos extremos del eje, en los cojinetes de fricción 1 y 16. En su extremo delantero está provisto de un piñón de engrane 21, que en el funcionamiento acopla con la corona del volante motor para arrastrarla en su giro. El accionamiento eléctrico del motor de arranque se consigue en este caso por medio de un relé 5, que simultáneamente, y por medio de la horquilla 4 desplaza hacia adelante al piñón de engrane para acoplarlo a la corona del volante motor. La carcasa delantera 3 se acopla al bloque motor y la trasera 15 aloja las escobillas que dan paso a la corriente para el rotor, como veremos seguidamente.

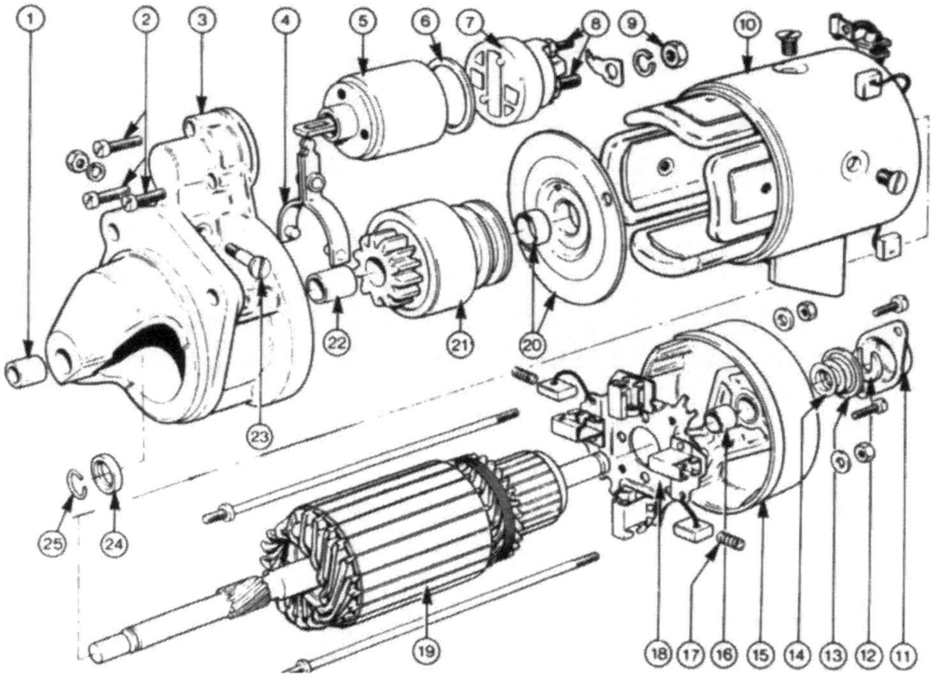

Figura 7.7

Motor eléctrico

Como se ha mencionado ya, el motor eléctrico lo conforman básicamente el estator y el rotor, con las correspondientes escobillas. El estator es el causante del campo magnético necesario para obtener el giro del rotor y está constituido por dos o cuatro zapatas polares, fijadas a una carcasa y espaciadas simétricamente sobre ella, tal como puede verse en la Figura 7.7 y como se muestra con más detalle en la Figura 7.8.

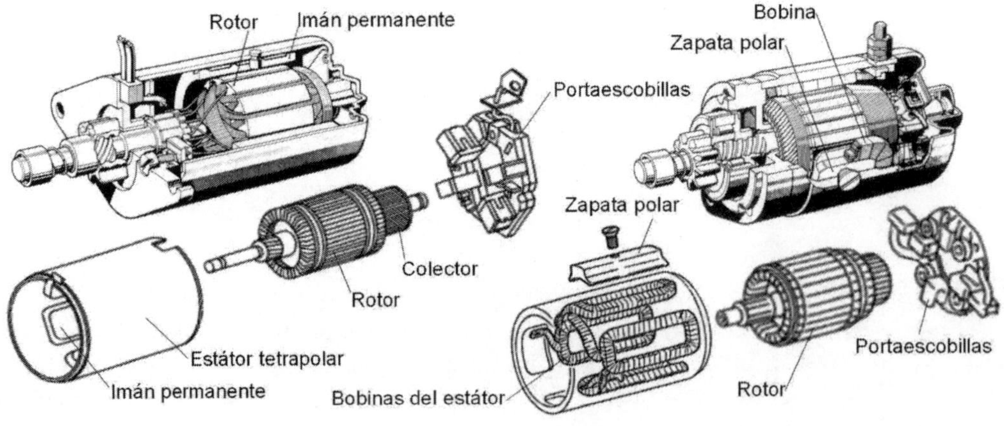

Figura 7.8

El campo magnético del estator puede conseguirse fabricando las zapatas polares con materiales magnéticos como el acero, constituidos como imanes permanentes, que se fijan mediante adhesivos a la carcasa (izquierda de la Figura), o bien con materiales como el hierro dulce que forman imanes temporales, lo cual se logra arrollándoles una bobina (derecha en la Figura). La fijación a la carcasa se realiza en este caso por tornillo. La necesaria configuración del campo magnético impone colocar las zapatas polares una frente a la otra en los motores bipolares, de manera que una forme el polo norte y la otra el sur, para lo cual, si se disponen zapatas de imán temporal, las correspondientes bobinas deben estar arrolladas una en sentido contrario de la otra para formar polos opuestos. En los motores tetrapolares (cuatro polos) las zapatas polares se espacian a 90º colocándose los polos del mismo nombre uno frente al otro.

La Figura 7.9 muestra esquemáticamente el conexionado de un motor tetrapolar, donde puede verse que las bobinas del estator se conectan en paralelo dos a dos, en este caso, y a su vez, el conjunto inductor está conectado en serie con el rotor, por medio de las escobillas. De esta manera, la corriente que llega al motor de arranque desde el relé, por el borne de conexión, se bifurca en éste para pasar a dos bobinas en cada ramal, conectadas en serie y arrolladas en sentido contrario una de la otra para formar polos opuestos. De la salida de ambos grupos de bobina conectados en paralelo, la corriente llega a dos escobillas colocadas en oposición, pasando por el colector a los conductores activos del rotor, desde los que sale hacia otras dos escobillas que cierran circuito en masa.

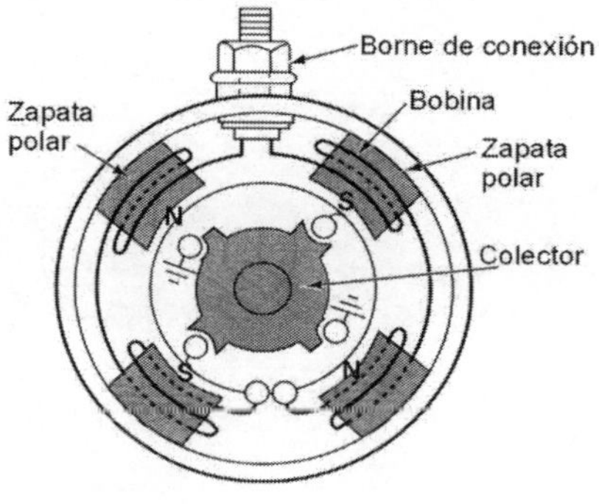

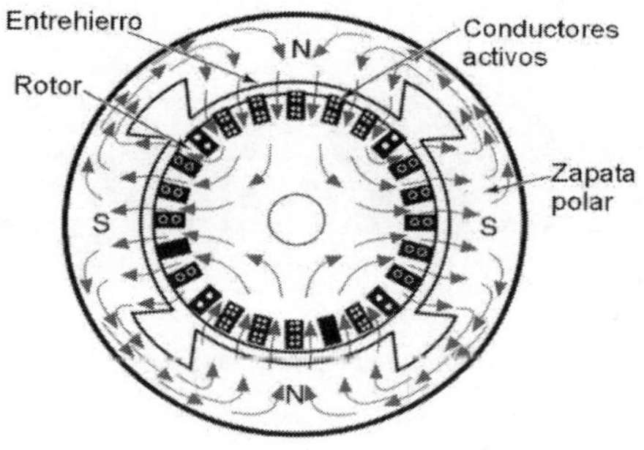

Figura 7.9

El campo magnético creado con el paso de la corriente por las bobinas del estator afecta de este modo a los conductores activos ubicados en el rotor, que así están sometidos a empuje y hacen girar al conjunto del rotor, como se detallará más adelante. En la derecha de la Figura se muestra la conformación del campo magnético en un motor tetrapolar y la afectación sobre los conductores activos del rotor. Las bobinas del estator se configuran en forma de arrollamientos planos de hilo de cobre de una sección importante, dado que ha de pasar por ellos una corriente de intensidad elevada.

En el interior del estator se aloja el rotor, apoyado sobre ambos extremos de su eje en cojinetes de fricción, como ya se ha mencionado. Sobre el eje del rotor se monta un paquete de láminas de hierro dulce, recubiertas de un barniz y prensadas formando un tambor como muestra la Figura 7.10. En la periferia del tambor se disponen unas acanaladuras longitudinales que alojan a los conductores activos, formados por hilo de cobre de gran sección, que se arrollan sobre el tambor formando bobinas, que se conectan al colector en delgas consecutivas quedando unidas en serie.

En un extremo del eje se monta el colector, que es un cilindro de cobre troceado en el sentido radial, formando delgas aisladas unas de otras y del propio eje por medio de un casquillo interior de mica. Del otro lado del tambor y sobre el eje se labra un estriado helicoidal donde se monta deslizante el piñón de arrastre.

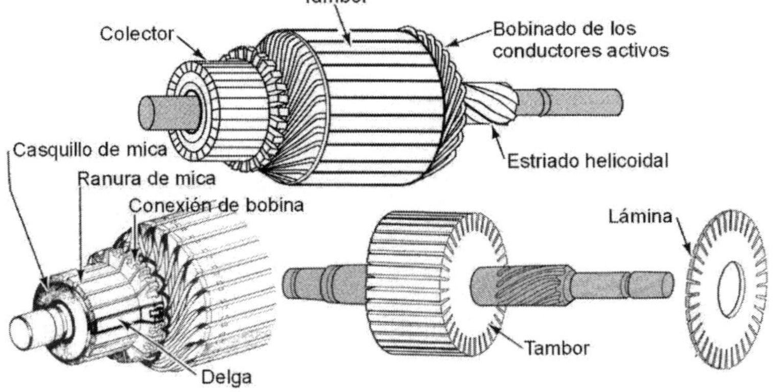

Figura 7.10

Los conductores activos forman un bobinado, cuyas espiras se alojan en las ranuras del tambor y se conectan al colector en delgas consecutivas (en serie). En la Figura 7.11 se muestra en dos esquemas este tipo de bobinado, donde puede verse que los dos conductores activos de una espira, se alojan en ranuras distanciadas del tambor, de manera que cuando uno se posicione frente a un polo norte, el otro lo haga frente al polo sur.

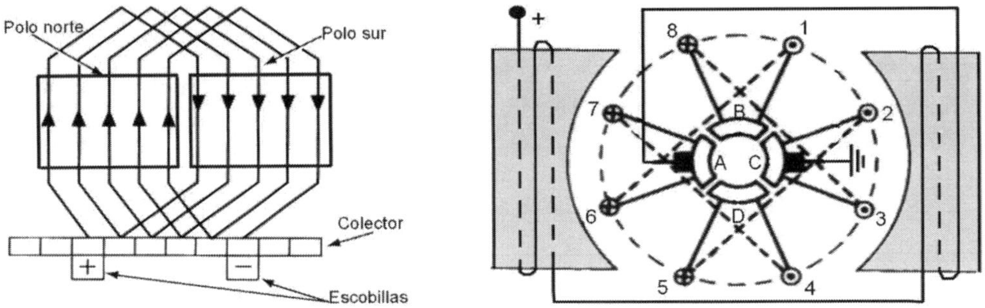

Figura 7.11

En el funcionamiento, la corriente que llega por la escobilla positiva pasa a la delga que pisa y de allí al conductor activo conectado a ella para seguir el recorrido por la espira hasta la siguiente delga, de donde parte una nueva espira, y así sucesivamente hasta encontrar la escobilla negativa conectada a masa. En el esquema de la derecha de la Figura puede verse que la corriente que llega a la escobilla positiva desde las bobinas del estator, pasa desde ella a la delga A sobre la que pisa, desde la cual pasa a los conductores activos conectados a ella, para seguir el recorrido por dos caminos paralelos hasta la escobilla negativa. En este caso, desde la delga A se bifurca la corriente por un lado para el conductor activo 7 de la primera espira, cuyo otro conductor activo es el 4, conectado a la delga D, por la que sigue la corriente hasta el conductor 5 y conductor 2, hasta la delga C, de donde pasa por la escobilla negativa a masa. También desde la delga A pasa la corriente al conductor 6 y conductor 1, delga B, conductor 8 y conductor 3, y delga C, saliendo también por la escobilla negativa a masa.

Establecido el paso de corriente por los conductores activos como se ha reseñado, resulta que se da el mismo sentido de la corriente en todos los conductores situados frente al polo norte y en los situados frente al polo sur, siendo contraria la dirección de unos respecto a la de otros, como puede verse en ambos esquemas. De ello resulta que los empujes sufridos por los conductores tienen la misma dirección y la suma de todos ellos hace girar al rotor, en este caso en sentido antihorario, suministrando un par de giro importante.

Dado que las escobillas permanecen en el mismo sitio, en cuanto se inicia el giro del rotor, las delgas cambian de posición, de manera que la corriente en los conductores activos se conmuta, pasando ahora por los conductores que ocupan la posición de los anteriores, por lo que la dirección del empuje sufrido sigue siendo la misma.

El paso de corriente hacia las bobinas del rotor se realiza por medio de unas escobillas de una mezcla de cobre y grafito aglomerado, que da un roce suave contra el colector, sobre el que son presionadas por un muelle de espiral, que se dispone en el soporte del portaescobillas donde se alojan, tal como se representó en las Figuras 7.6 y 7.7. La Figura 7.12 muestra con detalle este posicionamiento, correspondiente a una escobilla positiva, cuyo portaescobillas está aislado de masa, mientras que el portaescobillas negativo se une directamente a la carcasa metálica, con la que establece contacto eléctrico.

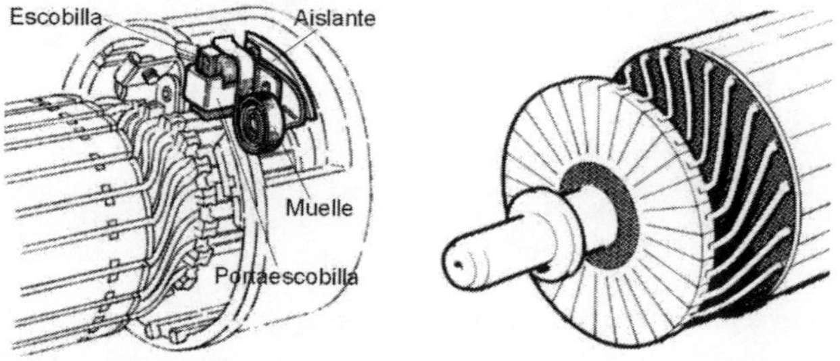

Figura 7.12

Para reducir el desgaste que sufren las escobillas con el uso, algunos motores de arranque disponen el colector plano y frontal, como se muestra en la derecha de la Figura, donde el deslizamiento es más regular, sobre todo en las altas revoluciones, atenuándose los saltos y vibraciones de las escobillas con el giro del rotor.

Sistema de engrane

El arrastre del motor de combustión por parte del motor eléctrico se realiza, como es conocido, por medio de un sistema de engranaje del tipo piñón corona, entre los que existe una relación de desmultiplicación comprendida generalmente entre 10:1 y 15:1. Esta desmultiplicación permite el arrastre del motor de combustión, venciendo las resistencias que se oponen al giro, utilizando motores eléctricos de pequeñas potencias, haciéndoles girar a elevadas velocidades de rotación. Así, resulta que la potencia requerida para arrastrar al motor de combustión, queda reducida con la desmultiplicación prevista en el grupo piñón corona, pero la contrapartida es que para llevar al motor de combustión a un régimen de 100 r.p.m., necesario para lograr el arranque, es preciso que el motor eléctrico gire a 1000 r.p.m. (reducción de 10:1).

Debido a la relación de desmultiplicación existente entre el piñón de engrane y la corona del volante motor, se hace necesario disponer un sistema de mando que garantice el desengrane del piñón en cuanto el motor de combustión se ponga en marcha, pues en caso contrario, el rotor del motor de arranque sería arrastrado a gran velocidad, lo que produciría su destrucción. Ello se logra disponiendo un acoplamiento deslizante para el engrane del piñón con la corona, ejecutando el movimiento con la acción de un relé con núcleo móvil, o encomendando el movimiento deslizante del piñón de engrane a los efectos de inercia.

La Figura 7.13 muestra la disposición de mando del piñón por medio de un relé, cuyo núcleo móvil se articula al extremo superior de la horquilla de mando, fijada a la carcasa delantera en un eje de giro, y que por su extremo inferior se acopla en el piñón de engrane. El desplazamiento del núcleo móvil del relé en la maniobra de arranque, hace bascular a la horquilla de mando que, a su vez, impulsa al piñón de engrane en dirección a la corona del volante motor.

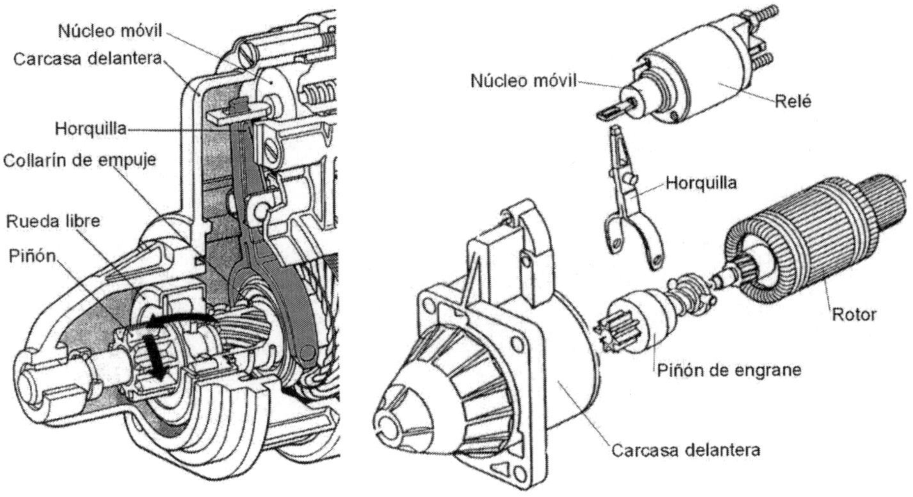

Figura 7.13

Cuando se ha producido el arranque del motor de combustión, el conductor desactiva el relé de mando, con lo que la horquilla vuelve a su posición de reposo, retirando al piñón de engrane de la posición de acoplamiento con la corona del volante motor; pero, esta vuelta atrás del piñón no se produce con la debida rapidez y, por ello, al comienzo del funcionamiento del motor de combustión se da un cierto arrastre desde la corona hacia el piñón de engrane que, como se ha mencionado, debe ser evitado. Para ello se dispone un sistema de acoplamiento de rueda libre entre el piñón de engrane y el eje del rotor, sobre el que va montado, de manera que cuando el rotor gira a más velocidad que el piñón (maniobra de arranque), éste es arrastrado en el giro, que se transmite a la corona; pero si la velocidad del piñón supera a la del rotor (motor de combustión en marcha), se produce el desacoplo y, aunque el piñón sea arrastrado por el volante motor, el rotor no lo es, evitándose así los daños que pudiera causar un régimen de giro excesivo.

La Figura 7.14 muestra la estructura de un piñón de engrane con dispositivo de rueda libre. El conjunto se monta sobre el eje del rotor por medio de un estriado helicoidal 5, labrado en el interior de la carcasa 4, que forma un cilindro en cuyo interior se aloja el casquillo 2 del que forma parte el piñón de engrane 1, acoplado el conjunto al cilindro por medio de los rodillos 3, montados en una rampa y presionados por un muelle contra la parte más ancha de dicha rampa.

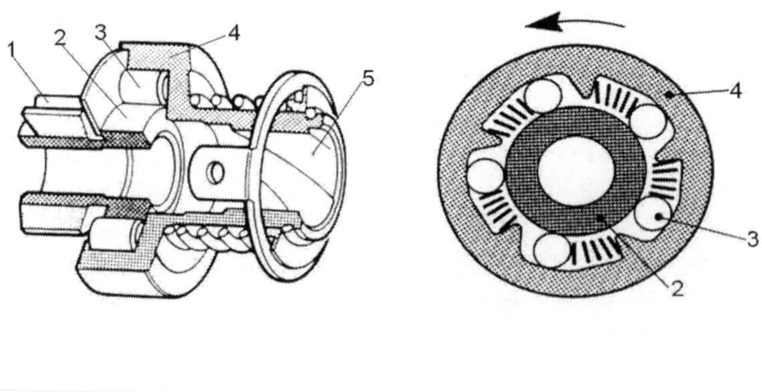

Figura 7.14

En la maniobra de arranque, la carcasa 4 es arrastrada por el rotor, a través de la rampa helicoidal 5, mientras que el piñón de engrane 1 con su casquillo 2 tienden a quedarse en reposo; pero debido al giro de la carcasa 4, los rodillos 3 son arrastrados por ella hacia la parte estrecha de la rampa, acuñándose sobre el casquillo 2 del piñón 1, al que ahora arrastran en el giro, que de esta forma se transmite a la corona del volante motor.

Cuando el motor de combustión se pone en marcha, la corona de su volante gira a mucha más velocidad que en el arranque, con lo cual, arrastra al piñón de engrane aun a mayor velocidad, debido a la desmultiplicación entre ambos. Con ello, el casquillo 2 gira ahora más rápido que la carcasa 4 y los rodillos 3 son liberados, desplazándose hacia la parte ancha de la rampa, desacoplando ambos conjuntos (casquillo 2 y carcasa 4), lo que permite que el piñón gire sin arrastrar al eje del rotor, hasta que el conductor interrumpa la maniobra del arranque, en cuyo caso el sistema de accionamiento hace que se retire el piñón de su engrane con la corona.

Sistema de accionamiento

El accionamiento de los motores de arranque se encomienda en la mayoría de los casos a un relé con núcleo móvil, como se ha visto anteriormente, que realiza la doble función de dar paso a la corriente desde la batería al motor eléctrico y, al mismo tiempo, desplazar el piñón de engrane en dirección a la corona del volante motor.

La Figura 7.15 muestra la constitución de un relé de arranque, que dispone en el interior de una carcasa cilíndrica, dos bobinas 2 y 3 enrolladas sobre la armadura magnética 4 y el núcleo deslizante 1, provisto de un eje partido 8 con muelle 9, que mantiene al núcleo en la posición de reposo que se ha representado en la Figura. Cuando se hace pasar la corriente eléctrica por las bobinas 2 y 3, el campo magnético creado por ellas y el inducido en la armadura 4, ejercen una fuerte atracción sobre el núcleo móvil 1, que se desplaza a la derecha venciendo la acción del muelle 9, hasta el tope con la armadura. Con este movimiento se arrastra al eje 8 en el mismo sentido y, por medio de la placa 7 establece contacto entre los bornes 6, uno de los cuales está unido a positivo directo de batería y el otro al borne de entrada de corriente del motor de arranque. De esta forma, se activa el interruptor de arranque y al mismo tiempo se provoca el desplazamiento del piñón de engrane, como se ha visto con anterioridad.

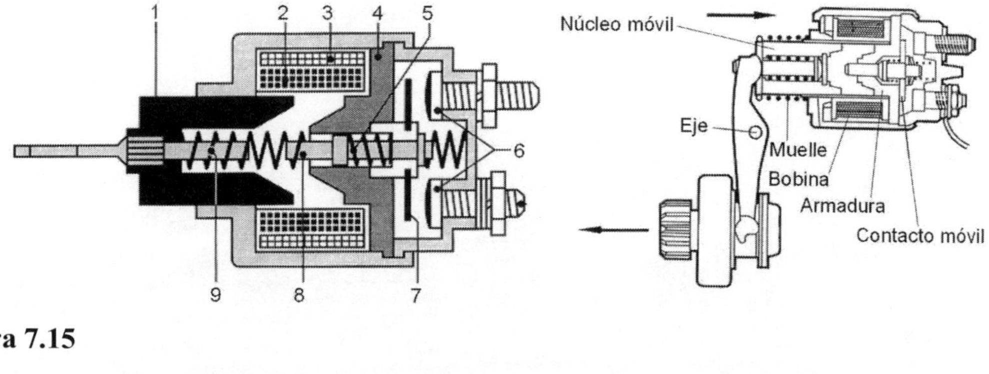

Figura 7.15

La Figura 7.16 muestra el esquema de conexiones del relé, donde puede verse que una de sus bobinas (R), llamada de retención, está conectada directamente a masa por un extremo, mientras por el otro recibe corriente de batería a través del interruptor de encendido y arranque (borne 50), al igual que la otra bobina (A), llamada de accionamiento, cuyo otro extremo se conecta a masa a través del devanado inductor y las bobinas del rotor del propio motor de arranque. Con la activación del relé, cuando se cierran sus contactos, el motor de arranque recibe la corriente directamente de batería por el borne 30 y los contactos del relé, quedando en este instante la bobina de accionamiento en cortocircuito y, por tanto, fuera de servicio, mientras la de retención permanece activada y mantiene al núcleo móvil del relé desplazado; sin embargo, la fuerza de esta bobina de retención es insuficiente para la activación del núcleo, siendo precisa la fuerza de la bobina de accionamiento, sumada a la de retención, para lograr el desplazamiento.

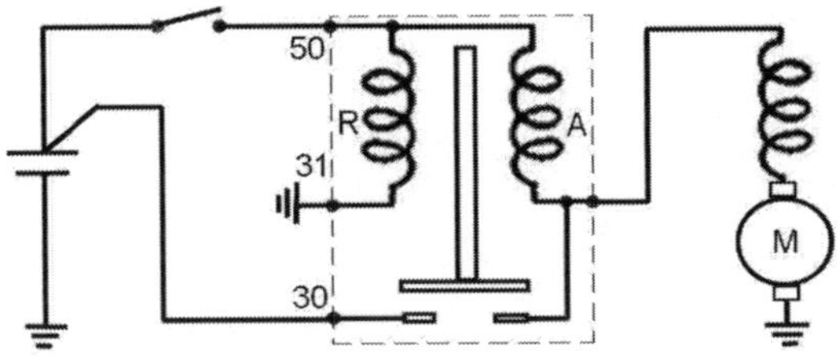

Figura 7.16

7.3 Funcionamiento del motor de arranque

En el funcionamiento de un motor de arranque deben contemplarse tanto los aspectos eléctricos, como los puramente mecánicos que intervienen en la maniobra del arranque. La Figura 7.17 muestra el esquema de un motor de arranque con accionamiento por relé, en el que al accionar el interruptor de arranque, la corriente pasa desde el positivo de batería hacia las dos bobinas del relé, cerrando circuito en masa la bobina de retención 2 y pasando desde la de accionamiento 1 hacia las bobinas del estator 7 por el borne 6 al que están conectadas. Ya en el motor de arranque, la corriente recorre las bobinas del estator pasando después a las dos escobillas positivas 8, desde donde llega a las bobinas del rotor, saliendo por las escobillas negativas a masa para cerrar el circuito. Los campos magnéticos así creados en el motor eléctrico, tanto en el estator como en el rotor, generan un pequeño par de rotación que tiende a hacer girar a este último; pero dado que la intensidad de la corriente está limitada por la resistencia eléctrica de la bobina de accionamiento 1, no se consigue el arrastre del motor de combustión.

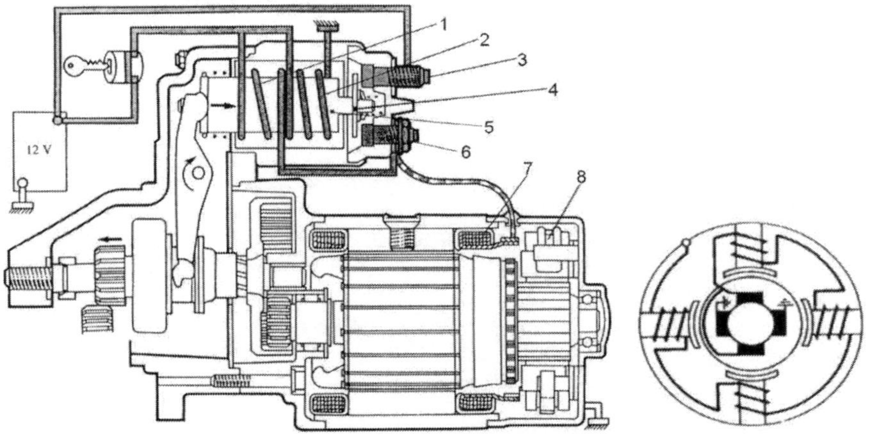

Figura 7.17

Con el establecimiento de la corriente en este circuito, la acción del campo magnético generado en ambas bobinas del relé produce el desplazamiento de su núcleo móvil 5, como es conocido y, con ello, la horquilla de mando empuja al piñón de engrane hacia la corona del volante del motor, en cuyos dientes encaja. En el avance, el piñón gira un poco debido a su acoplo en la hélice del eje del rotor, facilitando el engrane. Al mismo tiempo, la palanca 4 de contacto del núcleo del relé llega a tocar en los bornes 3 y 6, estableciendo el contacto entre ellos un poco antes del final de su recorrido, permitiendo que la corriente de batería pase directamente desde el borne 3 al que está conectada, al borne 6, para seguir desde allí hacia las bobinas del estator, escobillas y rotor, como anteriormente. En este instante, la bobina de accionamiento 1 ha quedado puenteada y la corriente no pasa por ella hacia el motor, sino directamente a través de los contactos 3 y 6, por lo que la intensidad es elevada. La bobina de retención 2 sigue alimentada y mantiene accionado el relé.

El paso de corriente directa por las bobinas del estator genera el correspondiente y potente campo magnético, en el que están sumergidos los conductores activos del rotor y, como por ellos también pasa la corriente, sufren el correspondiente empuje que produce el giro del rotor, como es conocido.

Una vez que el motor de combustión ha arrancado, el conductor desconecta el interruptor para detener el giro del motor de arranque, pero dada la estructura y conexionado del mismo, el rotor tiende a seguir girando, pues sigue alimentado directamente desde la batería a través de los contactos todavía cerrados, como muestra el esquema de la Figura 7.18. En esta situación, una parte de la corriente que llega desde la batería hasta el borne 6, pasa desde aquí a la bobina de accionamiento 1 y seguidamente a la de retención 2, como indican las flechas. El sentido de paso de la corriente por la bobina de accionamiento ahora, es contrario al de la de retención y, por ello, sus campos magnéticos se contrarrestan, de lo que resulta que el núcleo del relé es desplazado en sentido de desconexión ayudado por el muelle. Con esta acción, la horquilla tira del piñón de engrane para retirarlo de la corona del volante motor y dejarlo en su posición de reposo.

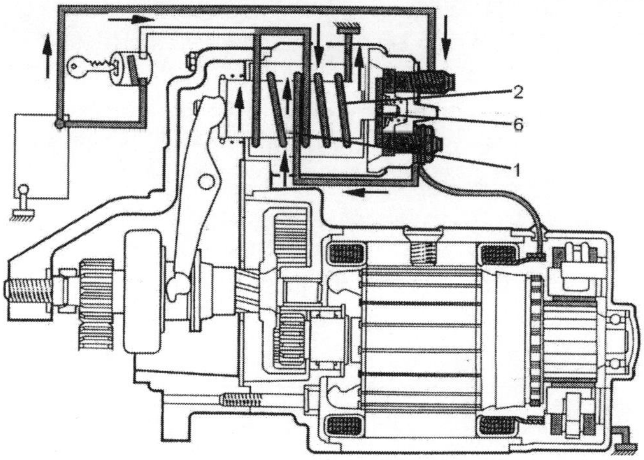

Figura 7.18

7.4 Características de los motores de arranque

La tensión nominal, la potencia y el par de rotación, son las características fundamentales de los motores de arranque, que a su vez están establecidas de acuerdo con el motor de combustión en el que se montan (cilindrada, ciclo de trabajo, potencia, etc.). Dicha potencia se determina para una situación de arranque en frío y utilizando una batería cargada al 70%, condiciones en las cuales debe efectuarse la puesta en marcha del motor de combustión sin dificultad.

La Figura 7.19 muestra las curvas características de un motor de arranque, donde puede verse que el par motor crece proporcionalmente con el aumento de la intensidad de corriente consumida, mientras que la velocidad de rotación sigue una evolución contraria, disminuyendo a medida que aumenta el consumo de corriente. La tensión disminuye a medida que aumenta la intensidad de la corriente consumida, mientras que la potencia crece hasta un cierto valor de intensidad, a partir del cual decrece nuevamente.

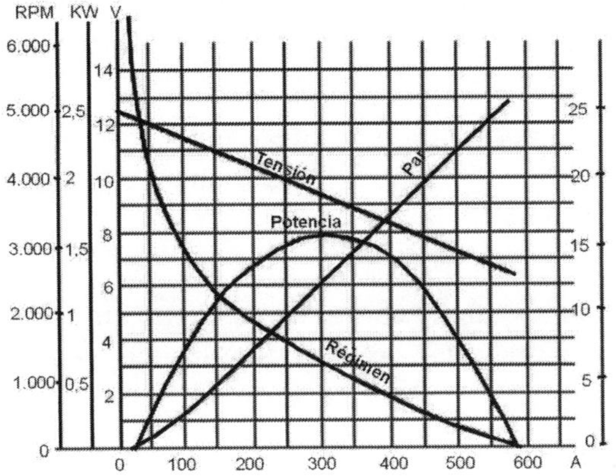

Figura 7.19

En términos generales, para los motores de gasolina de cilindradas pequeñas y medias se utilizan motores de arranque con potencias inferiores a 1,5 kw, mientras que para los motores diesel o los de gasolina de grandes cilindradas se emplean motores de arranque con potencias superiores a los 2,2 kw.

Dados los relativamente elevados valores de potencia requeridos, y debido a que la tensión de alimentación aplicada a los motores de arranque es de 12 V, en el funcionamiento de los mismos se producen intensidades de corriente considerables, por lo cual, deberá cuidarse especialmente el conexionado de este circuito. Con el fin de reducir todo lo posible la caída de tensión en la batería cuando se acciona el motor de arranque, es necesario que aquella tenga una resistencia interna muy pequeña, es decir, que esté debidamente cargada. El cable de conexión entre la batería y el motor de arranque debe ser de gran sección, para que presente un mínimo de resistencia, y las conexiones deberán estar bien hechas para que no existan resistencias de contacto, es decir, que no haya suciedad u otro impedimento que dificulte el contacto eléctrico entre bornes y terminales.

Características mecánicas

En la gama de motores de arranque convencionales, existe una gran variedad de modelos que utilizan la misma estructura, aunque cada uno presente sus peculiares características, en base a la potencia que se quiere conseguir y la implantación en un determinado motor de combustión.

Para aumentar el par proporcionado por un motor de arranque sin que su tamaño resulte excesivo, se utiliza frecuentemente un sistema reductor del tipo de engranajes planetarios, como el representado en la Figura 7.20. El eje del rotor 5 termina en el piñón 4, que engrana exteriormente con los satélites 3 del tren planetario, que a su vez lo hacen exteriormente con la corona 2, la cual va fijada a la carcasa del motor de arranque. El giro del rotor es transmitido por su piñón a los satélites, que ruedan sobre la corona arrastrando al eje 2 del piñón de engrane con la correspondiente reducción de giro, con la que se consigue un aumento del par de arrastre.

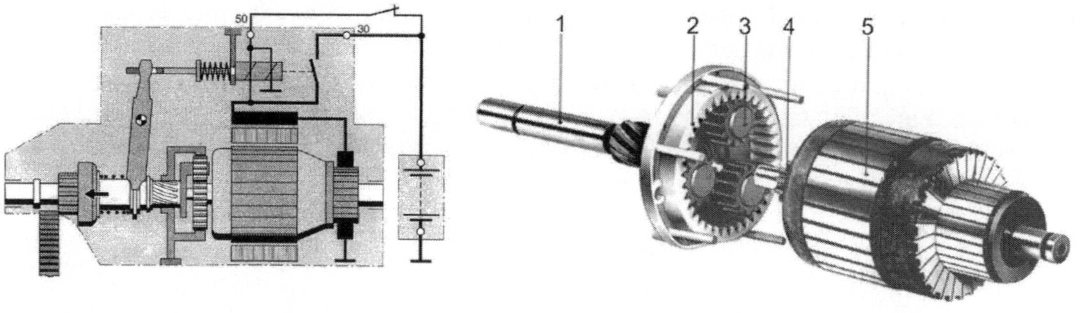

Figura 7.20

La evolución tecnológica de los motores de arranque se ha centrado básicamente en conseguir un producto de máxima fiabilidad y larga duración, al tiempo que se reducen de forma considerable su peso y volumen. Para lograrlo se adoptan diferentes sistemas, como los reductores de tren epicicloidal, los imanes permanentes para las inductoras, carcasa de acero embutido, colector axial, etc. En la Figura 7.21 se ha representado uno de estos motores de arranque.

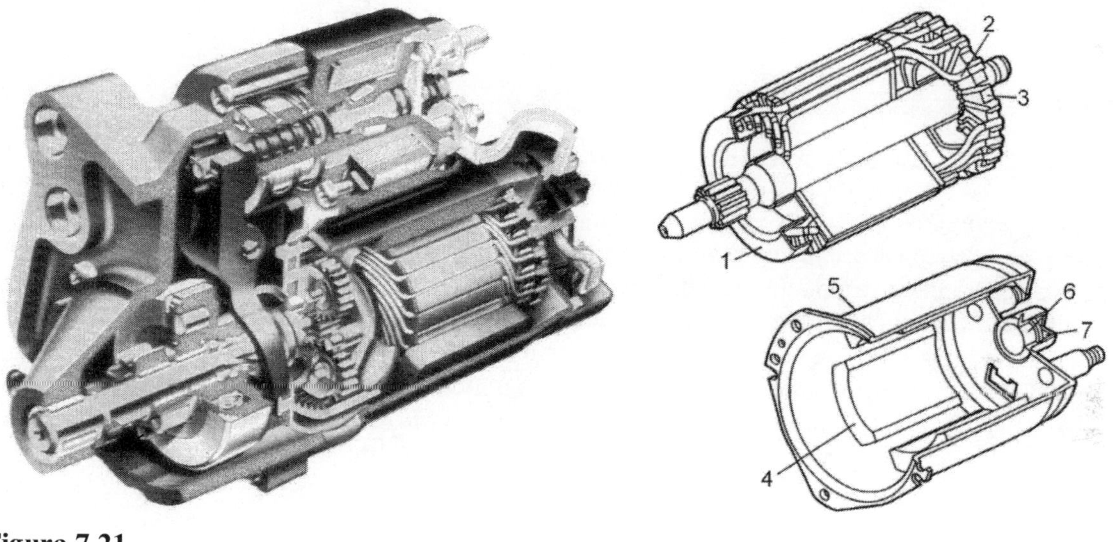

Figura 7.21

El rotor se configura como muestra el detalle de la Figura, con un colector axial 3 y un tambor de escasa inercia que permite una gran velocidad de rotación (hasta 30.000 r.p.m.). Las espiras 2 del inducido se enfundan en fibra de vidrio impregnada en silicona para resistir las altas temperaturas y están sujetas por unos anillos de retención 1 para evitar su centrifugación. El conjunto se encuentra equilibrado en la parte delantera y posterior para un funcionamiento óptimo en alta velocidad. La carcasa 5 se realiza por proceso de embutición y a ella se pegan las masas polares 4, que son imanes permanentes capaces de mantener el magnetismo largo tiempo. En ella se apoya el eje del rotor por medio de un cojinete de bronce 6, sinterizado y autolubricante, que dispone una cápsula 7 de reserva de grasa.

En algunos motores de arranque el engrane del piñón con la corona del volante motor se realiza por inercia, como es el caso representado en la Figura 7.22, donde puede verse que el piñón de engrane va montado en un estriado helicoidal en forma de rosca de gran paso que lleva labrado el eje del inducido. El sentido de la hélice es tal, que al comenzar a girar el rotor el piñón es impulsado hacia adelante a causa de su inercia, hasta engranar con la corona (detalle A). Al realizarse el engrane, el piñón, que estaba girando en vacío, es frenado bruscamente y avanza hasta el tope fijo venciendo la acción del muelle helicoidal situado en ese extremo. El motor de arranque queda unido en arrastre con el motor de combustión (detalle B) y le hace girar. Una vez puesto en marcha el motor de combustión, el piñón de engrane es arrastrado por la corona, que ahora gira más rápida que él, desplazándose el piñón hacia atrás por efecto de la hélice, desengranando de la corona para ocupar nuevamente su posición de reposo.

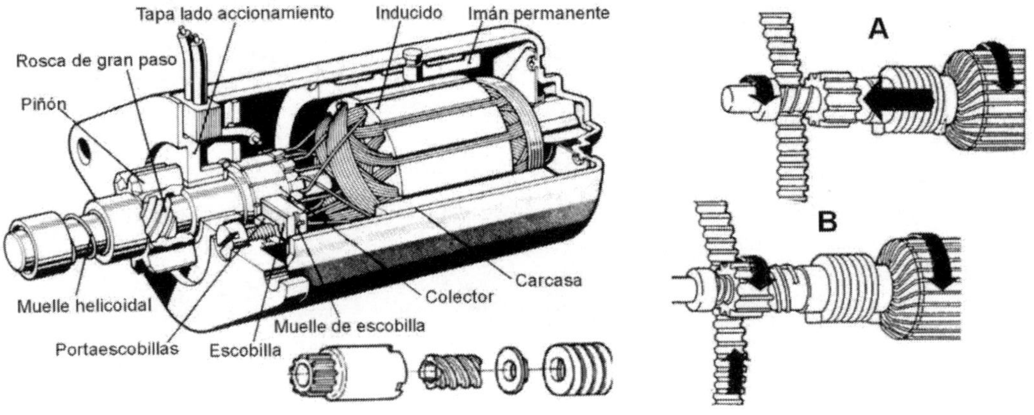

Figura 7.22

Sistema electrónico de mando del motor de arranque

En los vehículos actuales se utiliza un sistema de mando del motor de arranque de tipo electrónico, en el que la corriente de mando para el relé la suministra una central electrónica, cuando a su vez recibe la correspondiente señal de la llave de contacto o del botón de puesta en marcha del que están provistos algunos vehículos. Este sistema aporta la ventaja esencial de que la activación del motor de arranque está controlada enteramente por la central electrónica, de manera que basta con un impulso de la llave de contacto para activarlo y la desconexión del mismo se realiza de manera automática en cuanto el motor de combustión se pone en marcha, para lo cual, la central electrónica utiliza la señal de régimen de giro que le llega del sensor correspondiente. Por otra parte, si el motor no se pone en marcha después de un tiempo de activación (generalmente siete segundos), la central electrónica corta la corriente de mando para evitar una descarga inadecuada de la batería. La Figura 7.23 muestra el esquema correspondiente a este circuito.

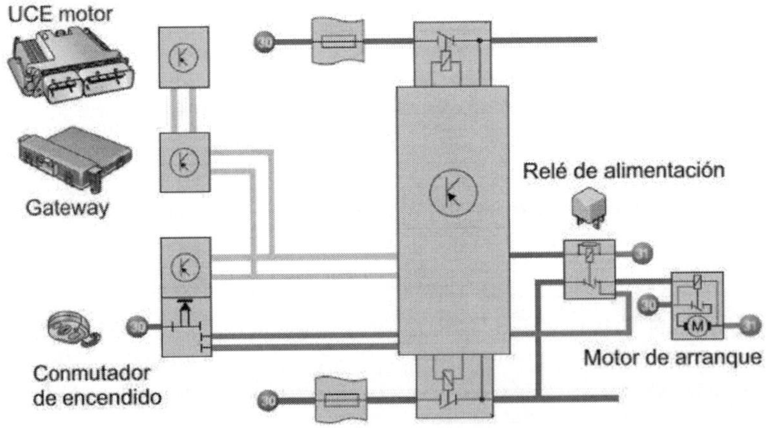

Figura 7.23

En los vehículos que disponen el sistema de arranque y parada (Start/Stop), el sistema electrónico de mando del motor de arranque realiza la activación del mismo en cuanto el conductor presiona el pedal del acelerador, el cual envía la correspondiente señal a la unidad de control del motor, que a su vez la pasa a la unidad electrónica de accionamiento del sistema de arranque.

El motor de arranque de un vehículo con sistema Start/Stop realiza un mayor número de ciclos de arranques durante su vida útil, que el de un vehículo sin el citado sistema. Por este motivo está reforzado para aguantar 5 veces más ciclos de arranque que uno convencional. Los refuerzos se centran en algunos de los componentes, como el rotor, aunque la estructura es la misma que en un motor de arranque convencional.

En muchos vehículos se utiliza un dispositivo antiarranque (transponder) incorporado en la cerradura de la llave de contacto (Figura 7.24), que transmite un código de señal a la central electrónica cuando se introduce la llave de contacto en su correspondiente cerradura, para efectuar la puesta en marcha del motor. Cuando se retira la llave de contacto, al abandonar el vehículo, el transponder envía nuevamente una señal a la unidad de control, que realiza el bloqueo de arranque cortando la alimentación para el encendido, la inyección y el propio motor de arranque.

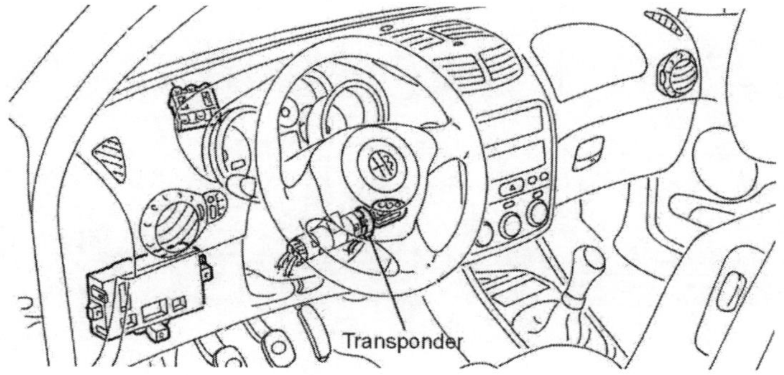

Figura 7.24

La Figura 7.25 muestra la estructura de uno de estos dispositivos, en los cuales, la llave está provista de un circuito electrónico, y la cerradura para la puesta en marcha del motor dispone un bobinado conectado a la unidad de control del sistema antiarranque, en el que se genera una señal cuando se introduce la llave en la cerradura.

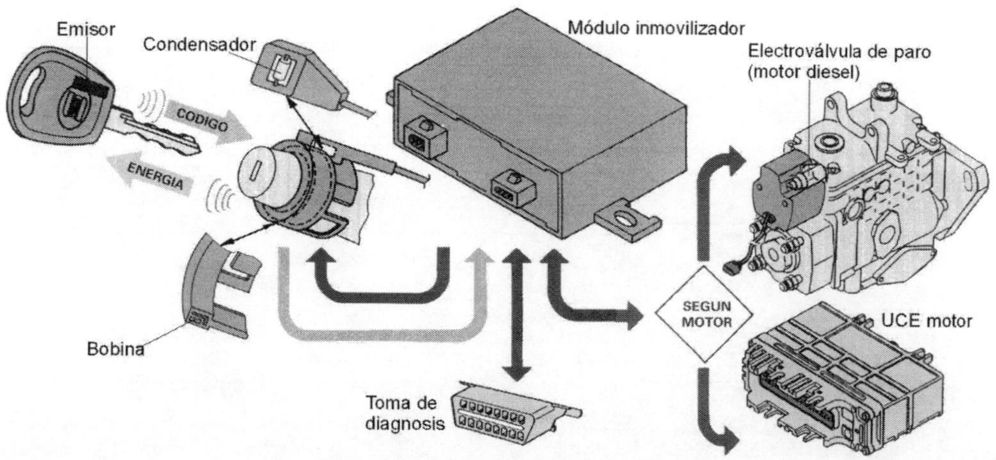

Figura 7.25

La bobina de la unidad de lectura recibe alimentación en tensión de la unidad de control, generando un campo magnético variable, mediante el cual, cuando se introduce la llave en la cerradura, el circuito electrónico del que está provista queda alimentado en tensión y, en estas condiciones, emite una señal codificada que es captada por la bobina de la unidad de lectura y enviada a la unidad de control, como se ha dicho, en la que se produce el desbloqueo del sistema de inyección y encendido, para posibilitar el arranque del motor. La recepción de la señal que emite la llave se realiza mediante una antena integrada en la unidad de lectura, formada por el propio bobinado y un condensador, que transforman la señal emitida por la llave en una serie de impulsos eléctricos codificados, que son enviados a la unidad de control.

La Figura 7.26 muestra el esquema eléctrico de conexiones de un sistema antiarranque con trasponder, combinado con el sistema de cierre centralizado de las puertas, cuya unidad receptora de infrarrojos se conecta a la unidad electrónica de control antiarranque, así como la unidad de lectura de la llave, que la constituye esencialmente la bobina del transponder. A su vez, la unidad de control antirrobo está conectada a la unidad electrónica de gestión del motor, a la que bloquea para impedir el arranque del mismo.

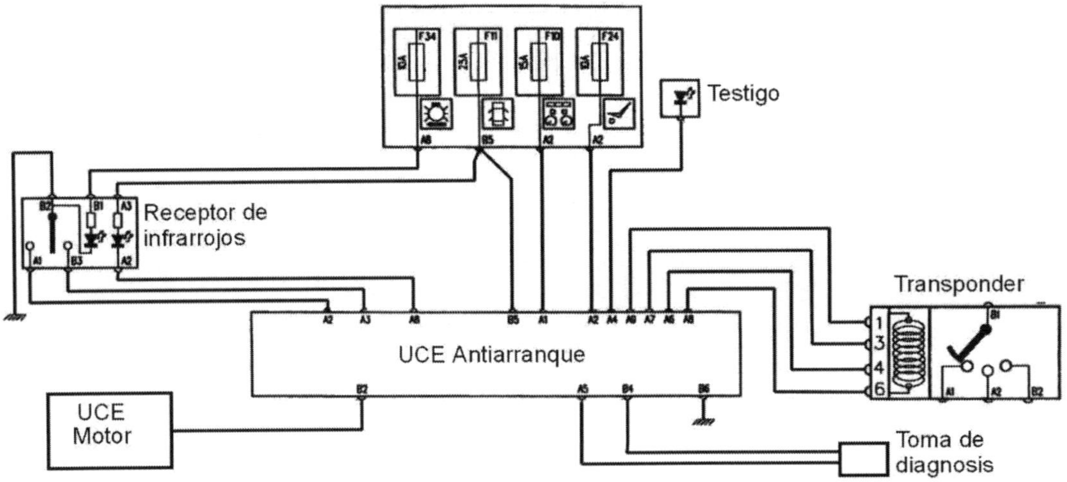

Figura 7.26

En algunos vehículos el motor de arranque forma un conjunto con el alternador, de manera que puede realizar sus funciones básicas, como generador de energía eléctrica y como motor. La Figura 7.27 muestra en esquema este dispositivo, donde puede verse que el estator dispone un bobinado trifásico que en la fase de funcionamiento como alternador genera una corriente alterna trifásica, mientras que en la fase como motor, cuando se le suministra una corriente alterna trifásica, es capaz de hacer girar al rotor, que efectuará el lanzamiento del motor de combustión.

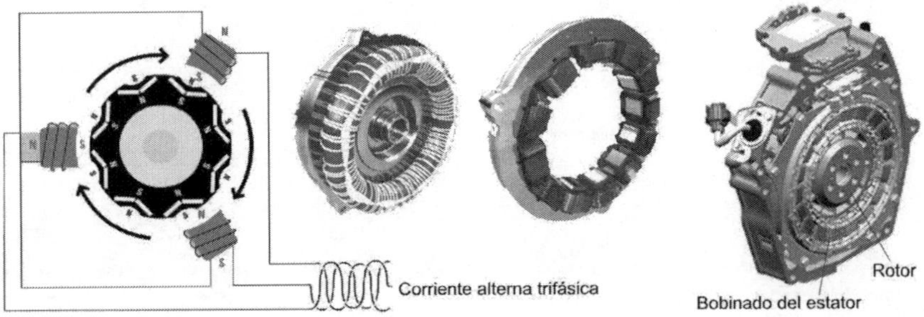

Figura 7.27

La Figura 7.28 muestra la estructura de un vehículo donde el dispositivo combinado de motor de arranque y generador 1 está ubicado entre el motor de combustión y la caja de cambios, integrado en el volante motor. El sistema se conecta a un conversor 2 de corriente continua y alterna, que a su vez está conectado a una batería específica para este sistema de 42V, mediante la cual se mejora la función de arranque del motor. Esta batería es complementaria a la de 12V (4) que alimenta a la instalación eléctrica del vehículo.

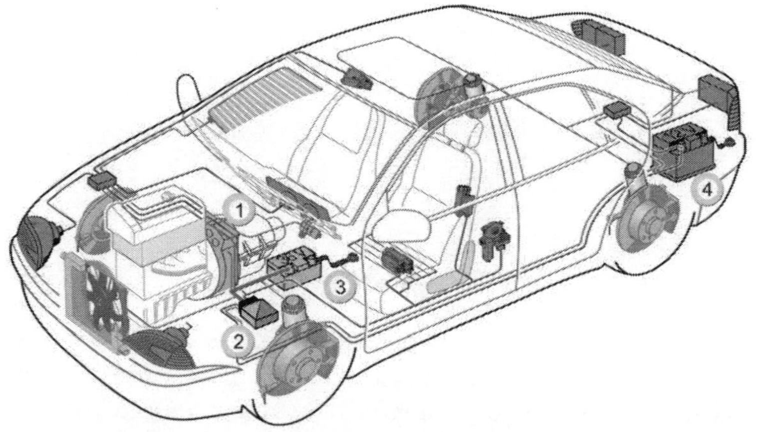

Figura 7.28

7.5 Verificación del sistema de arranque

Ante una situación de funcionamiento irregular del sistema de arranque, deberá procederse a la verificación del correspondiente circuito, para tratar de localizar cual es el componente defectuoso (batería, interruptor, motor de arranque, cableado, etc.) para proceder seguidamente a su desmontaje y reparación. Si al accionar la llave de contacto no se pone en marcha el motor de arranque, la avería suele estar localizada en el circuito de arranque, el relé o el propio interruptor, que deberán verificarse antes de proceder a su desmontaje y reparación. Por lo contrario, cuando el motor de arranque gira en vacío, sin arrastrar al de combustión, la avería suele radicar en el sistema de engrane, y si el arrastre se produce, pero a una velocidad muy lenta, el defecto suele estar en el motor de arranque o en la batería.

Así pues, en la verificación del sistema de arranque, se procederá en función del tipo de incidente detectado, debiendo comenzar con una prueba del estado de la batería. Teniendo encendidas las luces de carretera, se acciona el interruptor de arranque y el motor debe funcionar arrastrando al de combustión. En estas condiciones, si las luces disminuyen su brillo hasta casi apagarse, es indicio de que el defecto está en la batería, que se encuentra descargada o flojas sus conexiones de bornes. Si las luces continúan con su brillo normal y el motor no gira, es muy probable que exista una interrupción en el circuito o en el propio motor de arranque. Si al tocar con la mano en bornes o conexiones se observa calentamiento de los mismos estando el motor de arranque en marcha, es síntoma de que existen caídas de tensión debidas a contactos defectuosos en estos bornes o terminales, que habrán de ser verificadas.

Cuando no se obtiene el funcionamiento del motor de arranque, deberá comprobarse con un voltímetro o lámpara de pruebas si llega tensión al borne 50 de accionamiento del relé (posición 1 en la Figura 7.29). En estas condiciones, al accionar el interruptor de arranque, la lámpara debe encenderse o el voltímetro indicar la misma tensión de la batería. Si no hay tensión, la avería es del circuito de alimentación del relé: cable cortado o llave de contacto defectuosa. Si llega tensión y el motor de arranque no funciona, es síntoma de que el relé es defectuoso; no obstante, deberá realizarse una prueba complementaria midiendo si hay tensión en el borne del relé conectado al bobinado del motor (posición 2) que, en caso afirmativo indica avería interna del motor, mientras que en caso negativo confirma la avería del relé, debida a fallo de alguna de sus bobinas o conexión de bornes defectuosa.

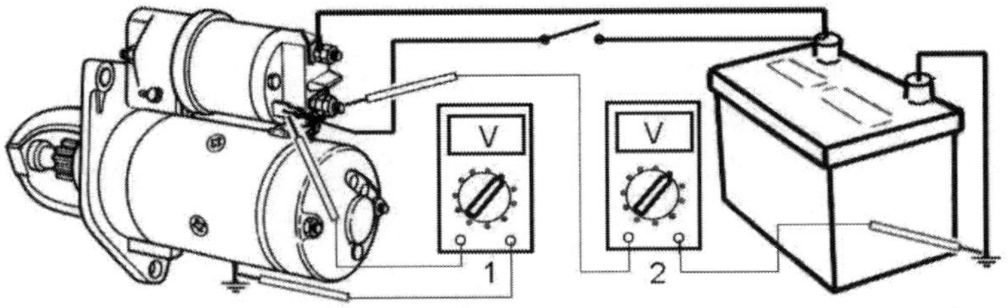

Figura 7.29

Cuando no se obtiene el giro del motor al accionar la llave de contacto, pero se oye el golpe que produce el relé al activarse, cabe pensar que el relé está bien y el motor de arranque es defectuoso, pero ello debe ser corroborado comprobando si hay tensión en el borne de salida del relé, como en la posición 2 de la Figura.

Si no se produce arrastre del motor de combustión y el motor de arranque gira en vacío al accionar el contacto, la avería más probable es que la rueda libre del piñón de engrane sea defectuosa, aunque también es posible que la horquilla de mando del piñón se haya roto y no se produzca el desplazamiento del mismo. En cualquier caso, es preciso desarmar el motor de arranque y proceder a la revisión individual de los componentes del mismo.

Cuando el motor de arranque gira lentamente arrastrando al de combustión, se procederá a medir la tensión aplicada a la instalación durante la maniobra, conectando un voltímetro entre ambos bornes de la batería. En estas condiciones, si la tensión desciende por debajo de 9V, es síntoma de que la batería está descargada, por lo cual, deberá efectuarse un control de la misma con el densímetro, como es conocido, que confirme este diagnóstico. Si el resultado de esta comprobación indica batería correcta, la avería consiste en un cortocircuito interno del motor de arranque, lo cual implica el desmontaje del mismo para su reparación, como se verá posteriormente. Si la tensión medida en esta prueba es superior a 10V y, sin embargo, el motor de arranque gira lentamente, como hemos dicho, éste es defectuoso y ha de ser desmontado para su verificación individual y reparación, como se trata más adelante. Un contacto defectuoso en algún punto de la instalación provoca caídas de tensión inadmisibles, lo cual debe ser comprobado como muestra la Figura 7.30.

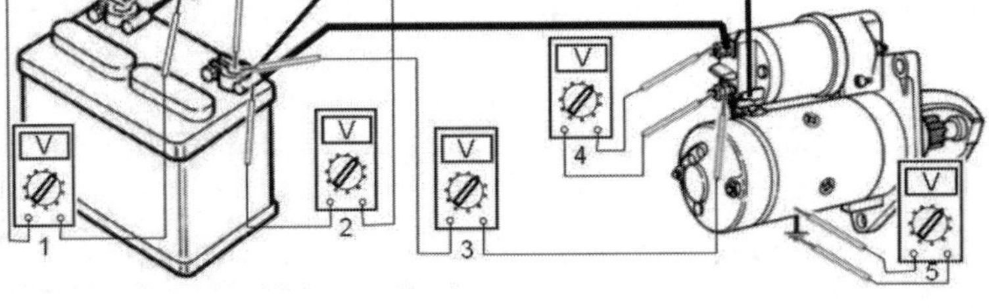

Figura 7.30

Conectando el voltímetro en cada una de las posiciones reseñadas. Una caída de tensión superior a 0,5 V en cualquiera de los puntos de medida representados, indica contacto defectuoso que debe ser reparado. En el caso de contactos del relé (posición 4) implica la sustitución de éste. Si el defecto está en la toma de masa del motor de arranque (posición 5) o de la batería (posición 1), deben limpiarse las conexiones, lo que también debe hacerse cuando el contacto defectuoso se haya detectado entre borne y terminal de batería (posición 2). La posición 3 del voltímetro mide la caída de tensión total en la línea de potencia.

Cuando todas estas pruebas dan un resultado positivo, y sigue produciéndose un giro lento del motor de arranque, la instalación está correcta y la avería se encuentra en el propio motor de arranque, que debe desmontarse del vehículo para su despiece y verificación individual de componentes. En cualquier caso, los procesos de verificación deben realizarse teniendo en cuenta el tipo de conexionado del motor de arranque, que en algunos casos está controlado por una central electrónica, como ya se ha comentado.

Desmontaje del motor de arranque

El motor de arranque se acopla al de combustión en un costado de éste, fijado a la carcasa del embrague por tornillos, como muestra la Figura 7.31, de manera que su piñón de engrane quede perfectamente alineado con el dentado de la corona del volante motor, pero retirado de la misma en posición de reposo, a tal distancia, que no contacte con ella ni aún con las vibraciones producidas en el funcionamiento del motor de combustión. Por otra parte, esta posición de montaje debe garantizar un perfecto engrane del piñón con la corona, para lo cual, el eje longitudinal de simetría del motor de arranque debe ser paralelo al del motor de combustión.

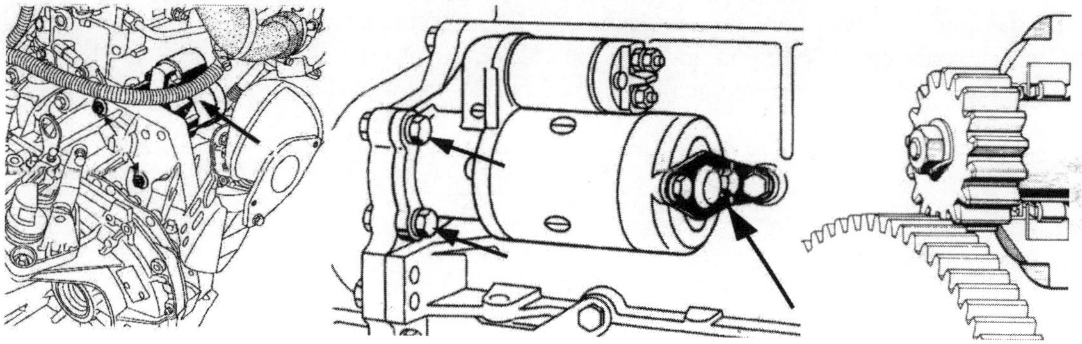

Figura 7.31

La potencia del motor de arranque y el par que debe suministrar en la maniobra de arranque, determinan el sistema de fijación del mismo al bloque motor, siendo común utilizar una brida trasera (detalle del centro en la Figura), además de los tornillos de sujeción delanteros. Para realizar el desmontaje del motor de arranque basta con soltar estas fijaciones; pero antes de hacerlo es preciso desconectar el borne negativo de la batería y, posteriormente, soltar la conexión del cable positivo y la del relé de accionamiento. En muchos casos será preciso también desmontar otros componentes para acceder al motor de arranque, como el filtro de aire, el catalizador, el tubo de escape, algún manguito o soporte, etc. La Figura 7.32 muestra el entorno y fijaciones de un motor de arranque.

En el montaje del motor de arranque debe cuidarse especialmente el acoplamiento del mismo en su unión a la carcasa del motor de combustión, sobre cuyo plano debe acoplarse perfectamente guiado, para lo cual suele disponer de casquillos centradores en uno o varios de los tornillos de fijación, como muestra el detalle de la derecha en la Figura. Seguidamente se aprietan los tornillos de la fijación delantera de manera alterna y sucesivamente, para finalizar con el montaje de la brida trasera, si dispone de ella. Por último se conectan el cable de accionamiento del relé y el de alimentación del motor de arranque, embornando seguidamente la batería.

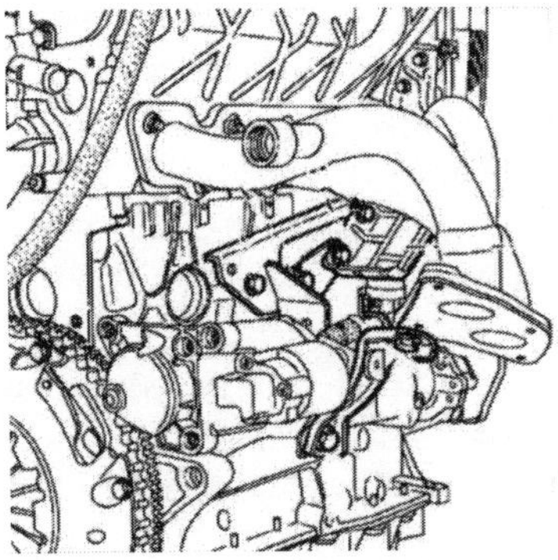

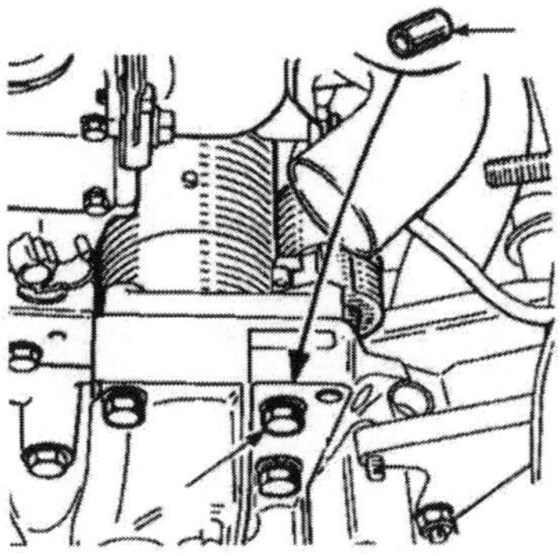

Figura 7.32

Finalizado el montaje, se realiza una prueba de funcionamiento, comprobando que la maniobra de arranque se realiza sin anomalías, vigilando especialmente si se producen ruidos extraños que indicarían un alineado incorrecto y supondrían el desmontaje nuevamente del motor de arranque.

Cuando se hayan detectado anomalías de funcionamiento que hagan precisa la reparación del motor de arranque, deberá procederse al desarmado del mismo, tarea que resulta similar en todos los motores de arranque, y por otra parte sencilla, pues basta con desatornillar los espárragos de fijación entre las carcasas para desmontar éstas, soltando también las escobillas y la fijación del relé, para retirar éste y la horquilla de accionamiento. La Figura 7.33 muestra el despiece de un motor de arranque convencional, donde puede seguirse el proceso.

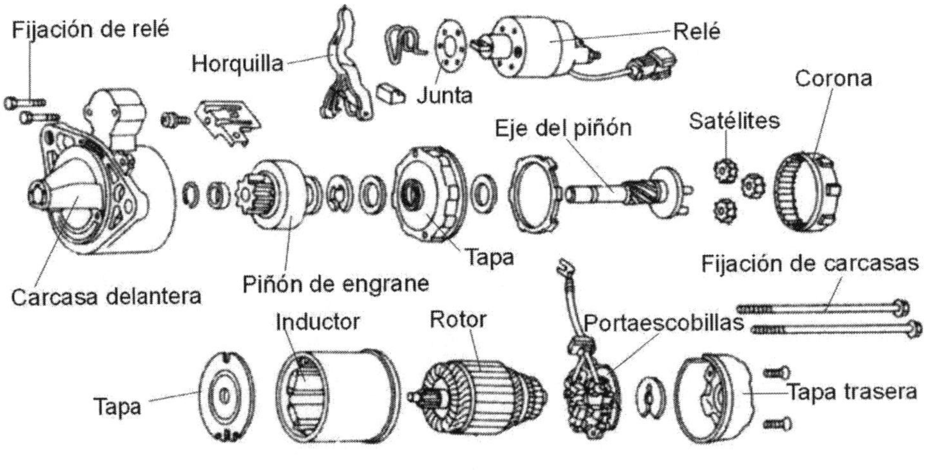

Figura 7.33

Sobre la Figura 7.34 se ha señalizado el orden a seguir el proceso de desarmado de un motor de arranque. Como puede verse, la operación comienza retirando la tuerca 1 de fijación del cable 2 de alimentación del motor, para retirar a continuación el relé 3, soltando los tornillos de fijación 4. A continuación se desmonta el zuncho 6 que da acceso a las escobillas y permite retirarlas, y luego se sueltan las tuercas de fijación 7 que enlazan y fijan ambas carcasas, delantera y trasera, pudiendo entonces separarlas y desmontar el resto de componentes.

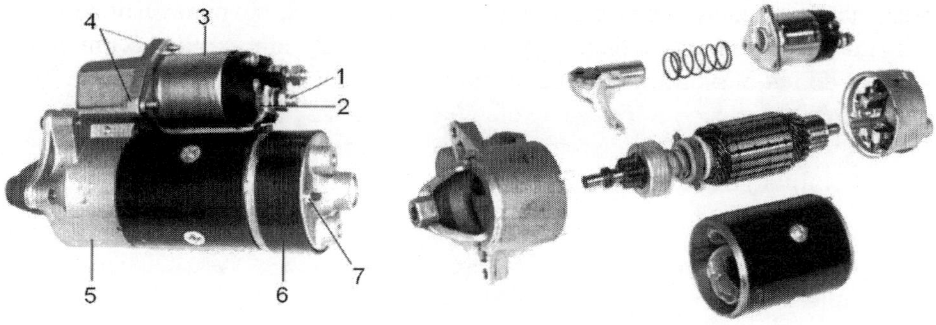

Figura 7.34

En la operación de montaje de los componentes, se seguirá el proceso inverso al desmontaje, teniendo presente que no deben forzarse los acoplamientos entre los distintos componentes y que deben engrasarse convenientemente los mecanismos sujetos a rozamientos durante el funcionamiento, como los cojinetes de apoyo del eje del rotor, la zona de acoplamiento del piñón de engrane en el eje del rotor, los engranajes del sistema reductor y el núcleo del relé en su zona de alojamiento. Todos ellos deben ser impregnados de una fina capa de aceite o grasa especiales para esta aplicación.

La Figura 7.35 muestra una secuencia de imágenes del proceso de desmontaje de otro motor de arranque, que en este caso comienza con la retirada de los tornillos de fijación entre carcasas (secuencia 1), para desmontar a continuación la fijación trasera del eje del rotor (2), tras lo cual se retira el conjunto de inductoras y rotor (3). Luego se desmonta el relé (4) y seguidamente el conjunto reductor (5). En la secuencia 6 se muestra el proceso de desmontaje del piñón de engrane de su ensamble al eje del rotor, para lo cual es preciso retirar el anillo elástico alojado en la garganta del eje. La secuencia 7 muestra el ensamble de las escobillas y portaescobillas.

Figura 7.35

Verificación de los componentes del motor de arranque

La comprobación individual de los componentes de un motor de arranque ha de estar precedida de una limpieza de los mismos. En cada uno se realizan controles de tipo mecánico y eléctrico, los primeros de los cuales consisten en comprobaciones dimensionales y de desgaste o rotura, mientras que los segundos constituyen verificaciones de continuidad, cortocircuito o derivaciones a masa de los bobinados. La inspección mecánica se realiza durante la operación de desarmado del motor, e incluso mientras se efectúa la limpieza de componentes, tratando de detectar las posibles anomalías, como roturas, rozamientos indebidos, desgastes, etc. Así mismo, debe controlarse el funcionamiento mecánico y el acoplamiento entre los distintos componentes.

La Figura 7.36 muestra el despiece de un motor de arranque, en el que deberá comprobarse que la horquilla de accionamiento articula correctamente en la carcasa delantera y su extremo superior encaja adecuadamente en el alojamiento de la palanca del núcleo del relé, sin presentar desgastes u holguras excesivas. Efectuando un montaje parcial del rotor en los cojinetes de las carcasas delantera y trasera y con la horquilla de mando acoplada en el piñón de engrane, a su vez montado sobre el estriado helicoidal, se comprobará que al mover a mano la palanca de su extremo superior, el piñón desliza suavemente en la rosca de hélice del eje del rotor, estando ésta impregnada de una fina capa de grasa. Con el eje del rotor alojado en los cojinetes se comprobará si hay holgura en el acoplamiento, moviendo transversalmente la carcasa. Cualquier anomalía implica la sustitución del componente defectuoso.

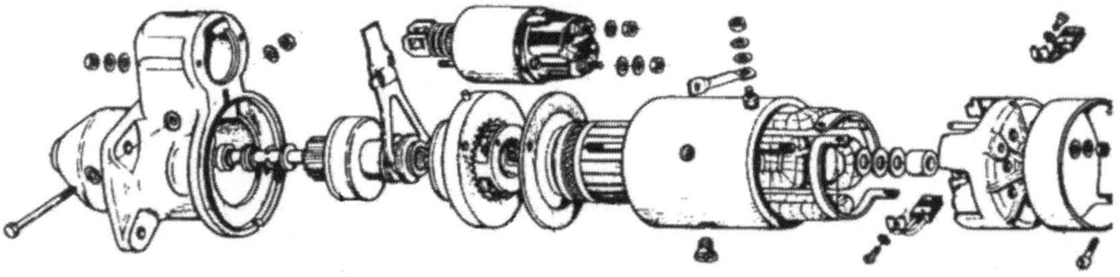

Figura 7.36

Por lo que se refiere al piñón de engrane, debe controlarse que su dentado esté en las debidas condiciones, sin desgastes ni roturas. También debe comprobarse que la rueda libre funciona adecuadamente para lo cual, sujetando la carcasa de la misma con una mano, como muestra la Figura 7.37, se fuerza con la otra desde el dentado para hacerle girar en ambos sentidos. En uno se obtendrá el giro y en el otro debe bloquearse. Cualquier anomalía supone que deba sustituirse el conjunto del piñón de engrane.

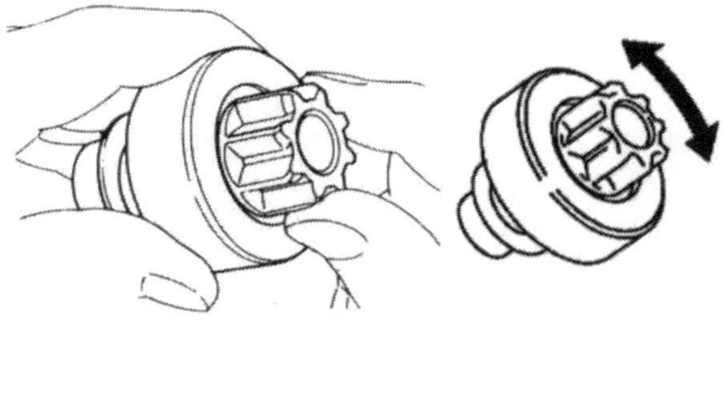

Figura 7.37

Verificación del rotor o inducido

La verificación de este componente comienza con una limpieza del mismo, empleando un paño humedecido en gasolina, secando después con aire a presión. Durante la operación de limpieza se efectúa una inspección de las partes mecánicas, a fin de detectar deformaciones, desgastes, roturas, o cualquier otra anomalía de tipo mecánico, para realizar posteriormente las verificaciones oportunas que detecten las averías de tipo eléctrico.

En cuanto a la parte mecánica se refiere, se pondrá especial cuidado en controlar los desgastes en los cojinetes de apoyo del rotor (Figura 7.38), que en caso de existir, serían causa de un giro descentrado del inducido, produciendo el roce del tambor contra las masas polares, lo que se detecta por marcas visibles en el tambor. Este mismo incidente puede producirse si el eje está torcido, lo cual se comprobará apoyando el inducido en soportes en uve por los extremos del eje, como muestra la Figura, para hacerle girar, al tiempo que mediante un micrómetro cuyo palpador se apoye en el tambor, se comprueba el descentrado. También debe inspeccionarse el estriado donde acopla el piñón de engrane, que no debe presentar huellas de golpes ni desgastes excesivos, motivos éstos que implican la sustitución.

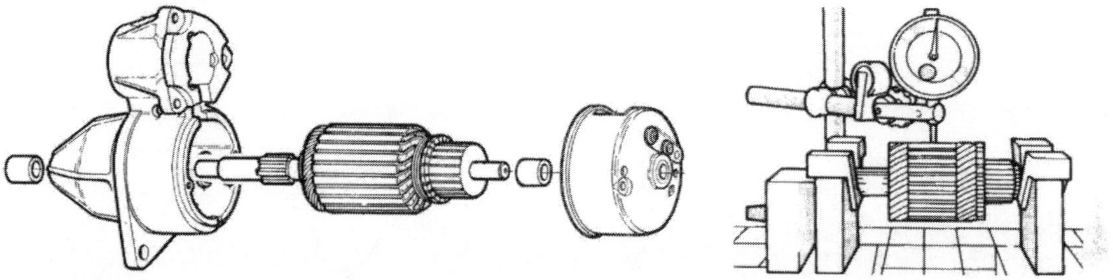

Figura 7.38

Por lo que se refiere al colector, la superficie exterior del mismo debe estar limpia, sin ralladuras, grietas ni otros defectos. El posible desgaste puede ser comprobado con precisión midiendo su diámetro (Figura 7.39) y comparándolo con los datos del fabricante, que generalmente determina un desgaste máximo. Si la medida está dentro de las tolerancias establecidas, antes de dar por correcto el rotor para ser utilizado de nuevo, debe efectuarse una limpieza del colector lijándolo como muestra la Figura y procediendo después a rebajar los aislantes de mica entre las delgas con una cuchilla, de manera que quede a un nivel por debajo de la superficie del colector (1 mm). También deben comprobarse las soldaduras de los conductores activos al colector, que deben encontrarse en perfecto estado, sin que ninguno de ellos se haya despegado.

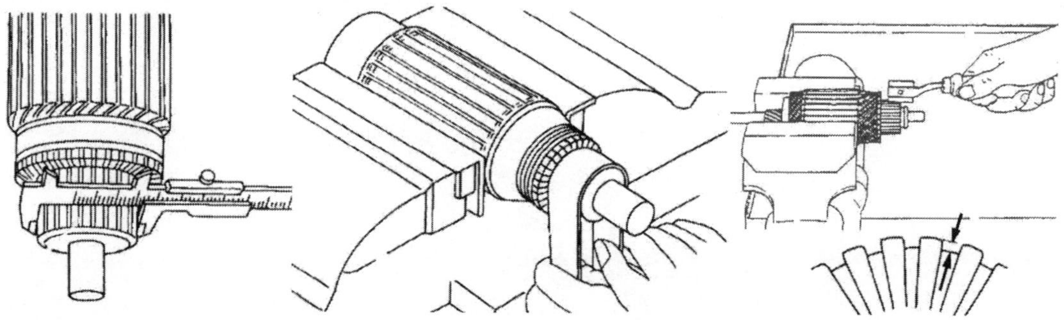

Figura 7.39

Las comprobaciones eléctricas del rotor se realizan conectando las puntas de prueba del óhmetro como muestra la Figura 7.40 (izquierda), una apoyada en cualquier delga del colector, mientras que la otra se va desplazando por las delgas restantes. La medida obtenida debe ser cero o muy próxima a este valor, lo cual indica que hay continuidad en el bobinado y éste es correcto. Un valor de infinito indica que el devanado está cortado o alguna conexión del mismo al colector es defectuosa, lo que implica en cualquier caso que deba sustituirse el rotor. Seguidamente se conectan las puntas de prueba como muestra el detalle del centro en la Figura, una a cualquier delga del colector y la otra tocando en cualquier parte metálica del eje o del tambor. La lectura en este caso debe ser de infinito, indicando que no hay derivaciones a masa del bobinado o de alguna delga; una lectura de cero u otro valor de resistencia, indica defecto en el rotor, que por ello debe ser sustituido.

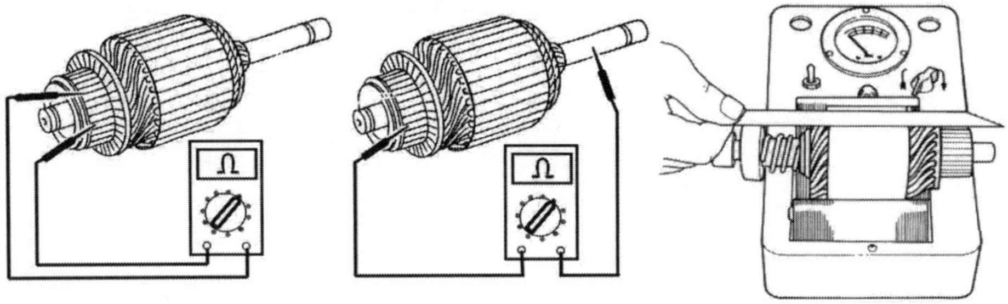

Figura 7.40

Existen comprobadores específicos que permiten la verificación del cortocircuito entre delgas o entre espiras del bobinado, como el representado en la derecha de la Figura, en los cuales se coloca el rotor, de manera que el tambor apoye en los imanes, situando una cuchilla apoyada en la parte superior del mismo. Activando el interruptor del comprobador, si existe cortocircuito de delgas o bobinas, se produce la vibración de la cuchilla. Esta prueba debe efectuarse en todas las posiciones del rotor, por lo cual, debe irse girando éste mientras se sujeta suavemente la cuchilla manteniéndola en la posición representada en la Figura.

Las posibles derivaciones a masa se detectan con más fiabilidad utilizando un comprobador de aislamiento, llamado también *lámpara serie*, que no es más que una lámpara conectada en serie a la instalación de alumbrado doméstico. La verificación se realiza (Figura 7.41) conectando una de las puntas de prueba al colector y la otra a masa en el tambor o el eje. La lámpara no debe encenderse, pues en caso contrario indica que existe la derivación a masa de alguna bobina o delga. Dado que esta comprobación se efectúa con una tensión de 220V, las posibles derivaciones a masa son detectadas más fácilmente.

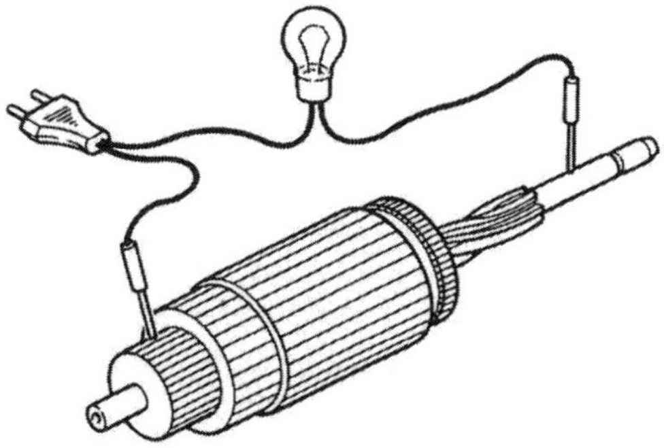

Figura 7.41

Verificación del estator

Al igual que en el inducido, se comienza con una limpieza del conjunto de bobinas y expansiones polares, inspeccionando al mismo tiempo estos componentes por si existen defectos puramente mecánicos, poniendo especial cuidado en comprobar que no estén partidos los hilos de conexión entre bobinas y que el encintado aislante de las mismas se encuentre en buen estado.

Igualmente se comprobará el blocaje a fondo de los tornillos de fijación de las expansiones polares y que gira libremente el inducido en el interior de éstas, sin que exista rozamiento entre ambos.

Por lo que se refiere a verificaciones eléctricas, deberán comprobarse la continuidad y derivaciones a masa. Conectando una lámpara en serie con una batería (Figura 7.42, izquierda), cuyos terminales se aplican a los dos extremos de las bobinas, la lámpara debe encenderse. Si no ocurre así es que el circuito está interrumpido en algún punto. Las derivaciones a masa se comprueban con la serie, como muestra el detalle del centro en la Figura. Conectando una punta de pruebas a masa y la otra al borne de entrada de corriente, la lámpara debe permanecer apagada, pues de lo contrario es que hay derivación a masa en algún punto. Estas verificaciones pueden ser realizadas de manera similar empleando un óhmetro.

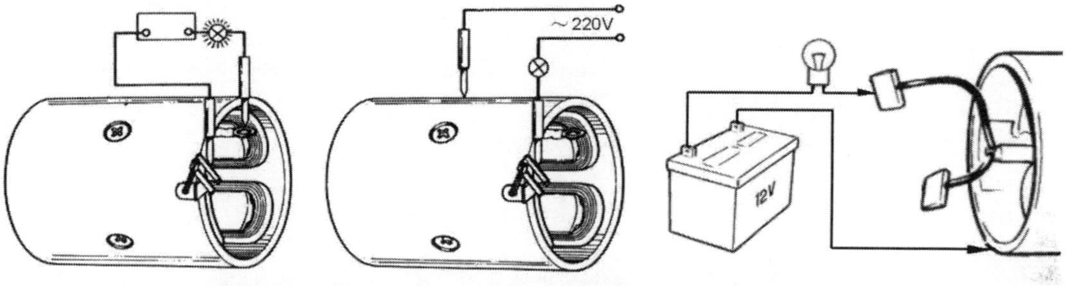

Figura 7.42

Hay que destacar que en algunos motores de arranque el devanado del estator va conectado a masa directamente en uno de sus extremos, mientras el otro toma la corriente de una o las dos escobillas positivas. En estos casos, la verificación de continuidad se realiza como indica el detalle de la derecha en la Figura, es decir, conectando uno de los bornes de la batería a masa y el otro, a través de lámpara, a uno de los terminales de escobilla. En estas condiciones, el encendido de la lámpara indica que hay continuidad y, por tanto, el buen estado de las bobinas. En este mismo caso, para verificar las posibles derivaciones a masa es preciso soltar esta conexión de la carcasa.

Prueba del portaescobillas

En una inspección ocular deberá comprobarse que no existen deficiencias en el conjunto del portaescobillas, como roturas o deformaciones. Así mismo debe controlarse el estado de las escobillas en cuanto a roturas y desgaste, midiendo la longitud útil de las mismas como muestra la Figura 7.43 (izquierda), que indica el desgaste máximo al que puede llegarse, superado el cual deben ser sustituidas.

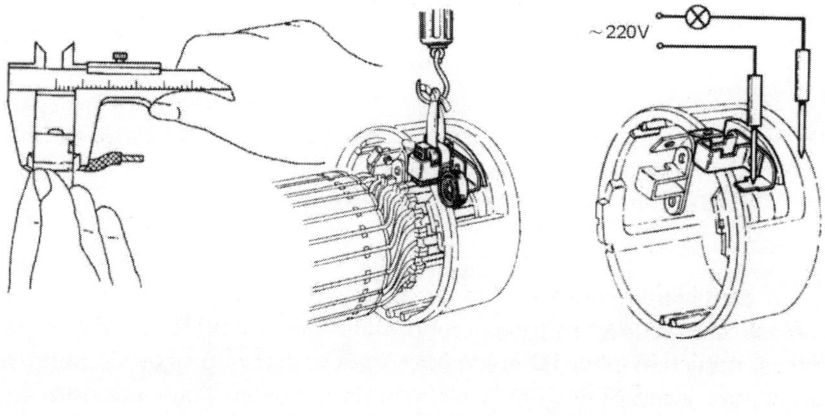

Figura 7.43

Las comprobaciones eléctricas se realizan como muestra la derecha de la Figura. Los portaescobillas positivos deben estar aislados de masa, lo que se comprueba con la serie, poniendo una punta de pruebas en contacto con el portaescobillas y la otra a masa. La lámpara no debe lucir, pues en caso de hacerlo indica que existe una derivación a masa en el portaescobillas. Esta prueba puede realizarse también con el óhmetro y la lectura obtenida debe ser de infinito para los portaescobillas positivos, lo cual indica que están correctamente aislados de masa, mientras que en los portaescobillas negativos debe obtenerse una lectura de cero, indicando que hay un buen contacto con masa. Cualquier anomalía implica la sustitución del conjunto portaescobillas.

Verificación del relé

Deberá inspeccionarse el aspecto mecánico del relé, que no debe presentar golpes ni deformaciones, permitiendo un suave deslizamiento de su núcleo, que en la posición de reposo debe mantenerse retraído por la acción del muelle. Manteniendo desplazado el núcleo se conectará un óhmetro entre los bornes del contactor (Figura 7.44) y su lectura debe ser cero, lo que indica que hay continuidad. Cualquier otro valor es síntoma de falso contacto.

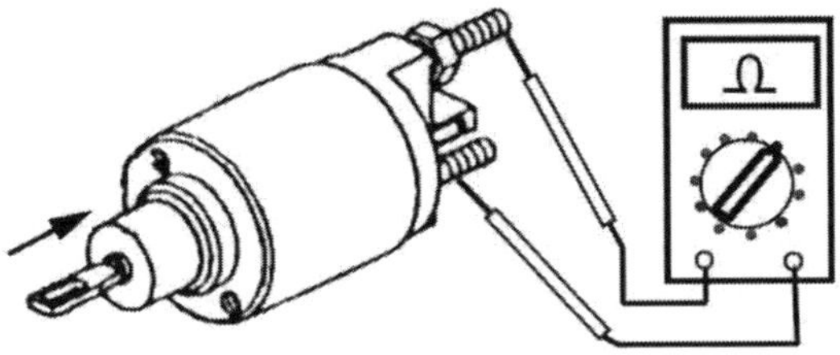

Figura 7.44

Las verificaciones eléctricas de las bobinas del relé consisten en comprobar los posibles cortocircuitos, interrupciones o derivaciones a masa, utilizando un óhmetro, que se conecta como muestra la Figura 7.45, sucesivamente a cada bobina. En la de retención (izquierda) deberá obtenerse un valor de 1Ω aproximadamente, mientras que en la de accionamiento la resistencia debe ser de 0,5Ω. Una lectura de infinito indica en cualquier caso que la bobina está cortada, mientras que una lectura de cero indica cortocircuito.

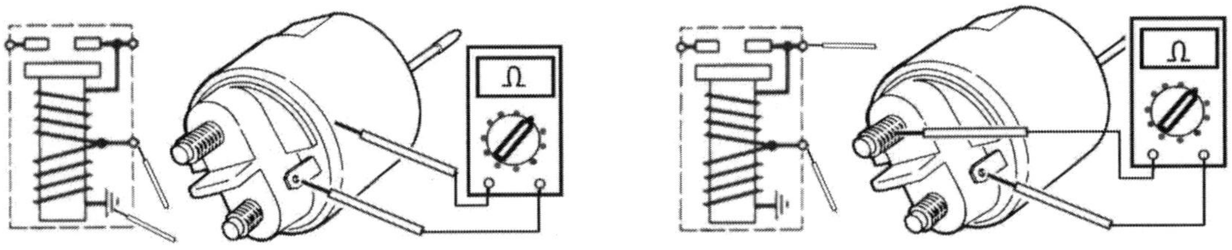

Figura 7.45

Las posibles derivaciones a masa se deducen del valor de resistencia encontrado en la prueba realizada con la conexión que muestra la izquierda en la Figura. Un valor de cero ohmios indica que alguna de las dos bobinas está derivada a masa.

Prueba de funcionamiento del motor de arranque

Una vez realizadas las oportunas reparaciones del motor de arranque y efectuado el armado del mismo, antes de montarlo en el vehículo debe realizarse una prueba de funcionamiento, que es complementaria a las verificaciones de componentes realizadas con anterioridad. Para ello, se efectúan las conexiones pertinentes, como muestra la Figura 7.46, utilizando además un polímetro con pinza amperimétrica.

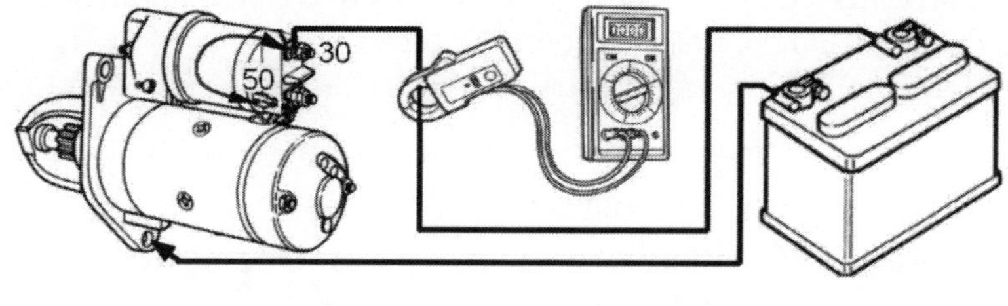

Figura 7.46

Al efectuar un puente eléctrico entre los bornes 30 y 50 del motor de arranque se obtendrá, primero la activación del relé y seguidamente el funcionamiento del motor, indicando la pinza amperimétrica la intensidad de corriente consumida, que para el giro en vacío debe ser inferior a 70 A, tratándose de un motor de arranque convencional de medianas potencias, como los utilizados en vehículos de turismo.

Durante esta prueba de funcionamiento, debe controlarse también que el desplazamiento del piñón de engrane es el adecuado, llegando al final del recorrido y manteniendo la posición todo el tiempo que el motor está en marcha. Esta situación puede ser comprobada también a motor parado, activando únicamente el relé, para lo cual se suelta el cable de conexión del borne de salida del relé para la entrada al inductor y se conecta dicho borne a masa, como muestra la Figura 7.47. Estableciendo el puente entre los bornes 30 y 50 como anteriormente, debe producirse la activación del relé y el consiguiente desplazamiento del piñón de engrane hasta el final de su recorrido. Soltando ahora la conexión de masa del borne de salida del relé, el piñón debe mantenerse desplazado, pues en caso contrario, la bobina de retención del relé es defectuosa. Si para esta prueba se mide la intensidad de la corriente, se comprobará que ésta es de 20 A aproximadamente, lo que indica que el estado de las bobinas es el adecuado.

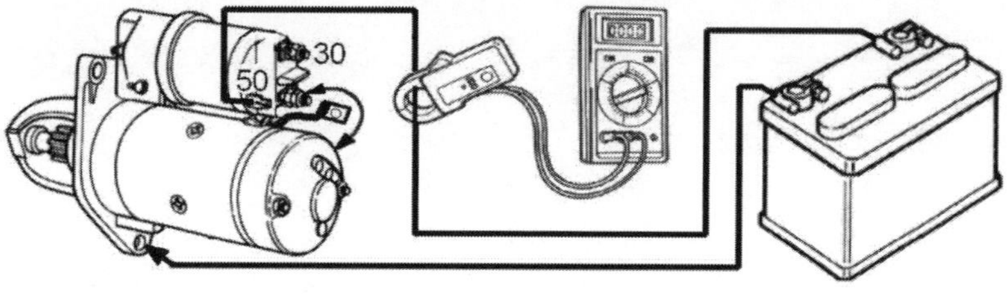

Figura 7.47

El correcto funcionamiento de un motor de arranque después de su reparación, se constata con mayor fiabilidad ejecutando la prueba de arranque en vehículo.

7.6 Normas de seguridad en los sistemas eléctricos

En las intervenciones que se realizan en los sistemas eléctricos deben aplicarse las normas establecidas para el trabajo común en un taller de reparación de automóviles, respetando siempre las medidas de prevención de riesgos laborales.

En la realización de los trabajos eléctricos se utilizarán las herramientas y útiles apropiados y, cuando se manipulen sistemas sometidos a elevadas tensiones se emplearán pinzas y herramientas con mango aislante. Los equipos de protección individuales deben estar en perfecto estado. Los espacios de trabajo deben estar debidamente señalizados, limpios y ordenados evitándose dejar tiradas herramientas por el suelo o verter líquidos.

Los riesgos más frecuentes en los trabajos del sistema eléctrico son los referentes a descargas eléctricas, contacto con el ácido de la batería o accidentes por atrapamiento, corte o golpes en las manipulaciones de los sistemas de carga y arranque.

En la manipulación de baterías debe cuidarse especialmente no acercar llamas o provocar chispas en sus inmediaciones por el peligro de explosión que existe, dado el carácter explosivo de los gases que se desprenden en los procesos de carga y descarga. La manipulación de la batería debe efectuarse con guantes y cuidando no inclinarla para evitar el derrame del electrolito. Tampoco debe acercarse a la ropa, pues la humedad que la reviste provoca corrosión.

Si se producen salpicaduras de electrolito sobre la piel o los ojos debe lavarse inmediatamente la zona del cuerpo afectada con agua abundante.

Las baterías sustituidas deben ser almacenadas como residuos específicos que deben ser recogidos por empresas de gestión para su posterior tratamiento y reciclaje.

En las manipulaciones del motor de arranque o del alternador debe tenerse especial cuidado cuando estos sistemas están en funcionamiento por el peligro de que alguna de las piezas en movimiento pueda producir lesiones.

CUADRO SINÓPTICO DE AVERÍAS DEL CIRCUITO DE ARRANQUE

SÍNTOMAS	CAUSAS	PRUEBAS	REMEDIOS
Las luces pierden brillo cuando se acciona el motor de arranque.	Bornes de batería flojos u oxidados o conexiones deficientes.	Comprobar caídas de tensión en el circuito.	Limpiar los bornes o conexiones.
	Batería descargada.	Verificar con el comprobador de baterías.	Recargar la batería.
La batería no toma carga con la debida rapidez.	Placas sulfatadas por descarga muy intensa.	Medir la densidad del electrolito.	Dar a la batería una carga de formación, o sustituirla.
La batería pierde carga con el tiempo.	Cortocircuito en la instalación eléctrica o algún componente.	Comprobar fugas de corriente insertando un amperímetro en serie con el positivo de batería.	Localización y reparación del cortocircuito.
	Capacidad insuficiente por desprendimiento de materia activa.	Efectuar una prueba de capacidad	Sustitución de la batería
El motor de arranque no funciona ni se oye el desplazamiento del relé.	Circuito de mando del relé interrumpido.	Prueba de este circuito con voltímetro o lámpara.	Reparación del circuito.
	Cortocircuito o derivaciones a masa en el relé.	Prueba del relé con la serie y con la batería.	Sustitución del relé.
	Bornes de batería sueltos, flojos o en mal estado.	Comprobar caídas de tensión.	Limpiar los bornes o conexiones defectuosos.
	Batería totalmente descargada.	Verificación de la batería.	Cargar la batería.
	Interruptor de arranque (llave de contacto) en mal estado.	Comprobar con lámpara de pruebas si llega y sale corriente de los bornes.	Reparar defecto de conexiones o sustituir interruptor.
El motor de arranque no gira, pero se oye el desplazamiento del relé.	Bobinas del inducido o del estator cortadas.	Verificación con la serie y el zumbador.	Reparación o cambio del componente defectuoso.
	Escobillas desgastadas o muelles defectuosos.	Inspección de ambos.	Sustitución.

	Suciedad o deformación en portaescobillas que dificulta el contacto.	Inspección.	Limpieza del conjunto.
	Derivaciones a masa en el inducido, inductor, portaescobillas, etc.	Verificación de los componentes con la serie.	Sustitución del componente defectuoso.
El motor de arranque gira con mucha dificultad.	Batería parcialmente descargada.	Verificar con comprobador en descarga.	Cargar batería.
	Mal contacto entre bornes y terminales.	Comprobar caídas de tensión en bornes.	Limpiar bornes y terminales.
	Contacto deficiente en bornes del relé.	Comprobar caídas de tensión en bornes del relé.	Limpiar bornes o sustituir relé.
	Agarrotamiento parcial del inducido por suciedad, desgaste de cojinetes, etc.	Verificar que la tensión de alimentación es correcta.	Desmontar, limpiar y verificar el conjunto.
	Cortocircuito o derivación a masa del inducido o del estator.	Verificación individual de los componentes.	Reparación o sustitución del componente defectuoso.
	Escobillas desgastadas o poca presión de los muelles.	Verificación de muelles y escobillas.	Sustitución de la pieza defectuosa.
El motor gira en vacío.	Piñón de engrane o corona con dientes rotos.	Desmontaje y comprobación.	Sustitución del componente defectuoso.
	Horquilla de mando del piñón de engrane rota o deformada.	Desmontaje y comprobación.	Sustitución.
	Rueda libre defectuosa.	Comprobación.	Sustitución.
	Piñón de engrane no desplaza lo suficiente.	Desmontar y comprobar.	Efectuar reglaje.
El motor de arranque continúa funcionando después de soltar el interruptor.	Interruptor de arranque no desconecta.	Verificar que al soltarle vuelve a su posición de reposo cortando la corriente.	Sustitución del interruptor.
	Núcleo del relé agarrotado parcialmente o muelle de recuperación roto.	Desmontar relé y comprobar.	Sustituir el relé.
El piñón de engrane no retrocede con rapidez.	Muelle recuperador roto.	Desmontar y verificar.	Sustituir.
	Suciedad entre el piñón de engrane y el estriado del eje.	Desmontar y verificar.	Limpieza de componentes.

Rumorosidad excesiva del motor de arranque.	Desgaste excesivo en dientes del piñón de engrane o la corona del volante.	Desmontar y comprobar.	Sustitución de las piezas defectuosas.
	Holgura del eje del inducido en sus cojinetes o falta de engrase de los mismos.	Desmontar y verificar.	Sustitución o limpieza y engrase del componente defectuoso.

Cuestiones

7.1. Detalla el principio de funcionamiento del motor de arranque.

7.2. Dibuja la estructura y conexionado de las espiras del rotor de un motor de arranque.

7.3. Explica la estructura y constitución del rotor de un motor de arranque.

7.4. Dibuja el esquema de conexiones de las bobinas del estator.

7.5. ¿Cual es la misión de la rueda libre montada sobre el piñón de engrane?

7.6. Describe la constitución y funcionamiento de un sistema de accionamiento por relé.

7.7. Dibuja el esquema de conexiones de un motor tetrapolar con dos escobillas.

7.8. Describe el proceso de verificación del circuito de arranque.

7.9. ¿Cómo se comprueba el estado de los contactos del relé?

7.10. ¿Cómo se comprueba si la toma de masa del motor de arranque es buena?

7.11. Cita las comprobaciones mecánicas y eléctricas que deben realizarse en el inducido de un motor de arranque.

7.12. Explica cómo se comprueba el aislamiento de las bobinas del estator.

7.13. Describe el proceso de verificación del sistema de rueda libre del piñón de engrane.

7.14. Describe las verificaciones que deben efectuarse en el relé de arranque.

Actividades propuestas

7.1. Realizar el desmontaje y montaje de diversos tipos de motor de arranque analizando su estructura y funcionamiento.

7.2. Analizar los componentes de un motor de arranque y su funcionamiento.

7.3. Estudiar la estructura y funcionamiento del relé y su sistema de mando para el piñón de engrane.

7.4. Analizar las características técnicas de diversos motores de arranque, deduciendo en función de ellas su aplicación.

7.5. Realizar la sustitución de un motor de arranque sobre el vehículo.

7.6. Efectuar el proceso de verificación del sistema de arranque y medir las caídas de tensión del mismo.

7.7. Realizar las pruebas eléctricas de los distintos componentes de un motor de arranque.

7.8. Comprobar los defectos mecánicos de los componentes de un motor de arranque.

7.9. Efectuar la prueba de funcionamiento de un motor de arranque.

Sistema de carga. Alternador

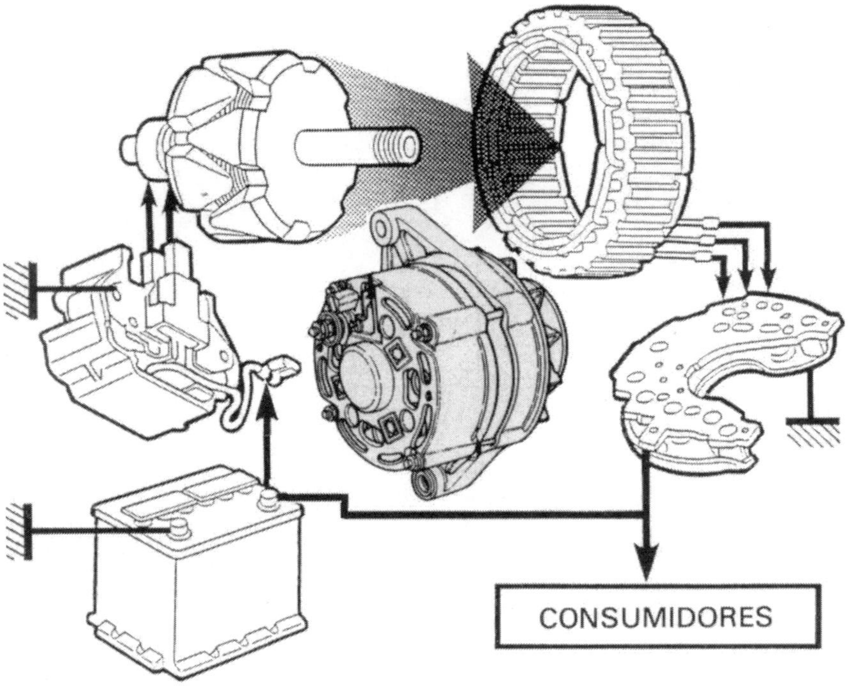

Contenidos

8.1 El alternador.

8.2 Estructura y componentes del alternador.

8.3 Circuitos eléctricos del alternador.

8.4 Regulación de la tensión del alternador.

8.5 Características de los alternadores.

8.6 Verificación del sistema de carga.

8

Objetivos

- *Conocer los principios fundamentales de producción de corriente en los alternadores.*
- *Estudiar la constitución y funcionamiento del alternador.*
- *Identificar los componentes de un alternador y conocer sus características constructivas.*
- *Conocer la necesidad de utilizar un regulador en el circuito de carga de los vehículos.*
- *Estudiar la estructura y características de los reguladores empleados en los automóviles.*
- *Estudiar los procesos de verificación y control del conjunto alternador-regulador.*
- *Conocer las verificaciones que deben realizarse en cada uno de los componentes del alternador para detectar el defectuoso.*
- *Estudiar los procesos de verificación individual de los diferentes tipos de regulador.*

Introducción

El generador utilizado actualmente en los automóviles para abastecer de energía eléctrica a los diversos componentes eléctricos es el alternador, que es arrastrado en rotación por el motor de combustión y transforma la energía del movimiento que se le suministra en energía eléctrica que se utiliza para recargar la batería de acumuladores y para alimentar a los diversos aparatos eléctricos dispuestos en el vehículo.

Es de suma importancia que la tensión eléctrica producida por el alternador esté controlada en todo momento para garantizar el correcto funcionamiento de los aparatos receptores conectados a la instalación eléctrica del automóvil. Una tensión excesiva producirá el deterioro de los diversos receptores y una tensión insuficiente hará que su rendimiento no sea el adecuado. El regulador estabiliza la tensión que produce el alternador manteniéndola en los valores convenientes y apropiados para el correcto funcionamiento de los componentes eléctricos de la instalación.

Las anomalías que pueden producirse en el funcionamiento del circuito de carga, son señalizadas por la lámpara testigo emplazada en el tablero de instrumentos. El encendido de la misma indica una avería en el sistema que puede estar localizada en el alternador, el regulador, o la propia instalación. Cuando se produce una avería deberá seguirse un proceso de verificaciones en un orden lógico que suele establecer el fabricante. A través de estas comprobaciones puede detectarse cual es el elemento defectuoso (alternador, regulador, circuito) y, seguidamente, proceder al desmontaje y comprobación individual de sus componentes, hasta localizar la avería.

8.1 El alternador

La energía eléctrica necesaria para abastecer a los componentes del equipo eléctrico de un automóvil, puede ser suministrada por la batería de acumuladores; pero si no se dispone de otra fuente de energía, la batería llegará a agotarse con el uso que de ella se hace. Para mantenerla en perfecto estado de carga se emplea el alternador, que tiene la misión de proporcionar energía eléctrica a la batería y a todos los órganos del vehículo que la necesiten, mientras el motor de combustión está en marcha, quedando la batería como acumulador de reserva de energía para abastecer a los sistemas eléctricos cuando el motor de combustión está parado y, fundamentalmente, para efectuar el arranque del mismo.

El alternador, como generador de energía eléctrica, está conectado directamente con la batería (Figura 8.1), a la que se une por medio de un cable desde el motor de arranque, enlazando directamente los bornes positivos de ambos, que a su vez están conectados a algunos consumidores directamente, y a otros a través del interruptor de encendido y arranque. Para su funcionamiento, es preciso suministrar una pequeña corriente al alternador, que se toma desde la llave de contacto, y a través de la lámpara testigo de carga, ubicada en el cuadro de instrumentos.

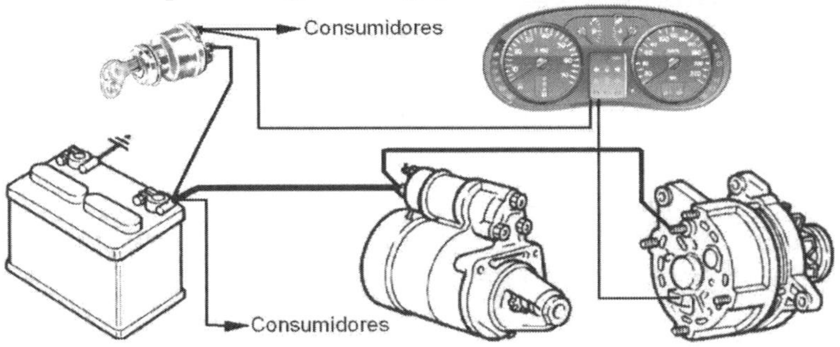

Figura 8.1

El alternador es una máquina eléctrica que transforma la energía de rotación que se le aplica en energía eléctrica. Para ello recibe movimiento del propio motor de combustión, por medio de una correa de neopreno, como muestra la Figura 8.2.

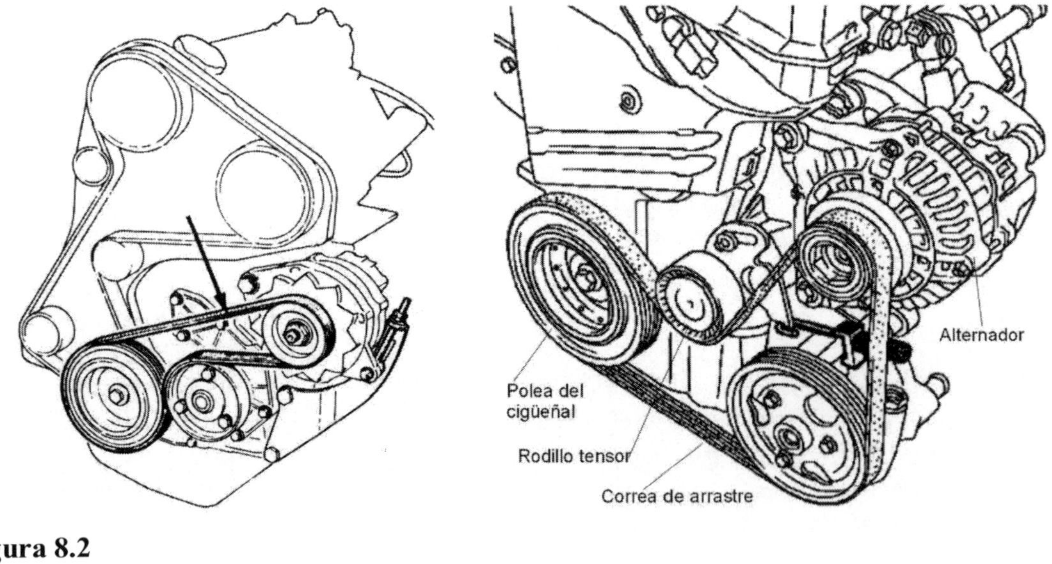

Figura 8.2

La potencia eléctrica del alternador está determinada por las necesidades de consumo de corriente por parte de los consumidores eléctricos que equipan cada automóvil concreto. En condiciones normales de funcionamiento, el alternador debe suministrar la energía suficiente para abastecer a los consumidores elementales, como el sistema de encendido, la inyección, el alumbrado y algunos accesorios, como el sistema calefactor, el limpiaparabrisas, los intermitentes, etc., y al mismo tiempo debe recargar la batería. La energía eléctrica producida por el generador está controlada por un regulador, que limita la tensión generada a un valor predeterminado, tolerable para los diversos consumidores.

El alternador está constituido por un inducido o estator 4 fijo (Figura 8.3), formado por una serie de bobinas, en cuyo interior se aloja el inductor o rotor 5 que es el que se mueve (gira en el interior del estator). Las carcasas 2 y 6 cierran por ambos lados este conjunto y alojan, además, el conjunto rectificador 3, formado por varios diodos rectificadores. La polea 8 y el ventilador 7 completan el conjunto. A la carcasa trasera se fija el regulador electrónico 1.

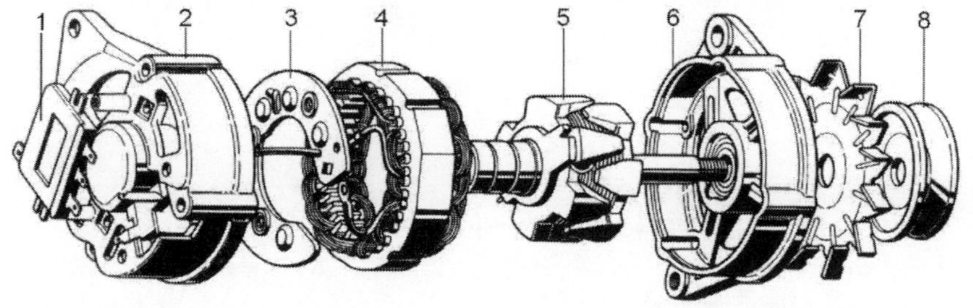

Figura 8.3

La Figura 8.4 muestra el esquema básico de funciones de los componentes de un alternador. El rotor o inductor genera el campo magnético necesario para que en las bobinas del estator o inducido se genere una corriente alterna, que es rectificada por un conjunto de diodos montados en un puente rectificador, del que sale ya una corriente continua hacia la batería y los diversos consumidores. La tensión generada así está controlada por un regulador, que actúa sobre la corriente de excitación que se aplica al rotor para generar el campo magnético necesario para que haya inducción, como se explica más adelante.

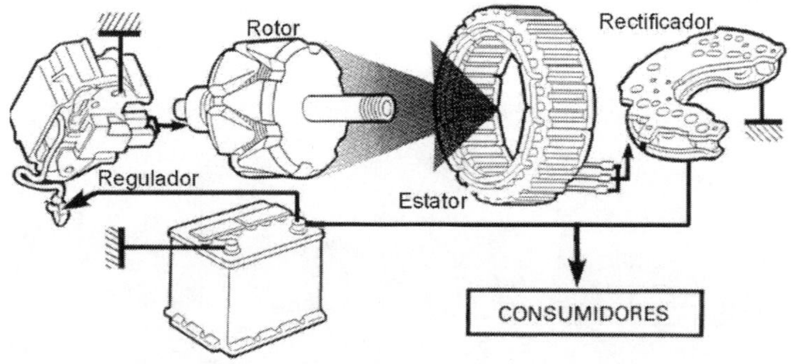

Figura 8.4

El alternador basa su funcionamiento en los efectos de inducción electromagnética que se producen en las bobinas sometidas a las variaciones de un campo magnético. Cuando se hace girar sobre su punto medio un imán colocado frente a una bobina plana, el campo magnético que afecta a la bobina es variable y, como consecuencia de ello, en la bobina se induce una f.e.m. que evoluciona al compás del giro del imán.

Supongamos que unimos dos conductores formando una espira y en su interior hacemos girar un electroimán. En esta situación (Figura 8.5), el campo magnético rotatorio afecta a los conductores activos que forman la espira y en cada uno de ellos se induce una f.e.m. Dado que mientras a uno de los conductores activos se le presenta el polo norte del imán, al otro lo hace el polo sur, las f.e.m. de ambos tienen sentidos contrarios y se suman en todo momento y para cualquier posición de la espira.

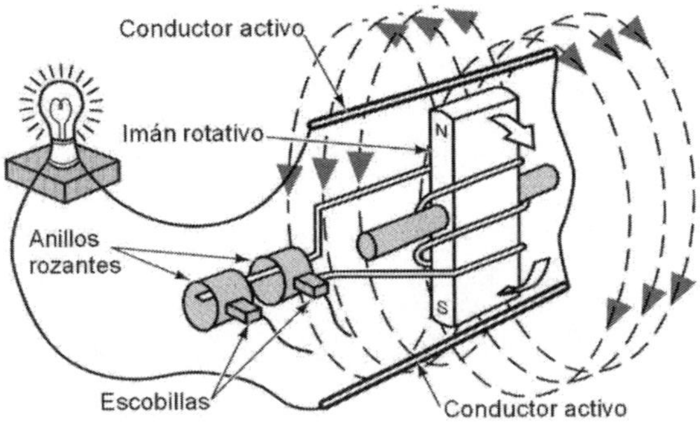

Figura 8.5

En esta disposición, el campo magnético inductor ha sido creado por el paso de una corriente a través de la bobina arrollada al núcleo giratorio que constituye el electroimán, cuyos extremos se conectan a unos anillos rozantes, a través de los cuales pasa la corriente desde las escobillas acopladas contra ellos y que se mantienen fijas, mientras los anillos giran con el electroimán. De esta forma, variando la intensidad de la corriente en la bobina del rotor se modifica la intensidad del campo magnético inductor y, con ello, la tensión inducida en los conductores activos.

La Figura 8.6 muestra la secuencia en fases de producción de tensión en una espira sometida a la acción de un campo magnético rotativo como el descrito. En la posición A del electroimán, su campo magnético no afecta a ninguno de los conductores activos 1 y 2 y en ellos no se induce f.e.m. alguna. A medida que el imán gira en el sentido marcado, sus polos se acercan a los conductores activos y el campo magnético les afecta cada vez más, induciéndose en ellos una tensión que va en aumento hasta alcanzar su valor máximo cuando los polos están justo enfrente de los conductores activos (posición B). El sentido de la f.e.m. inducida en los conductores activos viene determinado por la polaridad del campo magnético, como es conocido. En la Figura se ha representado con una cruz el sentido hacia adentro de la corriente en los conductores activos y con un punto cuando va hacia fuera del dibujo.

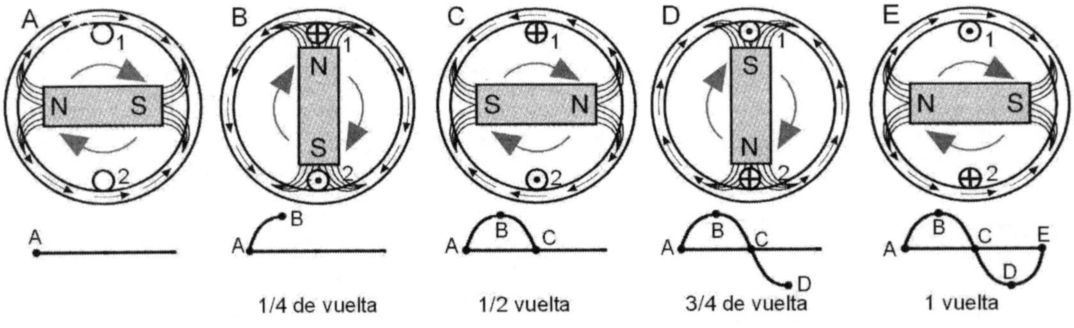

Figura 8.6

Desde la posición B a la C, los polos del imán se alejan de los conductores activos y, por ello, la f.e.m. inducida va en disminución, como muestra el gráfico debajo de la Figura. Desde la posición C a la D, la polaridad del campo magnético frente a los conductores activos ha cambiado. Al conductor 1 se aproxima el polo sur mientras al conductor 2 lo hace el polo norte, por lo que la tensión inducida en ellos cambia de sentido y va en aumento hasta alcanzar el valor máximo en la posición D. Esto se representa en el gráfico con la línea de tensión por debajo del eje de abscisas. Desde la posición D a la E, la tensión inducida va en disminución nuevamente. En consecuencia, con el giro del imán en el interior de la espira se ha inducido una f.e.m. alterna en los conductores activos.

Si se disponen tres espiras convenientemente espaciadas entre sí, de manera que formen ángulos de 120º en el desplazamiento, tal como se ha representado en la Figura 8.7, y ahora se hace girar el conjunto de espiras en el interior del imán, o a la inversa, el imán alrededor de las espiras, en cada una de éstas se obtiene la correspondiente tensión alterna, que en este caso se llama trifásica, dado que se ha generado en tres espiras o fases diferentes, e independientes entre sí. El giro simultáneo de las tres espiras, o el del imán manteniendo quietas las espiras, hace que el campo magnético giratorio presente su máxima intensidad sucesivamente a cada fase, induciéndose en cada una de ellas la correspondiente tensión alterna, cuyos valores máximos se obtienen con un desfase de 120º, dado el posicionamiento de las fases (*u, v, w)*. La corriente así obtenida es, por tanto, una corriente alterna trifásica, que en cualquier caso tiene la misma magnitud en todas las fases e igual frecuencia, estando desfasados los valores máximos en 120º en este caso, como muestra la gráfica de la Figura.

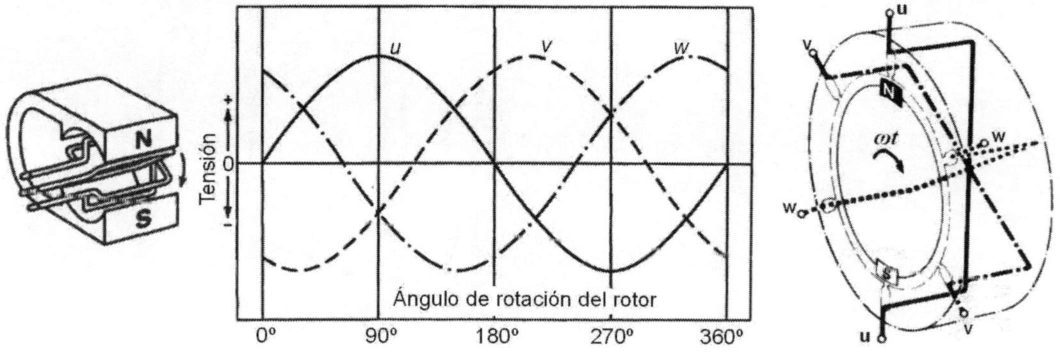

Figura 8.7

Los alternadores para aplicaciones automovilísticas son del tipo trifásico, en los que las fases se disponen fijas sobre una carcasa, en cuyo interior se hace girar un imán, como se muestra en la derecha de la Figura, en la que cada una de las fases se ha representado por una sola espira cuyos conductores activos están ubicados en la carcasa de manera que cuando a uno se le presenta el polo norte del imán, al otro lo hace el sur, sumándose las tensiones inducidas en ellos. Si en lugar de espiras, se disponen bobinas en esta misma situación, la f.e.m. inducida en cada fase aumenta considerablemente, y si en lugar de una sola bobina por fase, se conectan varias, se consigue una mayor tensión. La disposición de tres fases, en lugar de una sola, supone un mejor aprovechamiento del alternador.

Las tres fases de un alternador están enlazadas entre sí mediante una conexión llamada *en estrella*, o bien *en triángulo* (Figura 8.8). Para unas condiciones similares de funcionamiento, el alternador de estrella proporciona más tensión que el de triángulo, mientras que este último da una mayor intensidad de corriente en las mismas condiciones de funcionamiento. En las aplicaciones automovilísticas se emplean preferentemente los alternadores de estrella, salvo casos de vehículos en los que las necesidades de corriente de carga sean elevadas, por disponer de receptores extra de gran consumo de corriente.

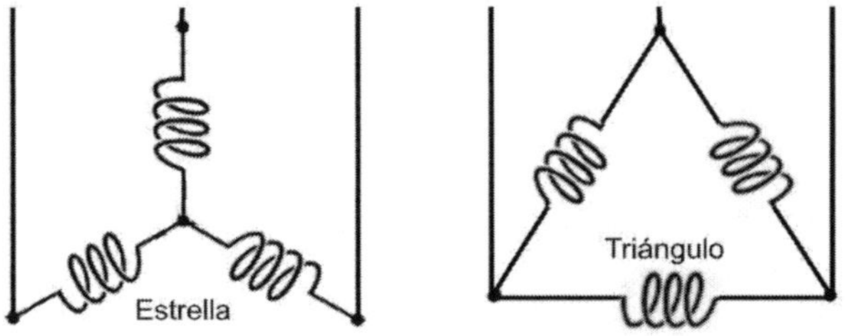

Figura 8.8

8.2 Estructura y componentes del alternador

La estructura básica de un alternador la constituye un devanado estatórico trifásico como parte eléctrica fija (Figura 8.9) y un rotor en el que se forman los polos del electroimán mediante un devanado de excitación, al que se hace llegar la corriente eléctrica a través de unos anillos rozantes y sus correspondientes escobillas. La corriente alterna inducida en las bobinas del estator es rectificada por medio de diodos emplazados en un puente rectificador.

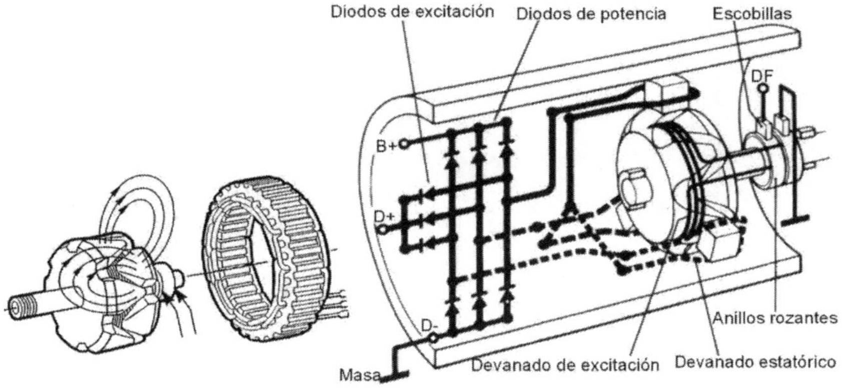

Figura 8.9

En la Figura, cada una de las fases del estator se ha representado por una sola bobina, realizándose la conexión de ellas en estrella (unión por uno de sus extremos en un punto común). Los finales de cada fase se unen al puente rectificador, que en este caso está formado por nueve diodos, de los cuales, tres son de excitación (conectados por su extremo positivo al borne D+) y los otros seis de potencia, tres de los cuales están conectados al borne de carga del alternador B+ y los otros tres a masa. En el interior del estator está alojado el rotor, cuya bobina interior crea el campo magnético inductor. La corriente entra y sale de esta bobina a través de los anillos rozantes y escobillas, dispuestos en uno de los extremos del eje. Una de las escobillas se une al borne DF, por el cual llega la corriente, y la otra a masa.

En la Figura 8.10 puede verse seccionado un alternador convencional, con rotor de doce polos, cuya bobina es alimentada a través de los anillos rozantes, contra los cuales frotan las escobillas, que son aplicadas contra ellos por sendos muelles de espiral. Este alternador presenta la peculiaridad de que tres de los diodos de potencia van montados en la placa que constituye el borne B+, mientras los otros tres se montan en la carcasa del lado de los anillos rozantes, tomando masa en ella, como se ve en la Figura. Entre estas dos placas se ubican los diodos de excitación, de menor tamaño que los de potencia.

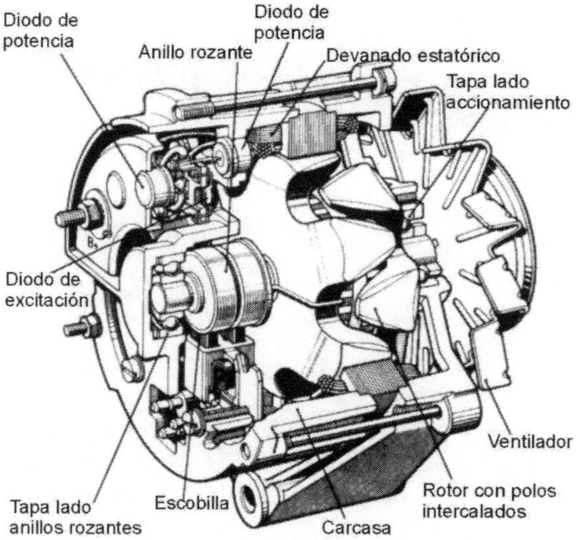

Figura 8.10

El estator o inducido es un conjunto constituido por un paquete de láminas de acero, ensambladas en forma de corona circular. En su diámetro interior tiene practicadas unas ranuras, donde se alojan las bobinas del inducido, debidamente aisladas. La disposición del devanado del inducido depende del tipo de rotor empleado (número de polos y situación de los mismos). En la Figura 8.11 puede verse que las bobinas de una fase se unen en serie todas ellas, arrollándose en sentido contrario alternativamente, para que las f.e.m. se sumen.

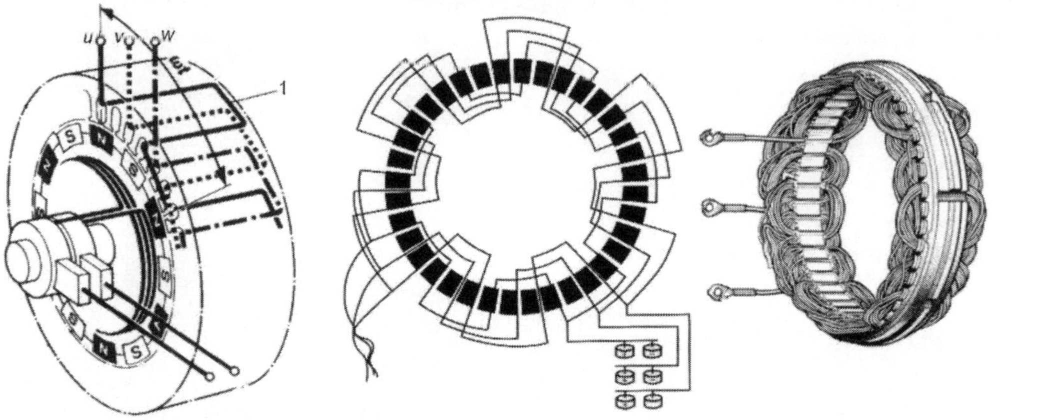

Figura 8.11

El rotor o inductor es un conjunto robusto y equilibrado dinámicamente, que está formado por masas polares ensambladas en un eje de acero apoyado por sus dos extremos en las carcasas o soportes exteriores, por mediación de sendos cojinetes de bolas que se alojan en ellas. Las dos mitades de la pieza que constituye los polos del rotor (Figura 8.12), tienen forma de garra y en el ensamble de las dos mitades, se intercalan los polos, unos entre otros, entrando recíprocamente los de una mitad dentro de los huecos existentes entre los de la otra mitad. En el interior de estas dos mitades se aloja una bobina, que constituye el devanado de excitación. Los extremos de la misma se conectan a los anillos rozantes, montados a su vez a presión en un extremo del eje y aislados eléctricamente de él.

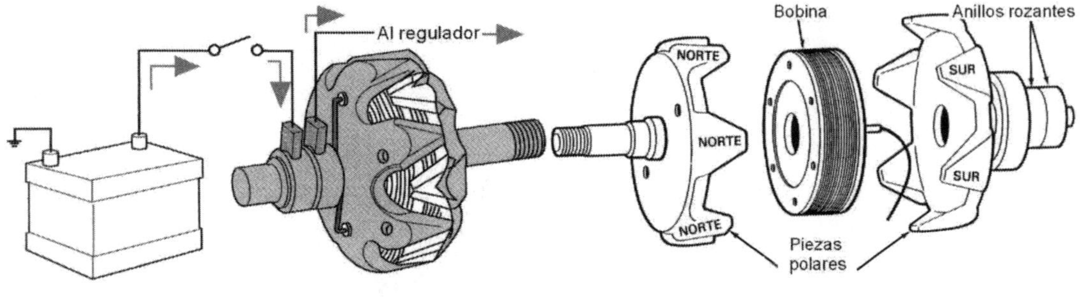

Figura 8.12

Contra los anillos rozan las escobillas, a través de las cuales entra y sale la corriente a la bobina, que es tomada de la batería, a través del interruptor de encendido y cierra su circuito a masa a través del regulador, como ya se verá. El paso de corriente por ella forma un campo magnético, que se ve reforzado por el núcleo que suponen las dos mitades de las piezas polares. En todas las garras de una mitad se forman los polos norte y en la otra los sur.

El rotor recibe movimiento del motor de combustión por medio de una polea, que se monta en el chavetero del eje, que también recibe al ventilador, encargado de provocar la corriente de aire necesaria para el enfriamiento de los componentes del alternador.

La corriente alterna inducida en cada una de las fases de un alternador, ha de ser rectificada para que pueda utilizarse en la carga de la batería y para la alimentación de los diferentes aparatos eléctricos dispuestos en el automóvil. Ello se logra utilizando los diodos rectificadores, que conectados convenientemente formando un puente rectificador, como muestra la Figura 8.13, transforman la corriente alterna inducida (gráfica superior), en una corriente continua pulsatoria (gráfica inferior). En el esquema representado, se muestra con flechas la dirección de la corriente para una semionda positiva, que como puede verse utiliza dos de los diodos del puente, en tanto que la semionda negativa usa los otros dos. En cualquier caso, después de los diodos, la corriente es continua.

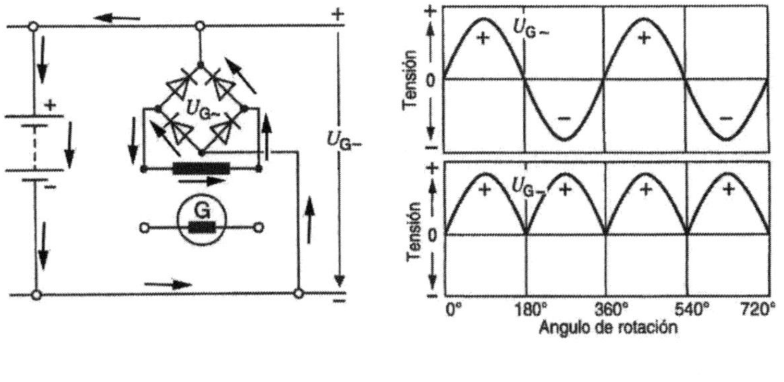

Figura 8.13

Las tensiones alternas inducidas en las tres fases de un alternador se rectifican con un puente de seis diodos, como se ha representado en la Figura 8.14, en el que a cada fase se conectan dos diodos, uno por el lado positivo y otro por el negativo, cada uno de los cuales rectifica una semionda de la fase. De este modo, la corriente alterna trifásica de tensión U_p representada en la gráfica, es transformada en una diferencia de potencial U_G, que referida al potencial cero del borne negativo de la batería se presenta como una tensión ondulada ligeramente. Estas oscilaciones son reducidas por la batería, a la que se conecta directamente el lado positivo del puente rectificador, que hace la función de filtro alisador de la corriente, al igual que los condensadores que equipan los distintos componentes eléctricos del automóvil.

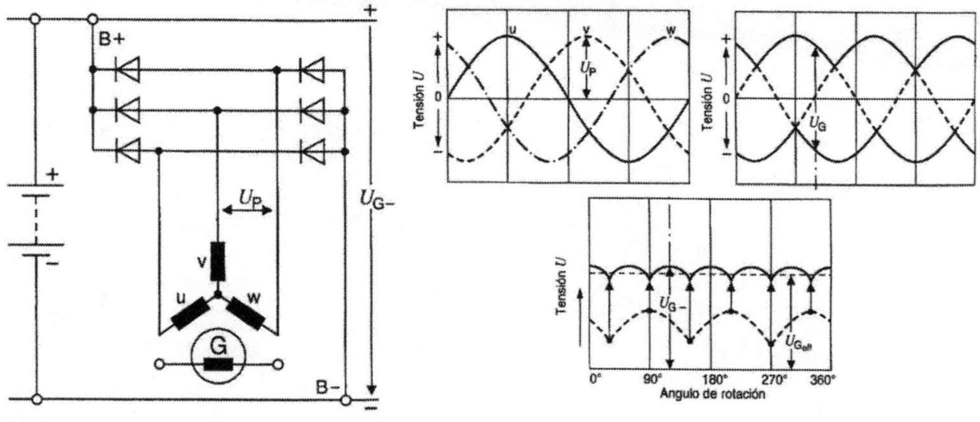

Figura 8.14

En algunos alternadores trifásicos se monta un puente rectificador de nueve diodos (Figura 8.15), de los cuales, los tres suplementarios se utilizan para la excitación del alternador. La corriente de excitación que debe magnetizar los polos del rotor, se deriva del circuito de corriente trifásica y, antes de pasar al rotor G, es sometida también a una rectificación de onda completa, lo que se realiza por medio de los tres diodos negativos en el borne B– y otros tres positivos en el borne D+, llamados de excitación. Como puede verse en el esquema, estos tres diodos se conectan a los mismos puntos en las fases que los de potencia del lado positivo.

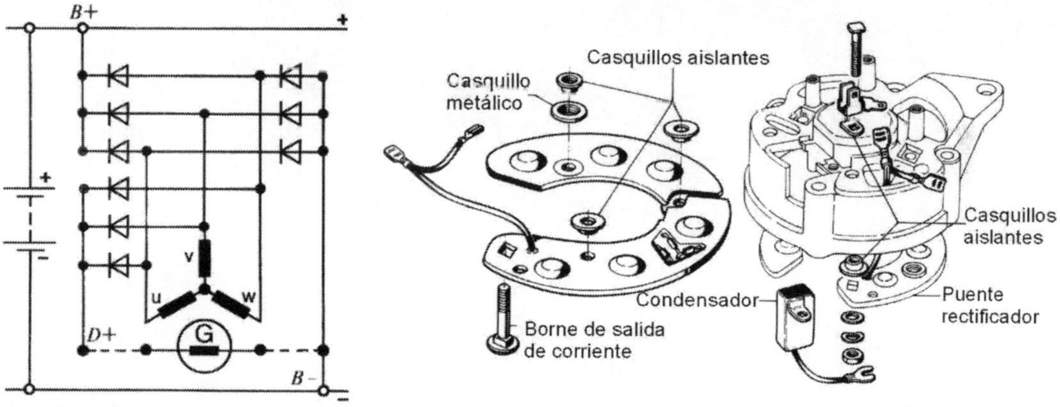

Figura 8.15

El conjunto o puente rectificador, en su montaje sobre el alternador, se fija y sujeta a la carcasa del lado de los anillos rozantes, generalmente por medio de tres tornillos aislados convenientemente por medio de casquillos de plástico. A este conjunto se fijan las conexiones de salida para los arrollamientos inducidos del estator. Los diodos se montan en esta placa de manera que tres de ellos quedan conectados a masa por uno de sus lados y los otros tres al borne de salida de corriente del alternador, también por uno de sus lados. El lado libre de los seis queda conectado a los extremos de las fases, tal como se ha representado en el esquema de la Figura.

Dadas sus características constructivas y de funcionamiento, el calentamiento admisible de los diodos está limitado y, por ello, debe evacuarse el calor de las zonas donde se alojan, tanto los de potencia, como los de excitación. Con este fin se montan sobre cuerpos de refrigeración, que por su gran superficie y buena conductibilidad térmica, son capaces de evacuar rápidamente el calor a la corriente de aire refrigerante. En algunos casos, para mejorar esta función, estos cuerpos están provistos de aletas. La Figura 8.16 muestra en esquema y vista fotográfica la disposición de montaje en dos bloques de refrigeración de los seis diodos de potencia de un alternador trifásico, así como el ensamble del conjunto.

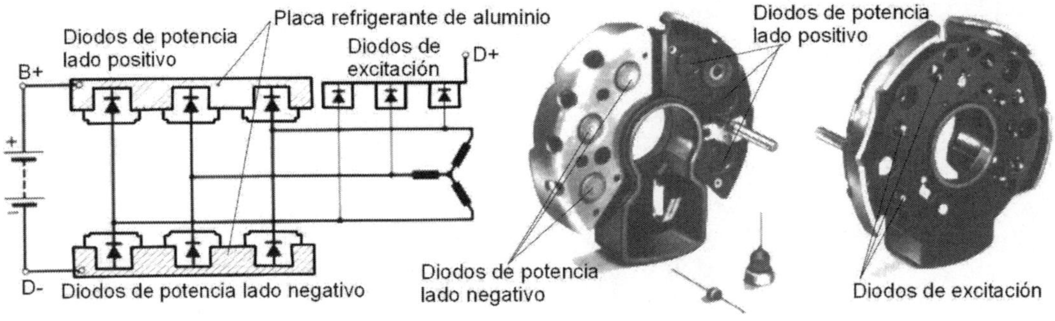

Figura 8.16

Cada uno de los diodos está incrustado a presión en la placa correspondiente, como muestra la Figura 8.17, que a su vez se fija a la carcasa del alternador. Los diodos del lado positivo conducen en el sentido que se ha representado en la Figura, es decir, desde el terminal a la carcasa, mientras que los del lado negativo lo hacen desde la carcasa al terminal; por lo tanto, son diferentes en cuanto a su construcción se refiere, desde el punto de vista de la conducción.

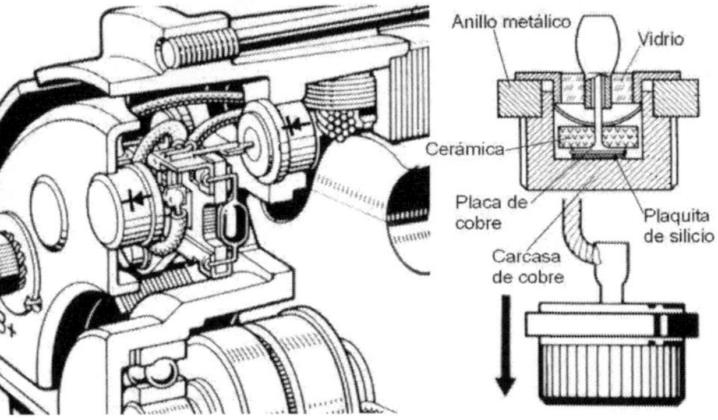

Figura 8.17

El detalle de la Figura muestra la estructura de un diodo del lado positivo, donde puede verse que el material semiconductor de silicio está alojado en una caja de cobre y presionado contra el fondo de la misma por una placa también de cobre y otra de cerámica, a través de la cual pasa el conductor que supone uno de los bornes del diodo, mientras que el otro lo constituye la caja de cobre. En función del extremo del cristal semiconductor que está en contacto con la caja metálica que le sirve de soporte, el diodo puede ser del tipo de cátodo base o positivo, o de ánodo base o negativo. Con esta denominación se define si el diodo conduce desde el terminal a la carcasa (cátodo base), o desde la carcasa al terminal (ánodo base).

El conjunto de mecanismos del alternador queda alojado en el espacio comprendido entre dos carcasas de aluminio fundido, en las que apoya por sus dos extremos el eje del rotor por medio de cojinetes de bolas 3 y 10, como muestra la Figura 8.18. La carcasa delantera en este caso, está provista de bridas 6 para la fijación del alternador al bloque motor. La trasera 7 soporta el conjunto regulador 12 y portaescobillas 11, así como el conjunto de puente rectificador 8.

De esta misma carcasa salen los bornes de conexión del alternador, como el de excitación 9. Ambas carcasas se acoplan por ambos lados al estator y se unen entre sí por medio de tornillos 5. Disponen de orificios para permitir el paso de la corriente de aire provocada por el ventilador 1 en su giro, arrastrado por el rotor, al que se fija, por medio de una chaveta 4, junto a la polea de arrastre 2.

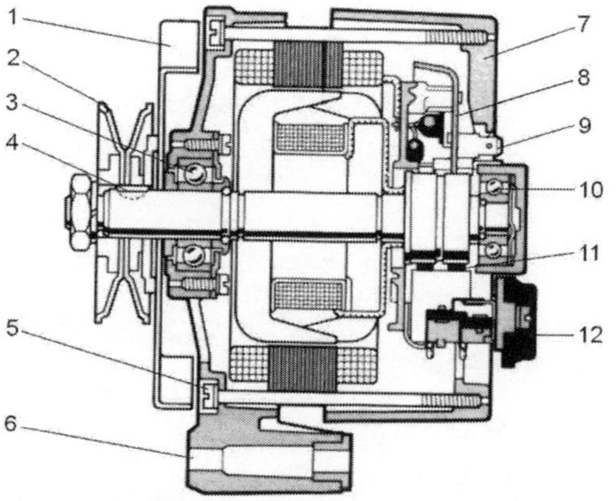

Figura 8.18

El calor desarrollado en el alternador, así como el irradiado y transmitido por el motor y el sistema de escape, además de perjudicar los aislamientos y puntos de soldadura del alternador, pueden deteriorar los diodos montados sobre el mismo, que no soportan temperaturas superiores a los 80ºC. Para lograr una buena refrigeración del interior del alternador se dispone un ventilador por detrás de la polea de arrastre, capaz de provocar una corriente de aire (Figura 8.19) que entra por la tapa de anillos rozantes y sale por la del lado de accionamiento a través de aberturas practicadas en las mismas. En otros casos, la rueda de aspas del ventilador se acopla al propio rotor, por sus dos laterales, para provocar sendas corrientes de aire como muestra el detalle central de la Figura, y otras veces se dispone una tubuladura para canalizar el aire, como muestra el detalle de la derecha.

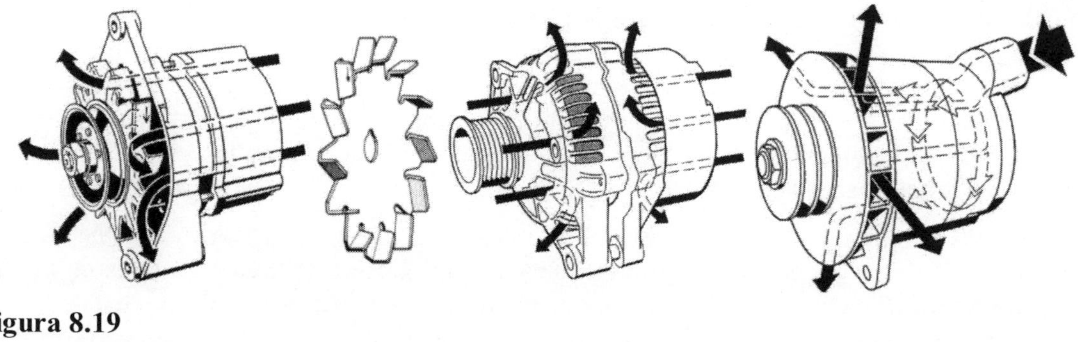

Figura 8.19

8.3 Circuitos eléctricos del alternador

Como es sabido, para que un alternador comience a producir corriente eléctrica, es preciso que en el rotor se forme el necesario campo magnético y, para ello, debe hacerse llegar la corriente eléctrica a la bobina inductora desde la batería, lo cual se logra generalmente al accionar la llave de contacto; pero esta corriente de alimentación debe estar controlada por el regulador, de manera que pueda modificarse la intensidad del campo magnético generado, para regular así la tensión producida.

En los alternadores actuales se dispone un circuito eléctrico de conexiones, denominado circuito de carga, como el representado esquemáticamente en la Figura 8.20, donde puede verse que el borne B+ del alternador (al que se conectan los diodos de potencia *b* del lado positivo) se une directamente al positivo de batería y a los consumidores (borne 30), en tanto que el borne D+ del alternador (al que se conectan los diodos de excitación *a*) se conecta a la lámpara testigo de carga 3, que a su vez está conectada al interruptor de encendido 4 (borne 15), que toma corriente del positivo de batería. Por otra parte, el borne B- del alternador se une a masa (borne 31), como el negativo de la batería.

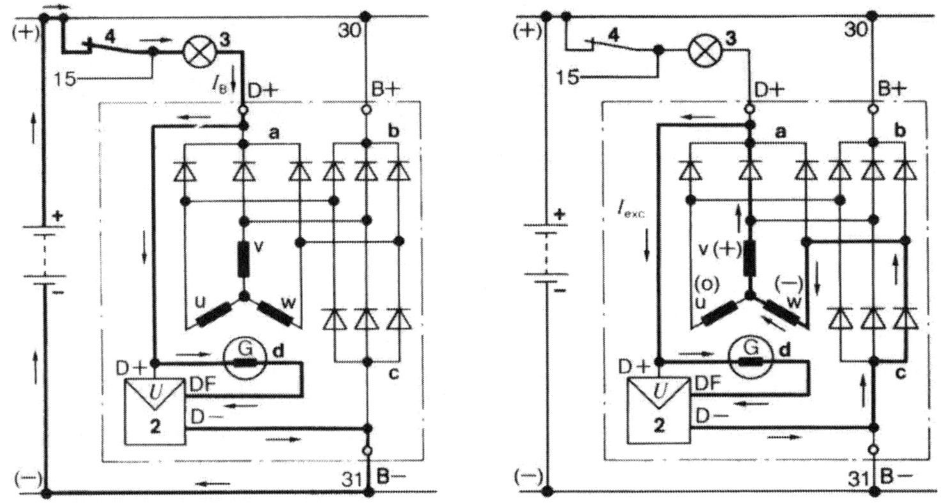

Figura 8.20

Cuando se acciona el interruptor de encendido y arranque, con el motor de combustión parado, fluye una corriente I_B desde el positivo de batería hacia la lámpara 3 de control de carga y borne D+ del alternador, desde donde llega a la bobina del rotor G, a través de las escobillas y anillos rozantes conocidos, para seguir por el regulador 2 y borne B-, conectado a masa como el negativo de batería, cerrando el circuito. Esta corriente de preexcitación genera el campo magnético necesario en el rotor para inducir la tensión en las bobinas del estator. En estas condiciones de servicio, la lámpara testigo de carga permanece encendida, indicando al conductor que el generador no produce energía eléctrica.

En cuanto el motor de combustión se pone en marcha, el campo magnético del rotor afecta a las bobinas del estator y comienza la producción de corriente. En esta nueva situación, la tensión en los bornes B+ y D+ del alternador es de igual valor y superior a la de la batería, lo que implica que se establezca una corriente eléctrica desde B+ hacia el positivo de batería (corriente de carga) y hacia todos los consumidores conectados al borne 30. Al mismo tiempo, desde los diodos de excitación *a* se desvía ahora para la bobina del rotor la corriente continua rectificada, manteniendo la alimentación del mismo a través del regulador y borne B-, cerrando circuito con las fases del alternador a través de los diodos de potencia del lado negativo. En esta nueva situación, la lámpara testigo tiene aplicada la tensión del borne D+ a uno de sus lados de conexión, mientras que al otro está aplicada la tensión del borne B+ (del mismo valor), por lo cual, la lámpara se apaga, indicando al conductor que el alternador ha comenzado a generar tensión.

La Figura 8.21 muestra el recorrido de la corriente de carga en un alternador trifásico de estrella y la gráfica de la tensión inducida en sus fases. Tomando un instante cualquiera del giro del rotor, como el correspondiente a los 30º, que se ha representado en la Figura, puede verse que a esta posición corresponde que la fase *v* está induciendo una tensión un poco inferior a su valor máximo positivo, con sentido desde el punto común hacia el extremo de la fase. Al mismo tiempo, la fase *w* está también induciendo tensión, de similar valor, pero el sentido es contrario, es decir, desde el extremo de la fase al centro de la misma, por lo cual, la tensión total resulta ser la suma de las inducidas en cada una de estas fases, en tanto que en la fase *u* no se induce tensión alguna en este instante, como puede verse en la gráfica.

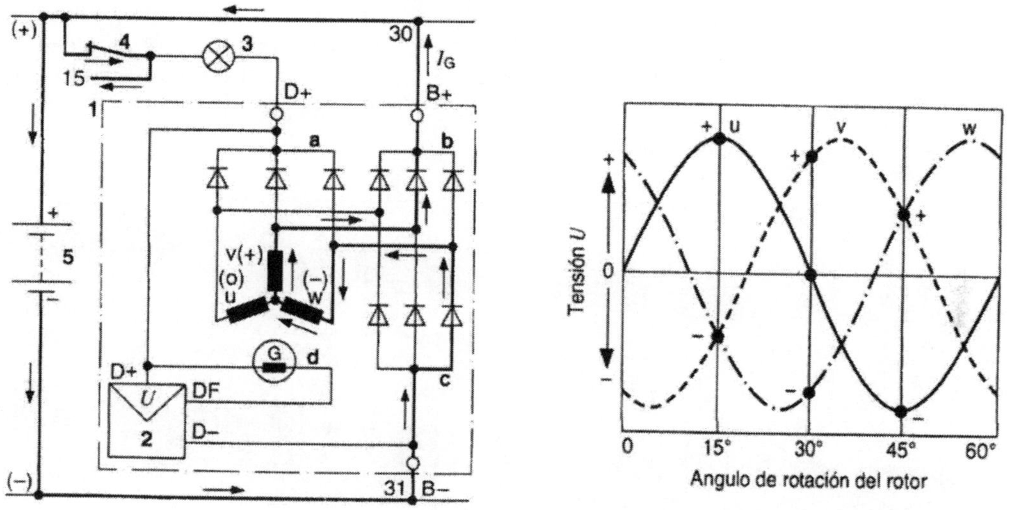

Figura 8.21

La corriente eléctrica que corresponde a este instante de funcionamiento, es consecuencia de la diferencia de potencial existente entre los extremos de las fases *v* y *w*, siendo el extremo de la fase *v* el de mayor potencial (que constituye el borne positivo) y el de la fase *w* el de menor (que constituye el borne negativo). Por tanto, la corriente sale por el extremo de la fase *v* hacia el diodo del lado positivo correspondiente a esta fase y de allí sigue por el borne B+ hacia el borne positivo de batería y a los circuitos consumidores que estén conectados, continuando en ambos casos por masa hacia el borne B- del alternador para seguir por el diodo del lado negativo correspondiente a la fase *w*, llegando al extremo de la misma para cerrar el circuito.

Si se toma otro instante del funcionamiento, como el correspondiente a los 45º de giro del rotor, los valores de tensión y el sentido han cambiado, como muestra la gráfica, pero la corriente en el circuito externo sigue siendo igual. Para esta posición, las fases *v* y *w* inducen tensión positiva, es decir, de sentido desde el centro de la estrella hacia el extremo de la fase, mientras que la tensión inducida en la fase *u* es de sentido contrario, por lo cual, la diferencia de potencial aparece ahora entre el extremo de cada una de las fases *v* y *w* (bornes positivos) y el extremo de la fase *u* (borne negativo). En esta situación, la corriente parte de los extremos de las fases *v* y *w* hacia los diodos correspondientes del lado positivo, llegando al borne B+, de donde va hacia la batería y los consumidores, cerrando el circuito por masa hasta el borne B-, el diodo del lado negativo de la fase *u* y el extremo de ésta, que constituye el borne negativo en este instante.

Para cualquier otro instante del funcionamiento se obtienen consecuencias similares, resultando así que la tensión generada por el alternador, que aparece como diferencia de potencial entre sus bornes, es la misma en cualquier instante del giro y en el circuito exterior se obtiene una corriente continua y, dado que la tensión en bornes del alternador es superior a la de la batería, el sentido de la corriente es del alternador hacia la batería. Por otra parte, la batería no puede descargarse sobre el alternador, cuando está parado y no genera tensión, porque los diodos del lado positivo se presentan contrarios al paso de esta hipotética corriente. Esta es la función de bloqueo del puente rectificador.

El circuito de carga de los alternadores de triángulo es similar al explicado para los de estrella, tal como se ha representado en la Figura 8.22, donde puede verse idéntico conexionado de los bornes B+ y D+ del alternador a la batería y lámpara L testigo de carga. Este modelo de alternador dispone un puente rectificador de seis diodos, estando conectados los del lado negativo a masa, como en otras aplicaciones, mientras que los del lado positivo van conectados directamente al borne B+ y al regulador, de cuya entrada se toma la corriente para la bobina del rotor, a través de las escobillas E, conectándose la salida de bobina también al regulador. Al borne B+ se conecta también un condensador cuya carcasa está unida a masa. Este condensador realiza una función de alisado de las ondas de la corriente rectificada.

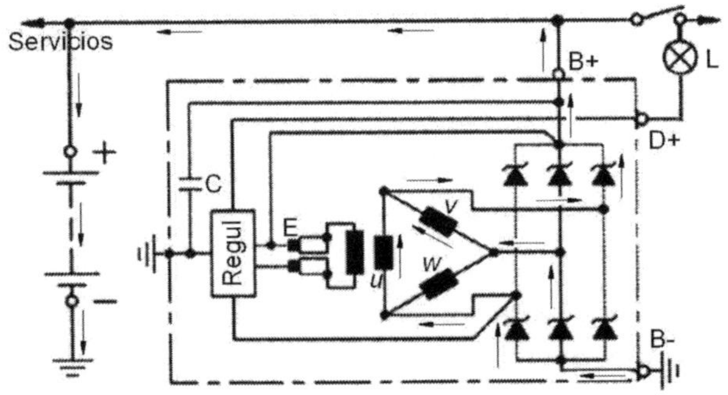

Figura 8.22

En el funcionamiento, en un determinado instante, y dada la disposición de los bobinados y polos del rotor en el alternador de triángulo, las fases *u* y *v* inducen tensión del sentido indicado por las flechas, mientras en la fase *w* no se induce tensión alguna. Para esta situación, se establece una corriente desde ambas fases a través del circuito de carga, como se ha indicado, saliendo del punto de unión de las fases *u* y *v* hacia el diodo correspondiente del lado positivo, borne B+ y positivo de batería, cerrando circuito desde el negativo de batería por el borne B- del alternador y los diodos del lado negativo que corresponden a los extremos de las fases *u* y *v*. Para otra posición del giro del rotor, las tensiones inducidas en las fases cambian de valor y sentido, aunque en cualquier caso, a la salida del rectificador se obtiene una corriente continua.

8.4 Regulación de la tensión del alternador

El regulador de tensión incorporado en el alternador, tiene como función mantener constante la tensión producida en todo el margen de revoluciones del motor de combustión y para cualquier carga conectada en el circuito exterior. Es conocido que la tensión producida por el alternador depende esencialmente de su régimen de giro (variable según las condiciones de funcionamiento del motor) y, en menor medida, de la carga conectada y, como estos parámetros no pueden ser corregidos, se hace necesario disponer un sistema de regulación que impida superar unos valores de tensión excesivos (generalmente superiores a 14,5 V), que pueden causar daños irreparables a la batería y a los distintos componentes del sistema eléctrico conectados.

Dado que el alternador es capaz de generar una tensión superior a la de la batería ya desde el ralentí, la regulación ha de tener lugar cuando con el aumento del régimen de giro del motor se superen los valores admisibles de la tensión producida (14,5 V), lo que ocurre ya a regímenes relativamente bajos, cuando hay pocos consumidores conectados. En estos momentos, el regulador interrumpe la corriente de excitación para el rotor del alternador, lo que causa una disminución acusada del campo magnético del mismo y, consecuentemente, se induce menos tensión. Logrado el objetivo de limitar la tensión producida, el regulador vuelve a conectar la corriente de excitación y se restablece la intensidad normal del campo magnético del rotor, con lo que aumenta nuevamente la tensión inducida y se vuelve a producir la regulación, repitiéndose este ciclo indefinidamente durante todo el tiempo de funcionamiento del alternador.

La Figura 8.23 muestra un esquema de bloques de los componentes del alternador que intervienen en el proceso de regulación de la tensión. Como puede verse, la tensión inducida en las bobinas del estator y rectificada, está aplicada directamente a la batería y al regulador de tensión, que controla la corriente de excitación de la bobina del rotor, provocando los cortes de corriente necesarios para realizar la regulación de tensión. En la gráfica de la misma Figura puede verse la evolución de la intensidad de la corriente para dos regímenes de rotación diferentes, siendo los tiempos (t_1) de conexión de la corriente, mayores en los bajos regímenes. En los procesos de conexión y desconexión, la corriente de excitación aumenta y disminuye de una manera progresiva, debido a los efectos de autoinducción que se producen en la bobina del rotor. En el momento de la conexión, la intensidad de corriente va aumentando paulatinamente con la formación del campo magnético inductor, mientras que en la desconexión, la corriente disminuye también lentamente.

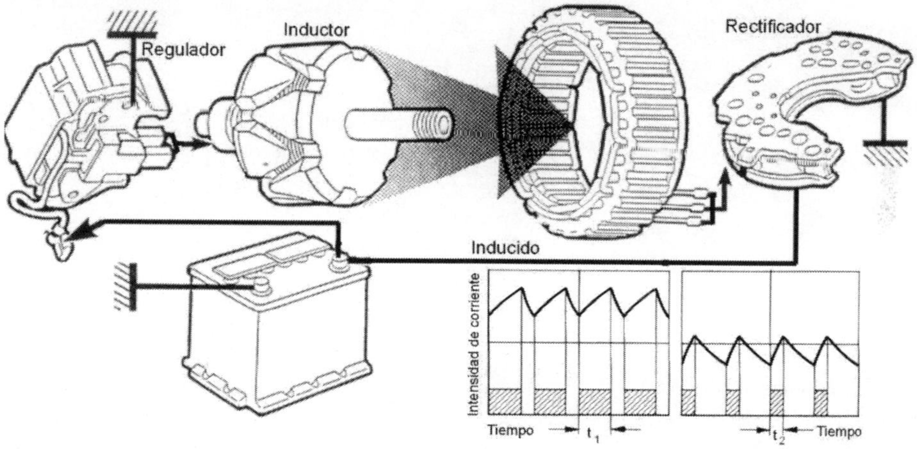

Figura 8.23

El regulador electrónico utilizado en los alternadores realiza los procesos de conexión y desconexión de la corriente de excitación con gran rapidez, dando lugar a una corriente cuyo valor medio está determinado por la velocidad de rotación y por la carga de consumidores conectada y hace que la tensión producida, en cualquier circunstancia, no supere el valor límite establecido, efectuándose el ajuste de una manera enteramente automática.

Como se muestra en la Figura, el regulador electrónico forma un conjunto en el que se integran las escobillas y se fija a la carcasa delantera del alternador, posicionándose convenientemente para que incida sobre él la corriente de aire del ventilador. La Figura 8.24 muestra la ubicación del regulador en varios ejemplos.

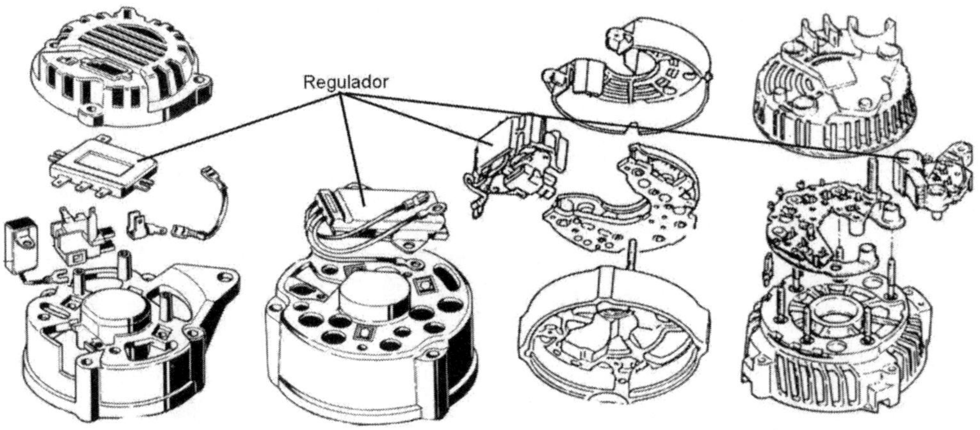

Figura 8.24

Hasta hace algunos años, se utilizaba un regulador electromagnético de contactos para limitar la tensión producida por el alternador, como el representado en la Figura 8.25, en el cual, dicha tensión está aplicada a la bobina de un relé, cuyo contacto móvil se mantiene apoyado en el contacto fijo por la acción de un muelle laminar, tarado con una determinada fuerza. Como el campo magnético y, por tanto, la fuerza magnética de la bobina, son proporcionales a la tensión aplicada, a partir de un cierto valor (por ejemplo 14,5 V) la fuerza magnética es superior a la del muelle laminar, lo que provoca la apertura del contacto móvil.

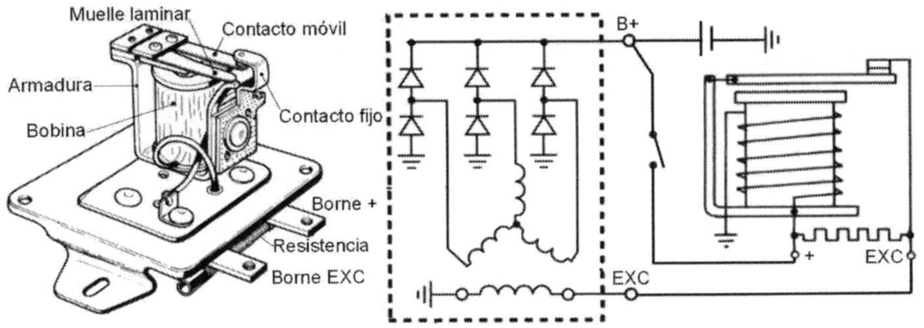

Figura 8.25

La corriente de excitación es tomada del interruptor de encendido para el borne + del regulador y, pasando por los contactos del mismo sale del borne EXC hacia el rotor del alternador, como puede verse en el esquema. De esta manera, mientras los contactos están cerrados (lo que corresponde a una tensión inducida inferior a 14,5 V), hay paso franco de la corriente por el regulador y se efectúa una alimentación normal de la bobina del rotor, que crea un potente campo magnético, necesario para que la tensión producida sea alta; pero cuando se abren los contactos, se corta la corriente de excitación a través de ellos, pasando ahora desde el borne + del regulador al EXC a través de una resistencia, que reduce drásticamente la intensidad y, como consecuencia, se debilita el campo magnético del rotor, lo que provoca una importante disminución del valor de la tensión producida por el alternador.

Cuando desciende la tensión producida, la bobina del relé pierde fuerza y los contactos vuelven a cerrarse, restableciendo el valor normal de la corriente de excitación, lo que hace aumentar el campo magnético del rotor y con ello la tensión generada, repitiéndose este proceso indefinidamente durante el funcionamiento del alternador.

Las exigencias actuales en cuanto a duración, exactitud de la tensión regulada y exención total de mantenimiento, propiciaron la sustitución de los reguladores de contactos por otros de componentes electrónicos, en los que el relé es sustituido por el transistor, capaz de gobernar corrientes elevadas, como es conocido, y que presenta la ventaja esencial de ausencia de contactos móviles, pequeño tamaño y alta fiabilidad en el control del corte de corriente, que permite tiempos de conexión más breves que posibilitan menores tolerancias de regulación. Gracias a su robustez frente a las vibraciones y a su pequeño tamaño, pueden ser incorporados en el propio alternador, con las consiguientes ventajas de reducción del cableado.

La Figura 8.26 muestra el esquema básico de un regulador electrónico, que utiliza dos transistores y un diodo Zener para el control de la tensión producida por el alternador. Como puede verse, la corriente de excitación para el rotor G se establece a través del circuito emisor colector del transistor T_1, cuya base está puesta a masa permanentemente a través de una resistencia de compensación, lo que implica que este transistor conduce en cuanto se aplica corriente al emisor, es decir, cuando se acciona el interruptor de encendido. En estas condiciones, por tanto, queda alimentada la bobina del rotor, que genera un potente campo magnético y el alternador produce una elevada tensión, que está aplicada a la batería y a los emisores de ambos transistores. Cuando esta tensión supera el valor de corte del diodo Zener Z (14,5 V), el transistor T_2 conduce y, por ello, la tensión de su colector queda aplicada a la base del transistor T_1, que ahora se bloquea, cortando la corriente para el rotor, lo cual produce una brusca disminución de su campo magnético, que conlleva una reducción de la tensión producida por el alternador. Con ello, el diodo Zener vuelve a su estado de bloqueo y el transistor T_2 se bloquea también, por lo que el transistor T_1 conduce de nuevo y da paso a la corriente de excitación hacia el rotor, que vuelve a generar campo magnético, con lo que la tensión del alternador aumenta hasta que se superan nuevamente los 14,5 V y se suceden otra vez los mismos efectos.

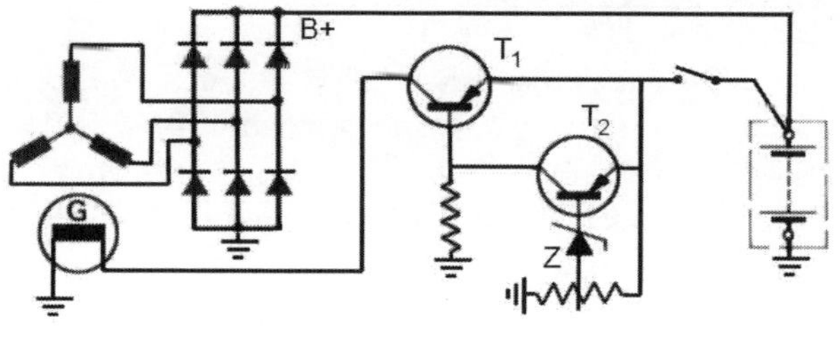

Figura 8.26

El potenciómetro conectado en serie con el diodo Zener en el circuito de base del transistor T_2, hace las funciones de divisor de tensión y permite regular la tensión de corte de dicho diodo, que puede ser variada en un cierto margen, comprendido generalmente entre 14,2 y 14,7V. En cualquier caso, los cortes cíclicos de la corriente de excitación producen la regulación de la tensión generada por el alternador, al igual que en los reguladores de contactos, pero sin utilizar piezas móviles como los contactos del relé, sujetas a desajustes y desgastes, que además generan chispeo en las maniobras, que producen interferencias en los equipos de sonido y pueden afectar al funcionamiento de otros sistemas electrónicos.

La Figura 8.27 muestra el esquema de un regulador electrónico y su conexionado con el alternador y la correspondiente lámpara testigo de carga. El funcionamiento queda determinado por los procesos que tienen lugar al aumentar y disminuir la tensión producida por el alternador, cuyo valor real es registrado por un divisor de tensión, formado por las resistencias R1, R2 y R3 y, en paralelo con esta última, el diodo Zener ZD, que se encuentra sometido constantemente a una tensión proporcional a la generada por el alternador, concretamente en su borne D+.

Mientras la tensión generada no supera el valor límite establecido (14,5 V), el diodo Zener está bloqueado y no hay aplicada tensión a la base del transistor T_1, con lo cual éste no conduce y, desde los diodos de excitación, a través de la resistencia R6, se aplica tensión a la base del transistor T_2, que se pone en estado de conducción, haciendo conducir a su vez a T_3, que establece la corriente de excitación desde el borne D+, bobina del rotor y circuito colector emisor de T_3, como se ha representado con trazo grueso en la Figura.

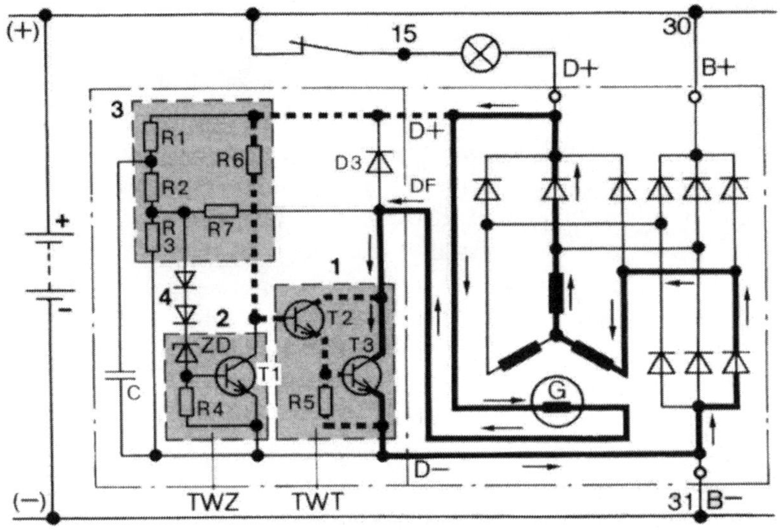

Figura 8.27

Cuando la tensión generada por el alternador supera el valor límite de regulación, la aplicada al diodo Zener ZD desde el borne D+ a través de las resistencias R1 y R2, le hace conducir y polariza la base del transistor T_1, que de esta manera pasa al estado de conducción y, a través de su circuito colector emisor, pone a masa la base del transistor T_2, que de esta manera queda bloqueado, provocando también el bloqueo del transistor T_3, lo cual provoca el corte de la corriente de excitación. Ello conlleva, como es conocido, una drástica reducción del campo magnético inductor que supone una fuerte disminución de la tensión producida por el alternador, que implica el bloqueo nuevamente del diodo Zener, lo que supone la conducción de los transistores T_2 y T_3, que restablecen la corriente de excitación, repitiéndose el proceso.

El diodo D3, conectado en el circuito de excitación absorbe los picos de tensión que se generan en la bobina del rotor cuando se corta la corriente. Los diodos 4 realizan una acción de compensación de la tensión de regulación con respecto a la temperatura, posibilitando que la tensión pueda ser regulada a unos valores ligeramente más bajos con altas temperaturas, favoreciendo las condiciones de carga de la batería en estas circunstancias.

Los reguladores electrónicos como el descrito pueden constituirse como una serie de componentes discretos (transistores, diodos, resistencias, etc.), o conformarse en técnica híbrida con circuitos integrados que agrupan a estos mismos componentes ocupando un menor espacio. La Figura 8.28 muestra uno de estos reguladores, con un circuito similar al anterior.

El componente esencial de este regulador es un circuito integrado IC que reúne todas las funciones de regulación con una considerable reducción de tamaño, que hace posible una estructura compacta de alta fiabilidad. El otro componente fundamental es el transistor Darlington de potencia de fase final, instalado en el circuito de excitación y gobernado por el IC.

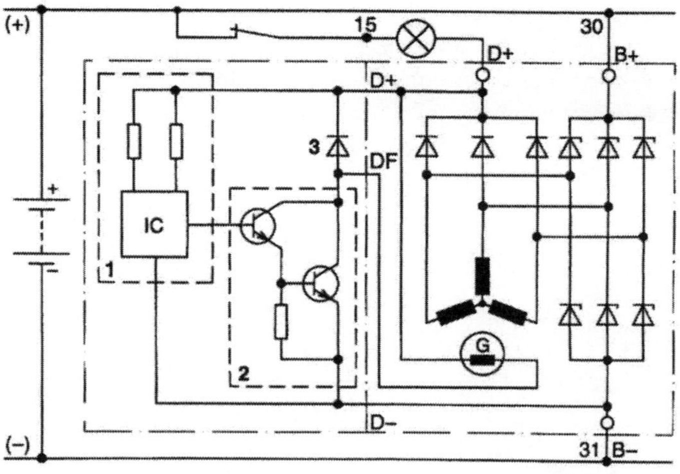

Figura 8.28

En cualquiera de estos reguladores electrónicos, la lámpara testigo de carga se conecta entre el borne D+ y el borne 15 del interruptor de encendido, como es conocido, por lo cual, a motor parado y con la llave contacto accionada, la corriente de excitación se establece a través de la lámpara, que de esta manera se enciende, como ocurre igualmente si el motor está en marcha y el alternador no produce energía por causa de una avería, lo que alerta al conductor de la anomalía producida. Por el contrario, si con el motor en marcha el alternador funciona correctamente, en el borne D+ hay la misma tensión que en el B+, lo que supone que a ambos polos de la lámpara está aplicada la misma tensión y por ella no circula corriente alguna, por lo que permanece apagada, lo que indica al conductor que el sistema funciona correctamente.

Además de la función propia de limitación de la tensión producida por el alternador, algunos reguladores pueden realizar otros controles, como alertar al conductor mediante el encendido de la misma lámpara testigo cuando se produce una tensión excesiva o insuficiente, si hay rotura de la correa de arrastre o interrupción del circuito de excitación. En otros casos se utiliza un dispositivo de protección contra sobretensiones, consistente en conectar un diodo Zener entre el borne B+ y masa, tarado a 20V aproximadamente, de manera que si se supera este valor de tensión, el diodo provoca la adecuada descarga, que a su vez da lugar a una caída de la tensión producida.

8.5 Características de los alternadores

Las exigencias planteadas a un alternador difieren de una manera importante en función de la aplicación que se le dé y, por ello, un determinado diseño de alternador no puede satisfacer todas las necesidades, lo que implica que deban adaptarse sus características técnicas a las condiciones de funcionamiento que ha de soportar, y de ahí que existan diferentes modelos.

Las características esenciales de un alternador son su tensión nominal y la intensidad de corriente máxima que puede suministrar, o lo que es lo mismo, su potencia máxima, que depende de los dos factores anteriores, evidentemente. Ello condiciona el tamaño del alternador y en buena medida también, el diseño de sus componentes, como el devanado del estator, tipo de rotor, rectificador, etc. Los alternadores que se han descrito hasta aquí pueden considerarse típicos para aplicación a vehículos de turismo que requieren potencias medias e incluso altas.

Puede conseguirse un aumento importante de la potencia de un alternador, diseñándolo de manera que se dupliquen sus componentes esenciales, como el estator y el rotor. La Figura 8.29

muestra en sección y esquema un alternador doble, en el que puede verse que el rotor se configura con dos conjuntos de polos montados sobre el mismo eje, cuyas bobinas están conectadas en paralelo y reciben la corriente de excitación a través de las correspondientes escobillas y anillos rozantes, de diseño más robusto que el convencional. Las bobinas del estator se agrupan formando fases de la manera convencional y ambos devanados se conectan en paralelo, como muestra el esquema de la Figura, disponiendo tres diodos por fase, tanto en el lado positivo, como en el negativo.

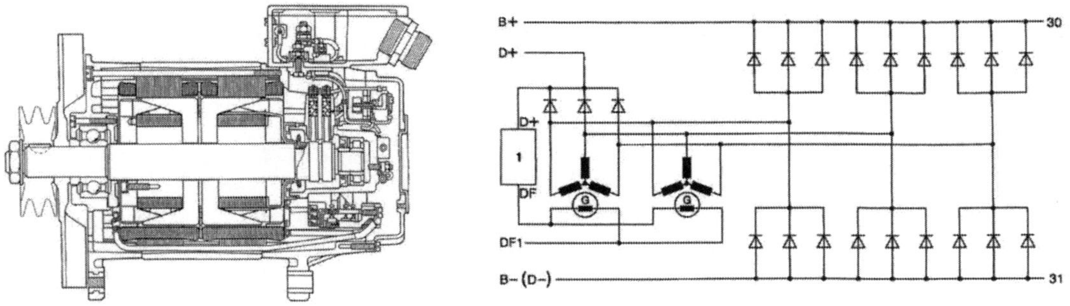

Figura 8.29

Los alternadores que por sus características técnicas precisan para su funcionamiento una corriente de excitación elevada, suelen disponer un rotor guía en el que se suprimen los anillos rozantes y las escobillas. La Figura 8.30 muestra esta disposición, donde la bobina de excitación se monta sobre un anillo fijo a la carcasa, por el interior del cual pasa el eje del rotor, cuyos polos rodean al anillo y la bobina, de manera que mientras ésta queda inmóvil, el eje y las piezas polares giran. La alimentación en corriente de la bobina puede realizarse ahora directamente.

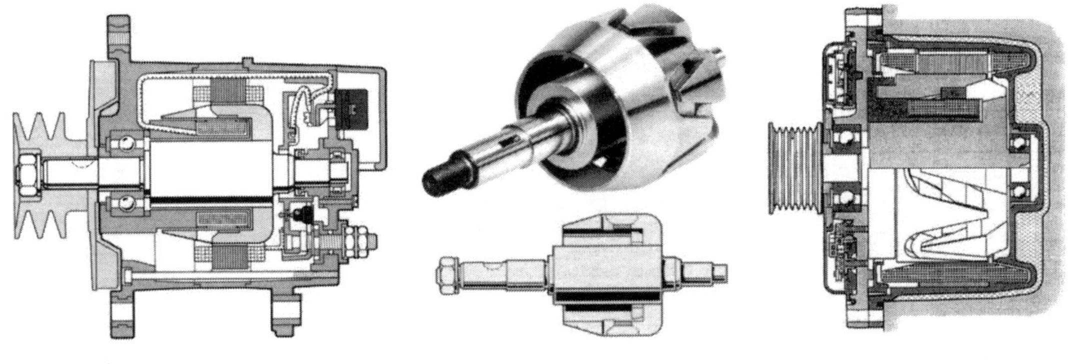

Figura 8.30

En este tipo de alternadores, suele disponerse un sistema de refrigeración, en el que se hace circular el agua del sistema de refrigeración del motor, por una camisa dispuesta sobre la propia carcasa del alternador, a la que rodea, como muestra el detalle de la derecha en la Figura. Con ello se elimina el ruido que producen los ventiladores convencionales. En este tipo de alternador se disponen los componentes de manera que haya una buena conducción del calor hacia la carcasa. El regulador y el rectificador se ubican ahora en la carcasa del lado de arrastre.

Cualquiera que sea el modelo de alternador, con sus características técnicas peculiares, la intensidad de corriente que es capaz de suministrar, viene determinada, en principio, por la demanda de los consumidores que en cada caso estén conectados. Teniendo en cuenta que un alternador lo que produce es tensión (fuerza electromotriz), al aplicar la Ley de Ohm se constata que para un determinado valor de la tensión producida, la intensidad de la corriente suministrada está relacionada con la resistencia eléctrica del circuito exterior y, teniendo en cuenta que los diferentes sistemas eléctricos de la instalación se conectan en paralelo, cuanto mayor sea el número de ellos conectados, menor es la resistencia eléctrica total y, por tanto, mayor la intensidad de la corriente suministrada por el alternador.

Vistas así las cosas, cabe pensar que un alternador puede suministrar una intensidad de corriente de valor ilimitado y teóricamente es así; pero en la práctica, con el aumento del consumo se produce una caída de la tensión producida, que a su vez hace disminuir la intensidad de corriente para una misma resistencia conectada. Por otra parte, cuando la intensidad de la corriente proporcionada por el alternador supera un determinado valor, acorde con sus características técnicas, el campo magnético creado en las bobinas del estator como consecuencia de la corriente que circula por ellas, se hace de tal magnitud que debilita sensiblemente al campo magnético del rotor, al que se opone y, por tanto, disminuye la tensión producida, lo que a su vez hace descender la intensidad de la corriente suministrada. Este hecho supone una regulación automática de la intensidad de corriente que es capaz de suministrar un alternador.

Así pues, la intensidad de la corriente producida por un alternador depende esencialmente de sus características constructivas y, concretamente del tipo de devanado del estator y conexionado del mismo (en estrella o triángulo). En cualquier caso, los valores de intensidad para los distintos regímenes de giro se representan mediante curvas características, como muestra la Figura 8.31, las cuales están referidas a una temperatura determinada y una tensión constante.

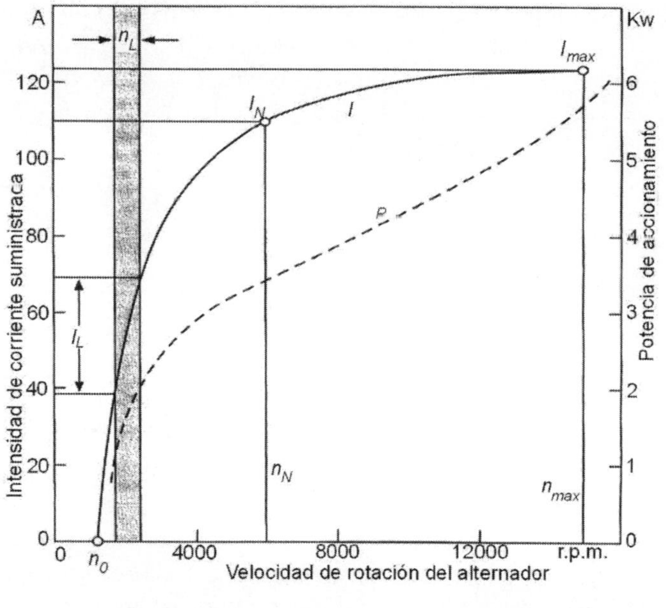

Figura 8.31

El punto n_0 de la curva corresponde al régimen de inicio de producción de corriente del alternador, que se sitúa generalmente en las 1000 r.p.m., correspondientes a 600 r.p.m. del motor aproximadamente y dependiendo de la relación de transmisión de las poleas de arrastre.

Para un régimen del motor a ralentí, representado en la gráfica por la franja sombreada n_L, se consigue una intensidad de corriente I_L cuyo valor debe ser suficiente para abastecer a los consumidores de conexión prolongada que son los sistemas de inyección y encendido, alumbrado, calefactor, cuadro de instrumentos, etc. Para un régimen nominal n_N del alternador, establecido en 6000 r.p.m. se alcanza el valor nominal I_N de al intensidad de corriente, que corresponde a las máximas exigencias de consumo de la instalación, cuando se activan todos los consumidores de conexión baja y prolongada. Por último, la intensidad máxima I_{max} que puede proporcionar el alternador se obtiene al régimen máximo del mismo n_{max}, que se sitúa alrededor de las 14000 r.p.m. y está limitado por el diseño de escobillas y rodamientos.

Como puede observarse, la curva de corriente de un alternador crece rápidamente con valores pequeños de régimen, hasta alcanzar el valor nominal, a partir del cual el aumento de la corriente con el régimen es menos acusado. El valor nominal está grabado en la placa identificativa del alternador, junto al de régimen que le corresponde.

El arrastre del alternador por medio del sistema de transmisión por correa, ofrece una resistencia que varía en función de la intensidad de corriente entregada, como muestra la curva *P* representada, que se utiliza para calcular el tipo de correa que se precisa. Por otra parte, a medida que aumenta la corriente suministrada por el alternador, lo hace también la resistencia que ofrece a ser arrastrado por el motor de combustión, lo cual implica un aumento del consumo de combustible.

De lo explicado hasta aquí puede deducirse que la potencia necesaria del alternador que equipa a un determinado vehículo, debe estar adaptada a las necesidades de consumo de energía del mismo, teniendo en consideración que, además, debe recargar la batería manteniéndola en las condiciones adecuadas para efectuar un arranque en frío, lo que implica considerar la capacidad de dicha batería, que ha sido determinada previamente con arreglo al motor de arranque. Así pues, el alternador, la batería y el motor de arranque forman un conjunto cuyas características y dimensiones individuales deben estar coordinadas. Por regla general, los fabricantes determinan la curva de corriente suministrada por un alternador sumando la potencia eléctrica de todos los consumidores, para calcular la intensidad nominal mínima necesaria, que es en valor de intensidad el 10% aproximadamente del valor de la potencia. Por otro lado, se diseña el alternador de manera que su curva de corriente sea de un valor suficiente en ralentí para abastecer a los consumidores permanentes y de conexión prolongada.

Control electrónico de la carga del alternador

En muchos vehículos actuales, la carga suministrada por el alternador está controlada de modo electrónico para optimizar el rendimiento del sistema. Para ciertas condiciones de funcionamiento del motor de combustión, interesa que la corriente necesaria para abastecer a los consumidores que haya conectados no la proporcione solamente el alternador, sino que una parte de ella sea aportada por la batería; pero en otras condiciones, el alternador debe suministrar la corriente de recarga necesaria para mantener la batería en perfectas condiciones de carga. El control electrónico del sistema de carga permite que se cumplan estas situaciones tan dispares y adapta la corriente de carga del alternador a las necesidades reales de cada momento, suministrando una corriente de valor mínimo que suponga el menor freno para el motor de combustión, que de esta forma consume menos combustible.

La Figura 8.32 muestra el esquema de conexiones de un sistema de carga controlado electrónicamente, donde puede verse que el alternador se conecta por una línea LIN Bus a la unidad gateway, que a su vez está conectada a la unidad de control del motor por el CAN Bus. En función de las señales que reciben la unidad de control del motor y la de gateway del estado de funcionamiento del mismo y el de carga de la batería, se gestiona el regulador de tensión del alternador de manera que la corriente necesaria para los consumidores sea aportada por el alternador y por la batería en la proporción más adecuada a cada estado del sistema.

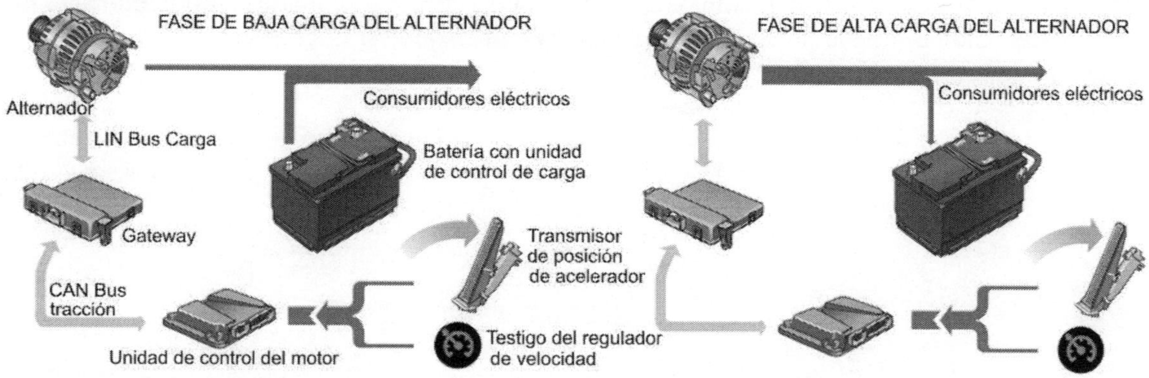

Figura 8.32

El regulador de tensión controla la corriente de excitación para el rotor del alternador, comandado por la unidad electrónica de control, de manera que la tensión generada por el alternador quede limitada a 12,5V, 13,5V o 14,5V en función del estado de carga de la batería, que es detectado por un módulo electrónico integrado en la unidad gateway. De esta manera se obtiene una fase de baja carga para condiciones de marcha normales, con la que se reduce el consumo de combustible, y otra de alta carga para las fases de frenada o retenciones con el motor.

Cuando el módulo “Regulación de la Batería” recibe la información de que el pedal del acelerador está accionado o que el regulador de velocidad está activado, envía un mensaje por LIN-Bus a la electrónica del alternador para que disminuya la tensión de alimentación hasta los 12,5 voltios. En esta situación es la batería la que suministra la mayor parte de la energía a los consumidores. Aunque el vehículo se encuentre en la fase de baja carga del alternador, hay determinadas circunstancias que provocan que la tensión generada aumente hasta los 13,5 voltios, como es el aumento de los consumidores eléctricos.

Durante la fase de alta carga del alternador se produce un aumento del freno motor que contribuye ligeramente a la frenada o retención. Al mismo tiempo aumenta la tensión generada hasta los 14,5 voltios, lo que permite cargar la batería y suministrar alimentación eléctrica a todos los consumidores. El aumento de tensión generada se consigue porque el regulador de tensión recibe un mensaje por LIN-Bus procedente del módulo “Regulación de la Batería”, indicando un aumento de la tensión de excitación.

La gestión del módulo “Regulación de la Batería” debe garantizar que la batería no se descargue y que no existan problemas al trabajar con 12,5 voltios. El sistema se desconecta cuando hay una alta demanda de energía por parte de los consumidores o la batería no está lo suficientemente cargada. Entonces la tensión del alternador queda regulada a 14,5V.

8.6 Verificación del sistema de carga

En caso de avería del sistema de carga, deberá procederse a la comprobación del mismo siguiendo un proceso lógico de verificaciones, que se establece en función del tipo de avería detectado, indicado generalmente por el encendido de la lámpara testigo de carga con el motor de combustión en marcha, o por una eventual pérdida de carga de la batería que se pone de manifiesto en el arranque del motor después de una larga parada.

Accionando el interruptor de encendido con el motor parado, la lámpara testigo de carga debe encenderse y, al arrancar el motor, apagarse, lo que indica, en principio, un funcionamiento correcto del sistema de carga. Si la lámpara no se enciende con el contacto activado, deberá comprobarse el circuito soltando el cable de salida de lámpara conectado al borne D+ del alternador, para conectar al mismo un voltímetro, como muestra la Figura 8.33. Un valor de tensión igual al de batería implica que el circuito es correcto y, por tanto, que la avería está localizada en el interior del alternador. Por el contrario, si no hay tensión en el cable, el circuito está cortado o la lámpara testigo de carga está fundida.

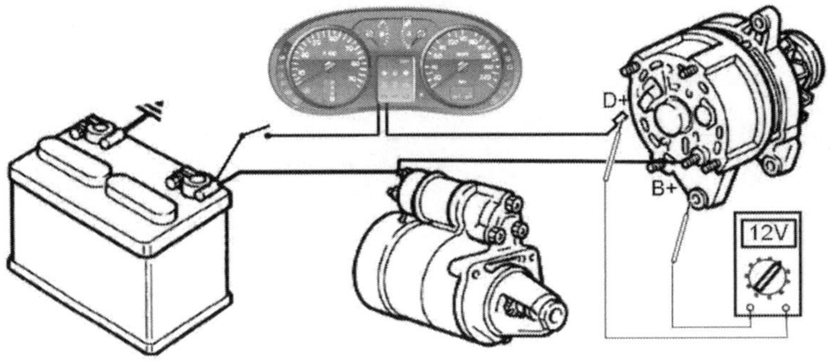

Figura 8.33

En el caso de que la lámpara testigo de carga se encienda al dar el contacto, pero no se apague con el motor en marcha, deberá comprobarse la tensión que genera el alternador, conectando un voltímetro entre el borne B+ o positivo de batería y masa, como muestra la Figura 8.34. La tensión indicada debe ser superior a 14,2 V. Por el contrario, si la tensión se mantiene en el mismo valor que a motor parado, el alternador o el regulador son defectuosos. Si la tensión supera los 14,6 V, el regulador es defectuoso o la toma de masa del alternador no es buena.

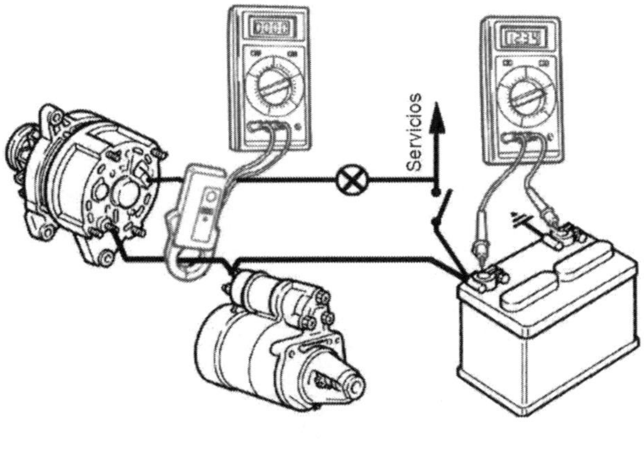

Figura 8.34

Cuando la anomalía consiste en una pérdida de carga de la batería, deberá comprobarse el suministro de corriente por parte del alternador, para lo cual, se conecta la pinza amperimétrica al cable de carga del alternador, como indica la Figura y, con el motor en marcha, se mide la corriente entregada para diversas condiciones, que se establecen activando consumidores sucesivamente, como luces, luneta térmica, limpiaparabrisas, elevalunas, etc. El alternador debe ser capaz de abastecer a todos estos consumidores, suministrando una intensidad de corriente suficiente para ellos y para recargar además la batería. Para un régimen del motor de 3.000 r.p.m., el alternador debe suministrar una intensidad de corriente de al menos 2/3 de su intensidad nominal, lo cual se consigue, como se ha dicho, poniendo en funcionamiento los consumidores necesarios. Si la corriente suministrada no alcanza el valor establecido, el alternador es defectuoso.

En algunas ocasiones, aunque la lámpara de control se apague con el motor en marcha, se producen anomalías en el funcionamiento, de manera intermitente. Otras veces se ocasiona un encendido tenue de la lámpara testigo de carga con el motor en marcha y ello es indicio de un contacto defectuoso en algún punto del circuito de lámpara, lo cual debe ser comprobado midiendo las caídas de tensión en este circuito. Siempre que sea difícil la localización de una avería, debe procederse a la comprobación de las caídas de tensión en el circuito de carga. Conectando un voltímetro entre los bornes positivos de alternador y batería, se detectan las caídas de tensión en bornes, terminales o cableado. La lectura del voltímetro debe ser inferior a 0,3 V, realizada con el alternador funcionando y conectados algunos consumidores para lograr una intensidad de corriente de carga superior a 15 A. Las conexiones a masa defectuosas se detectan conectando el voltímetro entre los bornes negativos de alternador y batería. Generalmente es indicio de mala masa, una tensión de regulación anormalmente alta.

Desmontaje del alternador

Cuando a través de las pruebas preliminares se haya determinado que el alternador es defectuoso, deberá procederse al desmontaje del mismo y su despiece para efectuar un proceso de verificación individual de sus componentes, que determine cual de ellos es el incorrecto, procediendo seguidamente a la sustitución o reparación del mismo.

El alternador se fija al bloque motor por medio de tornillos y con interposición de casquillos elásticos, como muestra la Figura 8.35 (izquierda), disponiendo en el sistema de la correa de arrastre un rodillo tensor, o bien realizando la fijación del alternador con un sistema basculante de tensado, como el de la derecha de la Figura. Cualquiera de estas disposiciones permite una fácil sustitución y tensado de la correa de arrastre. La primera se utiliza con correas multicanal, mientras que la segunda es la más común para las correas trapezoidales.

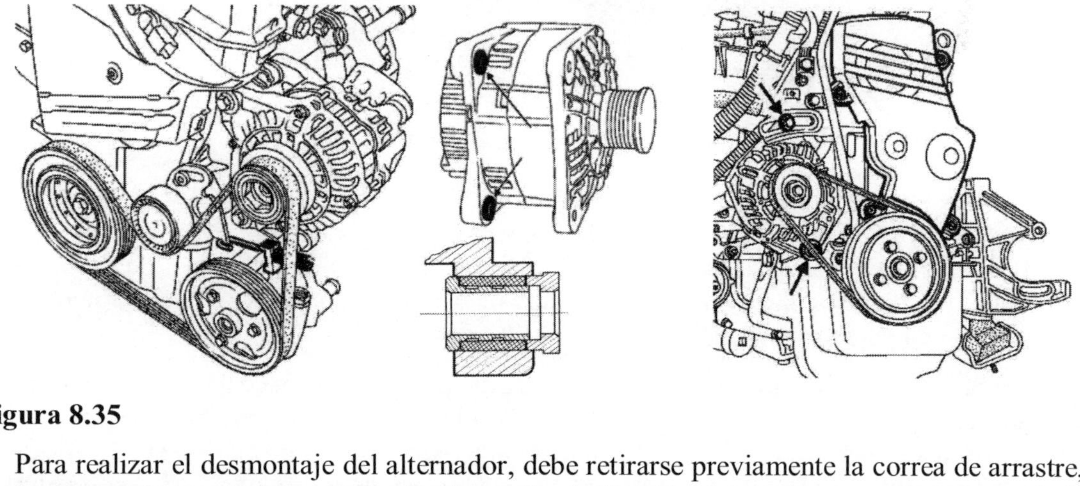

Figura 8.35

Para realizar el desmontaje del alternador, debe retirarse previamente la correa de arrastre, lo cual se logra destensándola, aflojando el tornillo de fijación del tensor en unos casos, o el sistema basculante del alternador en otros. Luego se retiran los tornillos de fijación del alternador al bloque motor y se extrae éste. No obstante, hay que precisar que antes de efectuar estas operaciones es necesario desconectar la batería y soltar después las conexiones del alternador: bornes B+ y D+, así como la conexión de masa. En muchos casos es preciso retirar algunos componentes para acceder al alternador.

El montaje del alternador en vehículo se realiza siguiendo un proceso inverso al del desmontaje, como cabe suponer. En este proceso resulta fundamental comprobar el estado de la correa de arrastre y sustituirla si fuese preciso, realizando después el tensado de la misma, actuando sobre el tornillo de regulación del rodillo tensor, o del sistema de fijación basculante, como indica la Figura 8.36 en dos ejemplos. La tensión que debe darse a la correa de arrastre debe ser tal, que al aplicar una presión sobre la misma en su rama larga, se obtenga una flecha de un par de centímetros aproximadamente. Finalizado el tensado se aprietan los tornillos de fijación del rodillo tensor o del propio alternador, según los casos.

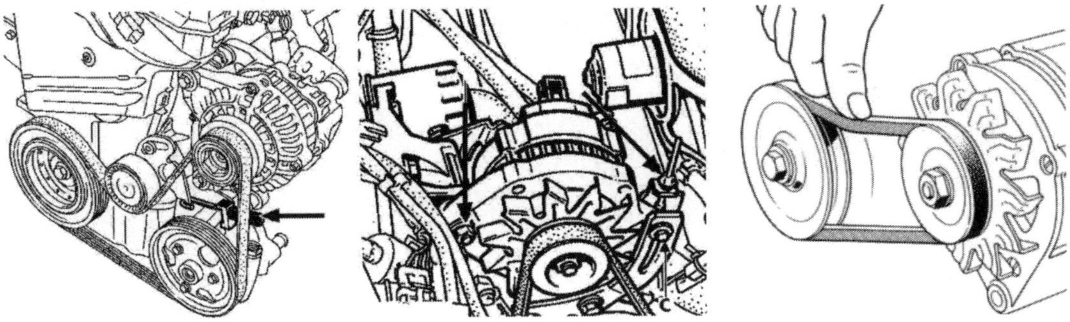

Figura 8.36

En la inspección de la correa de arrastre, deberá comprobarse la superficie interna de la misma tratando de descubrir posibles roturas, grietas, deshilachados, etc., anomalías todas ellas que implican la sustitución de la correa. En las de tipo trapezoidal, cuando la superficie lateral de contacto con la polea está endurecida y presenta una tonalidad muy brillante, es conveniente sustituir la correa, pues resulta ruidosa en el funcionamiento. La Figura 8.37 muestra la estructura de dos tipos de correas, fabricadas con neopreno con armazón de cuerdas.

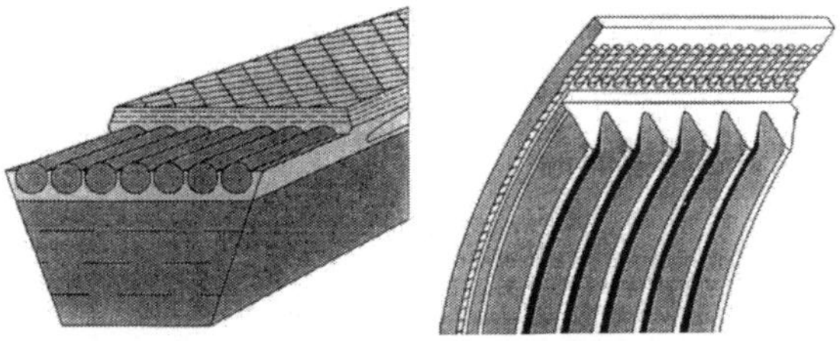

Figura 8.37

Cuando se haya detectado una avería en el alternador, a través de las correspondientes pruebas, se procede al desarmado del mismo para realizar la verificación individual de sus componentes, con el fin de determinar cual es el causante de la avería y proceder a la sustitución o reparación si procede del mismo.

La Figura 8.38 muestra el despiece de un alternador, donde se representan sus componentes en alineación de montaje. El desarmado comienza con la retirada de la tapa trasera que cubre el regulador y puente rectificador, que se desmontan soltando sus tornillos de fijación. En cuanto al puente rectificador deben soltarse, además, las conexiones de las bobinas del estator, fijadas en unos casos con tornillos y en otros con soldadura, que es necesario calentar con un soldador para soltar los cables. Seguidamente se sueltan los tornillos de fijación de las dos semicarcasas y se separan éstas, quedando libre el conjunto del estator, mientras que el rotor queda unido a la carcasa delantera, junto al ventilador y la polea de arrastre, que pueden ser desmontados soltando la tuerca de fijación correspondiente.

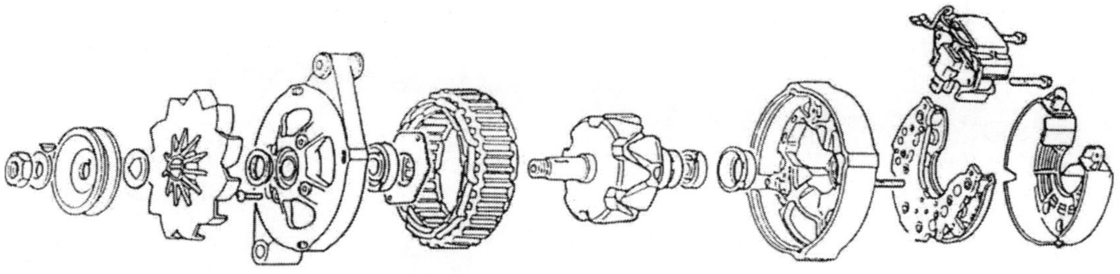

Figura 8.38

Debido a que el eje del rotor apoya en ambas carcasas sobre los cojinetes correspondientes, se presenta una cierta dificultad para separar las semicarcasas y esta tarea se facilita golpeando alternativamente con un martillo de plástico en los costados de ambas, como muestra el detalle de la izquierda de la Figura 8.39. Un caso similar ocurre con la fijación del rotor a la semicarcasa delantera y, para realizar el desmontaje, una vez retirada la tuerca de fijación, debe golpearse la punta del eje con un martillo de plástico, teniendo fija la polea en el tornillo de banco, como muestra el detalle central en la Figura. Los rodamientos pueden desmontarse retirando previamente la tapa de protección (detalle de la derecha).

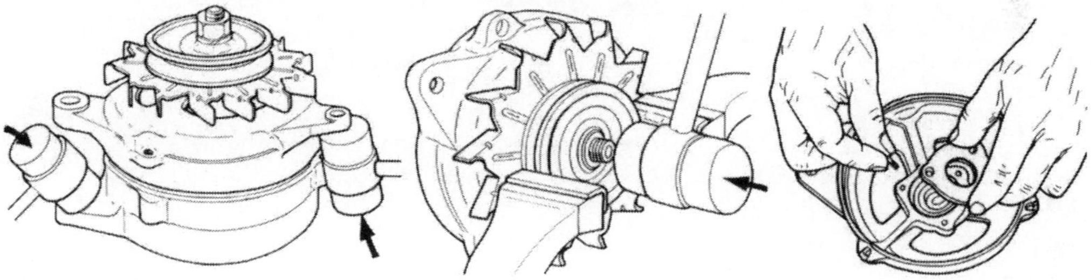

Figura 8.39

Verificación y control del alternador

La verificación individual de los componentes de un alternador se realiza una vez finalizado el desmontaje del mismo y limpiados todos los componentes. Durante estas operaciones debe efectuarse una inspección de cada uno de ellos, tratando de detectar posibles defectos mecánicos. Seguidamente se realizan las pruebas pertinentes para constatar las anomalías eléctricas.

Rotor

Se comprobará visualmente el estado mecánico tratando de encontrar posibles desgastes, deformaciones o roturas, especialmente en los anillos rozantes. En caso de encontrar en la superficie de ellos señales de chispeo, desgaste, deformaciones, etc., deberá ser sustituido. En cuanto a verificaciones eléctricas se refiere, se comprobarán la continuidad, derivaciones a masa y cortocircuito de la bobina del rotor.

La continuidad y el cortocircuito se comprueban a la vez, empleando para ello un óhmetro (Figura 8.40). Aplicando las puntas de prueba del mismo a los anillos rozantes (izquierda en la Figura), la resistencia obtenida deberá estar comprendida entre 3 y 8 Ω. Un valor netamente más bajo indica cortocircuito entre las espiras de la bobina. Valores altos significan conexiones defectuosas de los extremos de la bobina a los anillos rozantes. Si el óhmetro marca una resistencia infinita, significa que la bobina se encuentra cortada.

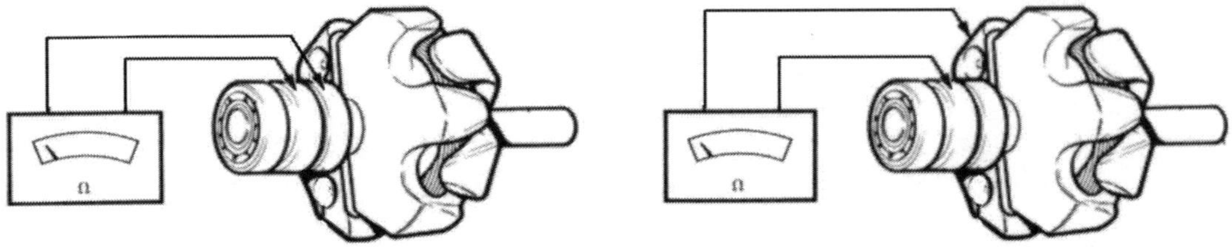

Figura 8.40

Para la comprobación de las derivaciones a masa, se conectará el óhmetro entre uno cualquiera de los anillos rozantes y masa (derecha en la Figura). En estas condiciones, la lectura debe ser nula, indicando circuito abierto. Esta prueba puede realizarse también con la serie (Figura 8.41). Poniendo una punta de pruebas a cualquiera de los anillos rozantes y la otra a masa, la lámpara no debe lucir. En caso de hacerlo indica derivación a masa de la bobina o de alguno de los anillos rozantes.

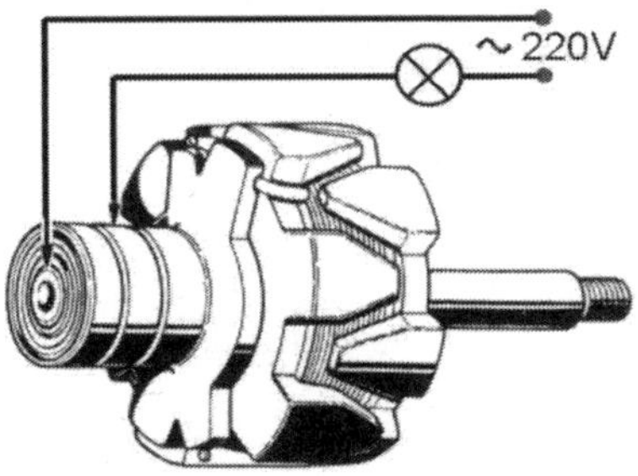

Figura 8.41

Conjunto portaescobillas

Se comprobará el correcto deslizamiento de las escobillas A (Figura 8.42) en sus alojamientos C y el desgaste de ellas, así como el estado de los muelles B, procediendo a la sustitución de las mismas cuando sea necesario. Montado el portaescobillas en la carcasa, se comprobará con la serie o el óhmetro el aislamiento de la escobilla positiva, poniendo una punta de prueba al borne de excitación y la otra a masa. El encendido de la lámpara o cualquier valor de resistencia encontrado indican derivación a masa, que implica la sustitución del portaescobillas.

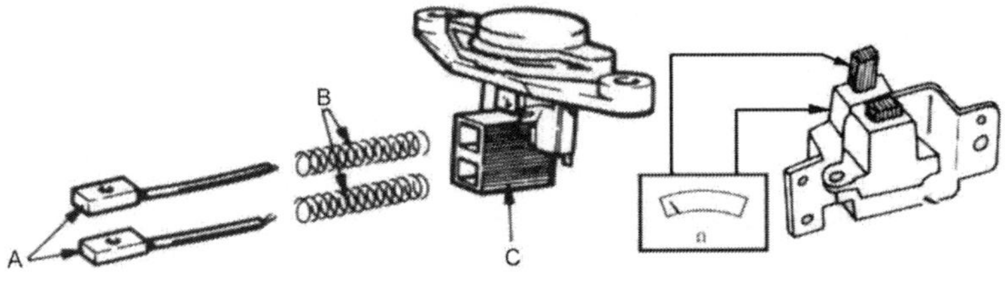

Figura 8.42

Estator

Se comprobará que los arrollamientos se encuentran en buen estado, alojados correctamente en las ranuras, sin que su aislamiento esté dañado, y que la carcasa no presente deformaciones ni roturas. El aislamiento de masa de cada una de las fases se comprueba conectando las puntas de prueba del óhmetro como muestra la Figura 8.43 (izquierda), entre masa y cada uno de los terminales de las fases. La lectura debe ser de infinito, indicando circuito abierto. Cualquier valor de resistencia indica una derivación a masa. La continuidad y el cortocircuito se comprueban al mismo tiempo, conectado el ómetro como muestra el detalle de la derecha en la Figura. El valor de resistencia leído debe ser inferior a 0,3Ω. Una resistencia infinita indica que el circuito está interrumpido y una resistencia cero indica cortocircuito entre espiras. En todo caso, las lecturas obtenidas en las tres mediciones deben ser iguales.

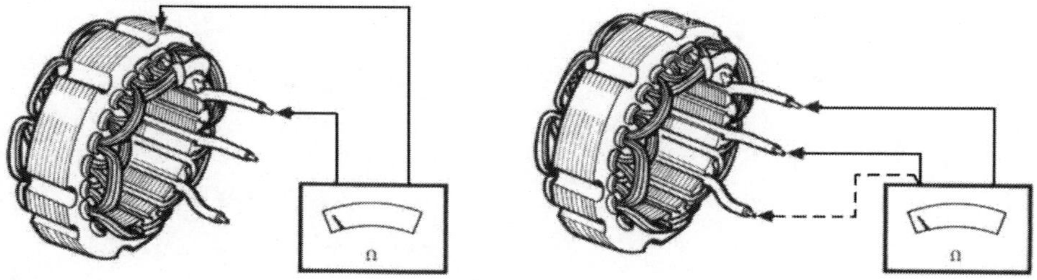

Figura 8.43

Las derivaciones a masa pueden comprobarse también con la serie, conectando las puntas de prueba como se muestra en la Figura 8.44, entre los extremos de cada fase y masa. La lámpara no debe lucir, pues en caso contrario indica que existe una derivación a masa.

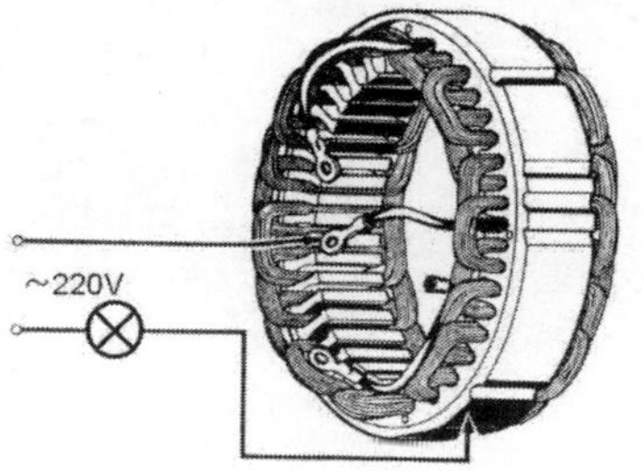

Figura 8.44

Puente rectificador

La verificación del puente rectificador consiste fundamentalmente en comprobar que los diodos dejan pasar la corriente en un sentido y la bloquean en el contrario. Estas pruebas se realizan por medio de un óhmetro, conectando sus puntas de prueba a ambos extremos del diodo primero en un sentido y luego en el otro, como se muestra en la Figura 8.45. Cuando la polaridad del conexionado es directa (pinza positiva al ánodo y negativa al cátodo), debe obtenerse conducción y la lectura del óhmetro debe ser inferior a 0,5Ω. Un valor de cero indica cortocircuito y un valor de infinito significa diodo cortado. Seguidamente se invierte la conexión y el óhmetro debe indicar que no hay conducción (lectura de infinito). Cualquier otro valor de resistencia indica cortocircuito.

Figura 8.45

Dado que en general los diodos están integrados en una placa, en muchos casos no puede realizarse directamente la comprobación de cada uno de ellos y ha de hacerse en conjunto, comprobando en primer lugar los del lado positivo y seguidamente los del negativo. La Figura 8.46 muestra los puntos de conexión en este tipo de placa portadiodos, en los que existen zonas de contacto para los terminales de las fases, el borne positivo y el negativo. En la prueba se conecta el positivo del óhmetro en la zona de la placa destinada a la conexión de masa B– y el negativo se va conectando a cada una de las zonas de conexión de los extremos de las fases. En cada posición debe obtenerse continuidad. Luego se invierte la conexión y debe constatarse el bloqueo del diodo. Si en algún caso no es así, el diodo correspondiente es defectuoso.

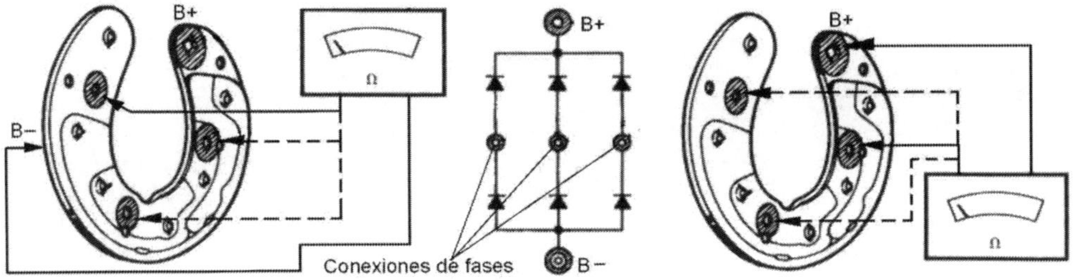

Figura 8.46

Seguidamente se conecta el positivo del óhmetro a las zonas destinadas a las conexiones de las fases y el negativo a la conexión del borne de salida B+ del alternador (derecha en la Figura), debiendo obtener continuidad. Invirtiendo las conexiones debe obtenerse el bloqueo.

La verificación de los diodos de excitación se realiza siguiendo las mismas pautas citadas para los de potencia. Conectando el positivo del óhmetro a la zona destinada a conexión de las fases (Figura 8.47) y el negativo al borne de salida D+ de los diodos de excitación, debe obtenerse continuidad. Invirtiendo la polaridad, debe obtenerse el bloqueo.

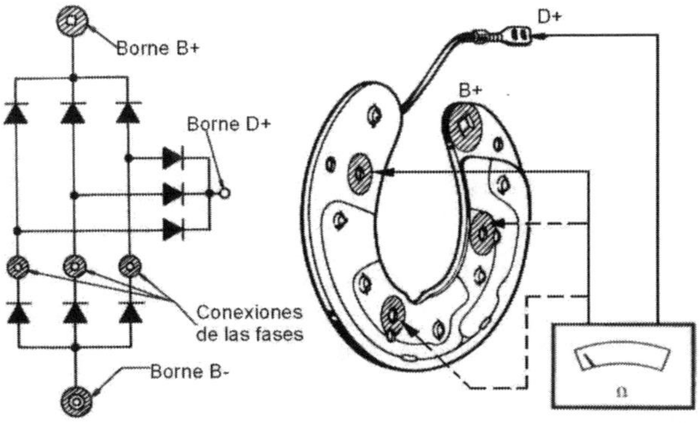

Figura 8.47

En otras aplicaciones, el conjunto de diodos rectificadores va montado sobre dos placas portadiodos (Figura 8.48) aisladas entre sí, de manera que sobre una de ellas se montan los diodos A del lado positivo, mientras que en la otra mitad se montan los C del lado negativo. Las verificaciones se realizan de manera similar a la descrita anteriormente, conectando las puntas de pruebas entre los dos extremos de cada diodo, si fuera posible, como se ve en la Figura, o en otros casos, entre la parte metálica de la placa y el borne de salida correspondiente. En una de las posiciones debe obtenerse paso de corriente y al invertirlas se producirá el bloqueo, como ya se ha explicado.

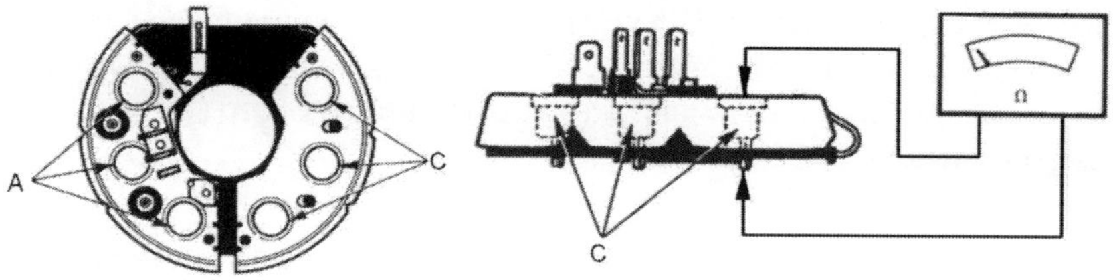

Figura 8.48

Carcasas

Tanto en la tapa del lado de accionamiento, como en la de los anillos rozantes, se comprobará que no existen grietas, deformaciones ni huellas de golpes. En especial se comprobarán los cojinetes de apoyo del eje del rotor y sus alojamientos, que deben encontrarse en perfecto estado. Igualmente se verificará que la polea de arrastre y el ventilador no estén deformados ni golpeados o rotos, lo cual implica la sustitución.

Regulador

La verificación del regulador estando desmontado del alternador consiste en controlar el inicio de carga y la tensión de regulación. Para ello se utiliza una lámpara de prueba de la potencia especificada para cada caso concreto y una fuente de tensión variable, conectando ambas al regulador de manera similar a la conexión del vehículo, tal como muestra la Figura 8.49.

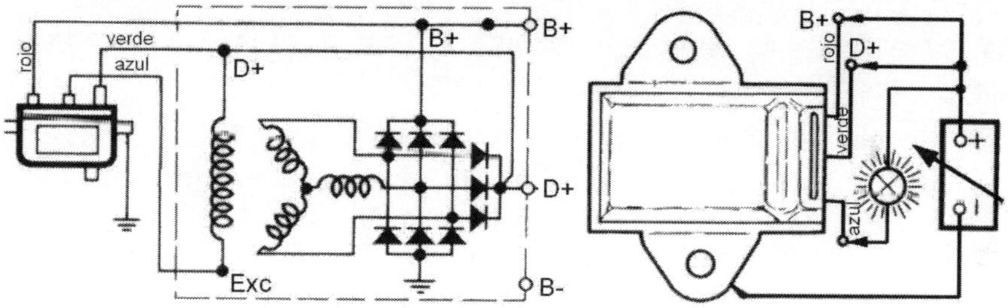

Figura 8.49

Regulando la tensión de la fuente de alimentación a 12V, debe encenderse la lámpara testigo, a través de la cual se establece la corriente de excitación. Subiendo progresivamente la tensión de la fuente, llega el momento en que se alcanza el valor de disparo del diodo Zener del regulador y se produce el corte de la corriente de excitación, lo que equivale al apagado de la lámpara. El valor de tensión correspondiente debe ser el estipulado, que generalmente es de 14,3V.

Prueba del alternador en banco

Una vez realizada la verificación individual de los componentes de un alternador y sustitución o reparación de los encontrados defectuosos, se procederá al montaje de los mismos siguiendo las instrucciones del fabricante, teniendo especial cuidado de no forzarlos en sus acoplamientos. Finalizado este trabajo, es conveniente verificar el funcionamiento del alternador en banco de pruebas, antes de montarlo en el vehículo.

La prueba a realizar en banco consiste en obtener la curva característica de carga, en función del régimen, a una tensión constante; para lo cual se fijará el alternador al banco de pruebas y se realizarán las conexiones necesarias para autoexcitarlo, tal como muestra el esquema de la Figura 8.50. Es importante resaltar que la prueba en banco no debe efectuarse sin que esté montada en el alternador su turbina de refrigeración, pues el calentamiento que se produciría deteriora los diodos. Del mismo modo, es necesario que el alternador adquiera su temperatura ideal de funcionamiento antes de iniciar la prueba, para lo cual debe tenerse funcionando con anterioridad al menos 15 minutos.

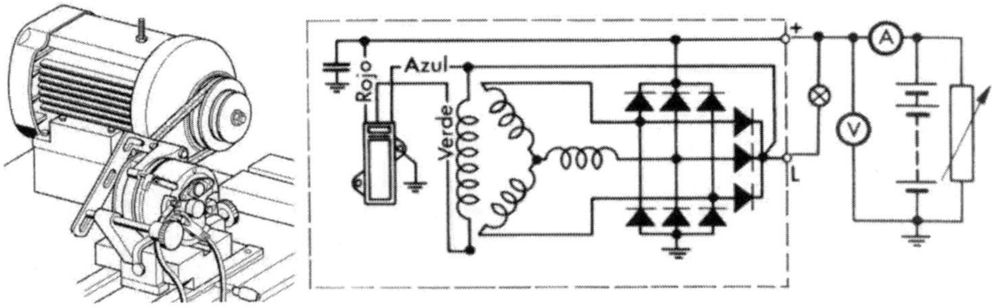

Figura 8.50

En la realización de la prueba se hará girar el alternador a diferentes regímenes, manteniendo la tensión constante por medio de la resistencia variable del banco. Generalmente la curva de corriente en función del régimen se da para una tensión constante de 13,5 V.

Así pues, puesto en marcha el alternador se ajustará la resistencia variable para obtener en el voltímetro la lectura de 13,5 V y se irá aumentando progresivamente el régimen hasta conseguir que la aguja del amperímetro comience a desviarse. La velocidad a la que esto ocurre es la de inicio de carga y representa un punto importante de la curva. Si varía la lectura del voltímetro durante esta operación, se actuará sobre la resistencia variable para obtener nuevamente los 13,5 V.

Seguidamente se aumentará el régimen de giro paulatinamente, accionando la resistencia variable al mismo tiempo, para mantener constante la tensión. De esta forma se tomarán algunos valores de la intensidad de corriente para los distintos regímenes de giro, obteniendo una curva característica, que debe corresponderse con la dada por el fabricante.

Por lo que se refiere al control del regulador incorporado en el alternador, suele verificarse en banco la velocidad a la que se produce el inicio de carga y la tensión de regulación para un determinado consumo de corriente. Lo primero se comprueba estableciendo un consumo mínimo en el reóstato del banco (5 A) y aumentando lentamente el giro del alternador hasta que se apaga la lámpara testigo de carga. El régimen al que se produce este hecho es el de inicio de carga y deberá corresponderse con el especificado, que suele ser 1.000 r.p.m. Seguidamente se establece un consumo de 15 A en el reóstato y se continúa aumentando el régimen de giro del alternador hasta alcanzar la regulación, es decir hasta que la tensión ya no sube más. El valor máximo de la tensión generada para este consumo de corriente debe ser el especificado por el fabricante, que generalmente se establece en 14,3 V. Finalizadas estas pruebas, si los resultados obtenidos son satisfactorios, puede montarse el alternador sobre vehículo con la seguridad de que funcionará correctamente.

CUADRO SINÓPTICO DE AVERÍAS DEL CIRCUITO DE CARGA

SÍNTOMAS	CAUSAS	PRUEBAS	REMEDIOS
Luz de control no se enciende estando el motor parado y el interruptor de encendido conectado.	Lámpara fundida.	Comprobar si se enciende al poner a masa el borne de salida.	Sustituir lámpara.
	Batería descargada.	Comprobar con voltímetro.	Cargar batería.
	Circuito de excitación cortado.	Comprobar si llega tensión al borne de excitación.	Reparar cableado.
	Regulador defectuoso	Comprobar en banco.	Sustituir regulador.
	Interruptor de encendido defectuoso.	Comprobar tensión en bornes de entrada y salida del interruptor.	Cambiar interruptor de encendido.
	Falta masa en alternador.	Comprobar con voltímetro conectando entre carcasa y negativo de batería.	Realizar conexión de masa.
Lámpara de control encendida aun con motor en marcha.	Verificar si la avería es del regulador o del alternador.	Comprobar tensión en bornes del alternador autoexcitándole momentáneamente.	Seguir el resto de pruebas una vez localizado el componente defectuoso.
	Conexiones sueltas o interrumpidas.	Verificar tensión e intensidad en circuito de carga.	Reparar conexiones.
Alternador no carga (comprobado que no hay tensión en su borne positivo).	Correa de arrastre rota o destensada.	Comprobar tensión y estado.	Tensar correa o sustituirla, según su estado.
	Bobina del rotor cortada, en cortocircuito o derivada a masa.	Comprobar con la serie y la batería.	Sustituir rotor.
	Bobinado del estator en mal estado.	Comprobar con la serie y la batería.	Sustituir el estator.
	Escobillas no hacen buen contacto en anillos rozantes.	Comprobar continuidad con lámpara de pruebas, tensión de muelles y desgaste de escobillas.	Limpiar o sustituir el componente defectuoso.
	Diodos del rectificador en mal estado.	Comprobar con batería y lámpara de pruebas.	Sustituir puente rectificador o diodo defectuoso.
Alternador no carga (comprobado que el tarado del regulador es bajo).	Regulador defectuoso.	Verificar tarado y funcionamiento del regulador con voltímetro y amperímetro.	Tarar regulador o sustituirle.

	Falta de masa en regulador.	Comprobar con voltímetro.	Realizar conexiones de masa.
El alternador produce f.e.m. pero no se establece la corriente de carga.	Conductores del circuito de carga cortados o sueltos.	Comprobar si hay tensión en el borne + del alternador.	Reparar conductores.
	Regulador tarado bajo, lo que produce la regulación demasiado pronto.	Comprobar tensión de regulación.	Efectuar tarado.
La batería no se carga o lo hace insuficientemente (intensidad de carga escasa o irregular).	Diodos en mal estado.	Verificar puente rectificador con batería y lámpara de pruebas.	Sustituir puente rectificador o diodo defectuoso.
	Regulador tarado bajo.	Comprobar tensión de regulación.	Realizar tarado.
	Correa de arrastre patina (demasiado destensada).	Comprobar tensado.	Tensar correa.
	Estator o rotor en cortocircuito parcial.	Comprobar con batería y amperímetro.	Sustituir componente defectuoso.
Corriente de carga alta en exceso.	Estator parcialmente en cortocircuito, con lo que no autorregula.	Verificar con batería y amperímetro.	Sustituir componente defectuoso.
	Regulador de tensión tarado alto.	Verificar tensión de regulación.	Efectuar tarado.
Luz de control brilla débilmente con el motor en marcha.	Resistencias de contacto en el circuito de carga.	Verificación de las caídas de tensión.	Reparación de la conexión defectuosa.
	Contactos del regulador defectuosos	Medir resistencia entre los bornes + y EXC del regulador (desconectado).	Sustituir regulador.
Lámpara de control de carga centellea.	Correa de arrastre destensada.	Comprobar tensado.	Tensar correa.
	Alternador o regulador defectuosos.	Comprobar en banco de pruebas y obtener curva característica.	Reparar o sustituir el componente defectuoso.
	Falsa conexión en bornes o terminales.	Verificar caídas de tensión en el circuito de carga.	Reparar o limpiar conexiones defectuosas.

Cuestiones

8.1. Explica la necesidad del alternador en el automóvil.

8.2. Cita los componentes fundamentales del alternador.

8.3. ¿Cómo se genera la corriente eléctrica en el alternador?

8.4. Por la disposición y conexionado de las fases, ¿qué tipos de alternadores existen?

8.5. Describe la estructura básica de un alternador y explica su funcionamiento.

8.6. Explica la disposición del bobinado en el estator y rotor de un alternador.

8.7. ¿Cual es la función del grupo rectificador?

8.8. Explica la estructura y funcionamiento del puente rectificador.

8.9. Explicar la necesidad de la regulación en los alternadores.

8.10. Dibuja el esquema de un regulador electrónico y explica su funcionamiento.

8.11. Cita las precauciones que deben tomarse en las intervenciones sobre los alternadores.

8.12. Dibuja el circuito de carga de un alternador con regulador incorporado.

8.13. Describe el proceso de verificación de las caídas de tensión en el circuito de carga.

8.14. Explica cómo se comprueba el rotor de un alternador.

8.15. Describe el proceso de verificaciones de un conjunto de diodos.

8.16. Explica las comprobaciones que deben realizarse en un regulador electrónico.

Actividades propuestas

8.1. Realizar el desmontaje y montaje de diferentes tipos de alternadores siguiendo los procesos y normas establecidos por el fabricante.

8.2. Identificar los componentes del alternador (estator, rotor, puente rectificador, etc.) y deducir el funcionamiento de cada uno de ellos.

8.3. Identificar los diferentes tipos de regulador y establecer las diferencias existentes entre ellos, relativas a su estructura y conexionado.

8.4. Identificar el conexionado de los reguladores electrónicos.

8.5. Partiendo del esquema de un regulador electrónico, deducir sus peculiaridades y funcionamiento.

8.6. Realizar el desmontaje y montaje de un alternador sobre el motor, efectuando el tensado correcto de la correa de arrastre.

8.7. Efectuar todo el proceso de verificaciones del circuito de carga.

8.8. Sobre un alternador desarmado, efectuar las verificaciones individuales de todos sus componentes.

8.9. Realizar las pruebas de un conjunto alternador y regulador en banco.